因果推理：基础与学习算法

[荷] 乔纳斯·彼得斯（Jonas Peters）
[德] 多米尼克·扬辛（Dominik Janzing） 著
[德] 伯恩哈德·舍尔科普夫（Bernhard Schölkopf）
李小和 卢胜男 程国建 译

本书从概率统计的角度入手，分析了因果推理的假设，揭示这些假设所暗示的因果推理和学习的目的。本书分别论述了两个变量和多变量情况下的因果模型、学习因果模型及其与机器学习的关系，讨论了因果推理隐藏变量有关的问题、时间系列的因果分析。

本书可作为高等院校人工智能和计算机科学等相关专业高年级本科生和硕士研究生的教材，也可供研究机器学习、因果推理的技术人员参考。

Elements of Causal Inference:Foundations and Learning Algorithms

ISBN: 9780262037310

By Jonas Peters, Dominik Janzing, and Bernhard Schölkopf

图书在版编目（CIP）数据

因果推理：基础与学习算法 /（荷）乔纳斯·彼得斯（Jonas Peters）等著；李小和，卢胜男，程国建译．—北京：机械工业出版社，2019.11（2022.9 重印）

书名原文：Elements of Causal Inference：Foundations and Learning Algorithms

ISBN 978-7-111-64030-1

Ⅰ．①因…　Ⅱ．①乔…②李…③卢…④程…　Ⅲ．①因果性－推理　Ⅳ．① B812.23

中国版本图书馆 CIP 数据核字（2019）第 230673 号

机械工业出版社（北京市百万庄大街 22 号　邮政编码 100037）

策划编辑：刘星宁　责任编辑：刘星宁

责任校对：陈　越　封面设计：马精明

责任印制：张　博

保定市中画美凯印刷有限公司印刷

2022 年 9 月第 1 版第 3 次印刷

184mm × 240mm · 15.5 印张 · 259 千字

标准书号：ISBN 978-7-111-64030-1

定价：89.00 元

电话服务	网络服务
客服电话：010-88361066	机　工　官　网：www.cmpbook.com
010-88379833	机　工　官　博：weibo.com/cmp1952
010-68326294	金　书　网：www.golden-book.com
封底无防伪标均为盗版	机工教育服务网：www.cmpedu.com

译者序

自从 1956 年首次提出“人工智能”（AI）概念，AI 一直处于争议之中。AI 或被称作人类文明耀眼未来的预言，或被当成技术疯子的狂想扔到垃圾堆里。直到 2012 年之前，这两种声音还同时存在。2012 年以后，得益于数据量的上涨、运算力的提升和深度学习的出现，AI 在理论研究及应用领域开始了大的爆发。

世上万事万物，有因就有果，有果必有因。事物为什么会发生、为什么会得到某种结果，都是通过论述事物的因果关系来完成的。然而，因果推理一直被视为机器学习理论中缺失的部分，除了执果索因的贝叶斯定理，很少有方法能对因果关系进行建模。目前，因果关系是一个极具吸引力的研究领域。其理论研究和应用试探才刚刚起步，许多概念问题仍然存在争论。

因果推理是探讨利用数据确定因果关系、度量因果效应的方法。近年来，包括哲学、统计学、计算机科学、社会学、医学和公共卫生等领域的研究者对因果及其推理方法进行了广泛的探讨和研究。因果图模型提供了一种用概率图进行因果推理的框架。因为它能直观表示因果知识，有效地对因果效应进行概率推断，所以使得与它相关的方法成为统计学、机器学习、生物信息等领域的一个研究热点。然而，利用数据，特别是观察数据进行因果的学习和推理的方法还不完善，大多基于实际数据的因果分析很难得到理想的效果。

本书的第 1 章从概率论与统计学入手，介绍了因果模型和因果学习。第 2 章分析了因果推理的假设，揭示这些假设所暗含的因果推理和学习的目的。第 3~5 章针对两个变量的情况介绍结构因果模型、干预和反事实等概念，然后论述了学习因果模型，以及因果模型与机器学习之间的关系。第 6~8 章将第 3~5 章的概念和理论推广到多变量情况。第 9 章分析因果推理中隐藏变量的相关问题。最后，第 10 章讨论时间序列的因果推断。

本书的翻译出版得到了机械工业出版社的大力支持，在此特致感谢。我们的研究生在全书的初稿形成、图表编辑等诸多方面给予了帮助，在此一并致谢。

本书第 1~5 章以及附录部分由卢胜男博士翻译，第 6~10 章由李小和博士翻译，程国建教授对全书进行了通稿和校对并参与了部分内容的翻译。在翻译过程中，译者力求忠实、准确地把握原著，同时保留原著风格。但由于译者水平有限，书中难免有错误和不准确之处，恳请广大读者批评指正。

译者

原书前言

因果关系是一个有吸引力的研究领域。它的数学化才刚刚起步，许多概念问题仍然存在争论——通常争论比较激烈。

本书总结了作者十年来分析因果关系所得到的结果，虽然有些人研究这一问题的时间比作者更长，也存在一些关于因果关系方面的图书，包括 Pearl（2009）、Spirtes 等人（2000）以及 Imbens 和 Rubin（2015）的综述，但是作者希望本书能从两方面补充现有的工作。

首先，本书更关注因果关系的子问题，这可能被认为是最基本的，也是最不现实的。这就是因果效应问题，在这个问题上，被分析的系统只包含两个可观测变量。在过去的十年里，作者对这个问题进行了较为详细的研究。作者报告了这项工作的大部分内容，并试图将其纳入作者认为对研究因果关系问题的选择性至关重要的更大背景中。虽然按照章节顺序先研究二元情况可能有一定的指导意义，但也可以直接开始阅读多变量章节，如图 I 所示。

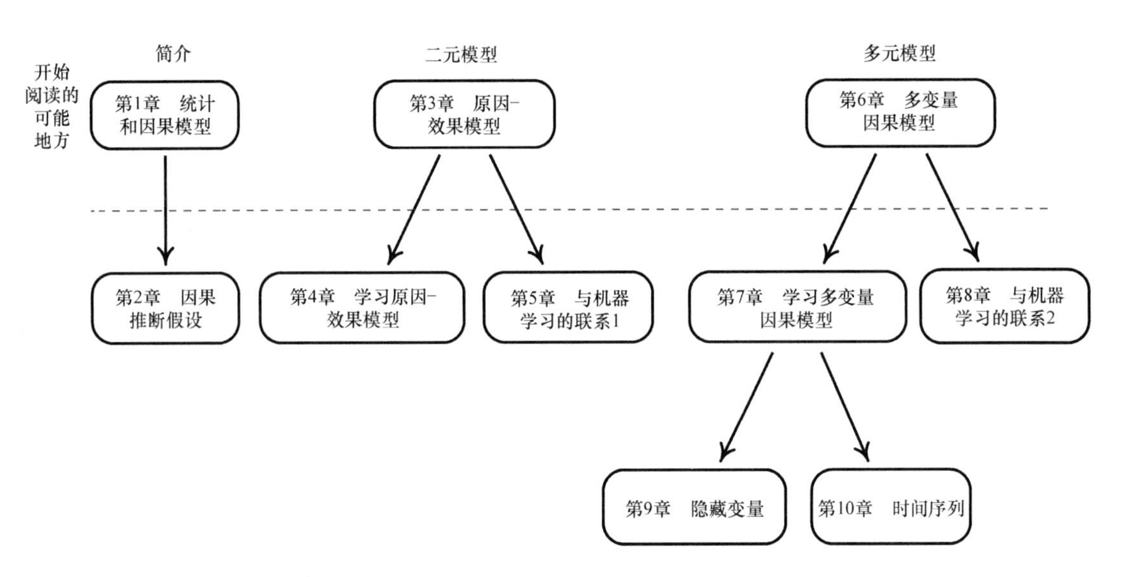

图 I　该图描述了章节之间更强的依赖关系（存在许多不那么明显的关系），我们建议读者可以从第 1 章、第 3 章或第 6 章开始读

其次，本书中的方法受到机器学习和计算统计领域的激励和影响。本书感兴趣的是这些方法如何帮助推断因果结构，更感兴趣的是因果推理是否能告诉人们应该如何进行机器

学习。事实上，作者认为，如果不把概率分布描述的随机实验作为出发点，而是考虑概率分布背后的因果结构，那么机器学习的一些最深刻的开放性问题就能得到最好的理解。

本书试图为具有概率论、统计和机器学习基础的读者提供一个系统的主题介绍（为了完整起见，附录 A.1 和 A.2 给出了最重要的概念）。

虽然本书建立在 Pearl（2009）和 Spirtes 等人（2000）的工作所代表的因果关系图解的基础上，但作者的个人品味影响了主题的选择。为了保持本书的可读性，并将注意力集中在概念性问题上，令人遗憾的是，不得不在因果关系的某些重要问题上投入较少的篇幅，无论它是对特定环境的先进理论见解，还是具有实际重要性的各种方法。作者试图为一些明显的遗漏引用文献，但可能忽略了一些重要的主题。

本书也有一些缺点，其中一些是从该领域继承而来的，例如理论结果往往局限于有无穷多的数据的情况。虽然本书提供了有限数据情况的算法和方法，但是没有讨论这些方法的统计性质。此外，在一些地方，本书往往通过假设密度的存在而忽略了测度理论问题。作者发现所有这些问题都是相关的和有趣的，但作者做出了这些选择，以保持本书的简洁和易读性。

再一个是免责声明。计算因果关系的方法仍处于起步阶段，特别是，从数据中学习因果结构只在有限的情况下是可行的。本书试图在可能的情况下包括具体的算法，但作者清楚地意识到，因果推理的许多问题比典型的机器学习问题更困难，因此无法保证这些算法都能解决读者的问题。请不要对这句话感到气馁，因果学习是一个引人入胜的话题，希望读者从阅读本书开始喜欢上它。

如果没有大家的支持，作者就无法完成本书。

非常感谢德国奥博沃尔法赫数学研究所对三位作者的支持，在该研究所工作期间，三位作者完成了本书的大部分内容。

感谢 Michel Besserve、Peter Bühlmann、Rune Christiansen、Frederick Eberhardt、Jan Ernest、Philipp Geiger、Niels Richard Hansen、Alain Hauser、Biwei Huang、Marek Kaluba、Hansruedi Künsch、Steffen Lauritzen、Jan Lemeire、David Lopez-Paz、Marloes Maathuis、Nicolai Meinshausen、Søren Wengel Mogensen、Joris Mooij、Krikamol Muandet、Judea Pearl、Niklas Pfister、Thomas Richardson、Mateo Rojas-Carulla、Eleni Sgouritsa、Carl Johann Simon-Gabriel、Xiaohai Sun、Ilya Tolstikhin、Kun Zhang 和 Jakob Zscheischler，在作者写本书的过程中，提供了许多有用的评论和有趣的讨论。特别是 Joris 和 Kun 参与了本书介绍的大部分研究。

感谢德国卡尔斯鲁厄理工学院、瑞士苏黎世联邦理工学院和德国图宾根大学多位学生对本书初稿的阅读及校对，并提出许多令人鼓舞的问题。

最后，感谢来自 Westchester 出版服务公司的匿名评审专家和编辑团队的有益建议，以及麻省理工学院出版社的工作人员，特别是 Marie Lufkin Lee 和 Christine Bridget Savage，感谢他们在整个写作过程中提供了良好的支持。

Jonas Peters、Dominik Janzing 和 Bernhard Schölkopf

哥本哈根和图宾根

目　录

符号和术语

X，Y，Z	随机变量；对噪声变量，我们用 N，N_X，N_j，⋯
x	随机变量 X 的值
P	概率测度
P_X	X 的概率分布
X_1，⋯，$X^n \overset{\text{iid}}{\sim} P_X$	n 个独立同分布样本，样本索引通常使用 i
$P_{Y\mid X=x}$	Y 关于 $X=x$ 的条件分布
$P_{Y\mid X}$	关于所有 x 的集合 $P_{Y\mid X=x}$，简记：Y 关于给定 X 的条件
p	密度（概率质量函数或者概率密度函数）
p_X	P_X 的密度
$p(x)$	密度 P_X 在 x 点的值
$p(y\|x)$	（条件）密度 $P_{Y\|X=x}$ 在 Y 点的值
$\mathbb{E}[X]$	X 的期望
$\mathrm{var}[X]$	X 的方差
$\mathrm{cov}[X, Y]$	X、Y 的协方差
$X \perp\!\!\!\perp Y$	随机变量 X 和 Y 之间独立
$X \perp\!\!\!\perp Y \mid Z$	条件独立
$\boldsymbol{X} = (X_1, \cdots, X_d)$	d 维随机矢量，维度通常为 j
$\mathfrak{C}$	结构因果模型
$P_Y^{\mathfrak{C};do(X:=3)}$	干预分布
$P_Y^{\mathfrak{C}\mid Z=2, X=1; do(X:=3)}$	反事实分布
$\mathcal{G}$	图
$\boldsymbol{PA}_X^{\mathcal{G}}$，$\boldsymbol{DE}_X^{\mathcal{G}}$，$\boldsymbol{AN}_X^{\mathcal{G}}$	图 $\mathcal{G}$ 中节点 X 的父亲、子孙和祖先

第 1 章 统计和因果模型

这里试图采用统计学习的方法推断观测数据中随机变量之间的相关性。例如，对于两个随机变量的联合观测样本，可以建立一个预测器，只要给其中一个随机变量赋值，预测器就可以很好地估计出另外一个变量。这种预测理论基础已经很成熟，尽管它只适用于简单的环境，但已经为从数据中学习提供了深刻的见解。出于以下两个原因，将在本章中介绍其中的一些见解。首先，这有助于理解因果推断问题有多困难，其中底层模型不再是一个固定的随机变量的联合分布，而是一个包含多个这样分布的结构。其次，虽然因果估计的有限样本结果很少，但重要的是要记住，当涉及较复杂的因果关系时，基本的统计估计问题仍不会消失，即使它们与从来没有出现在纯粹的统计学习中的因果问题相比看起来微不足道。

基于上述基础，本章还通过两个示例简要介绍因果关系的基本概念，其中一个是机器学习中众所周知的例子。

1.1 概率论与统计学

假设概率论和统计学都是基于一个随机实验或概率空间模型，记为（Ω，$\mathcal{F}$，P）。其中 Ω 是一个集合（包含所有可能的结果）；$\mathcal{F}$ 是事件 A 的集合，$A \subseteq \Omega$；P 是每个事件发生的概率。根据上述数学结构，概率论让人们能够推断随机实验的结果。另一方面，统计学习的本质是处理逆问题：通过已知的实验结果推断底层数据结构的属性。例如，假设已知数据：

$$(x_1,\ y_1),\ \cdots,\ (x_n,\ y_n) \tag{1.1}$$

式中，$x_i \in \mathcal{X}$是**输入**（有时称为**协变量**或**实例**）；$y_i \in \mathcal{Y}$是**输出**（有时称为**目标**或**标签**）。

现在可以假设每个（x_i，y_i），$i = 1$，$\cdots$，n，是由同一未知随机实验独立产生的。更确切地说，这个模型假定观测值（x_1，y_1），$\cdots$，（x_n，y_n）是随机变量（X_1，Y_1），$\cdots$，（X_n，Y_n）产生的，这些随机变量服从联合分布 $P_{X,Y}$，并且**独立同分布**。其中 X 和 Y 是在度量空间 $\mathcal{X}$ 和 $\mathcal{Y}$ 中取值的随机变量[⊖]。几乎所有的统计方法和机器学习都是建立在独立同分布数据上的。实际上，独立同分布的假设可能被多种方式所打破，例如发生分布转移或系统干预。将在后面看到，其中一些与因果关系有着错综复杂的联系。

现在可能对 $P_{X,Y}$ 的某些性质感兴趣，例如：

1）给定输入的输出期望值，$f(x) = \mathbb{E}[Y \mid X = x]$，称为**回归**，其中经常是 $\mathcal{Y} = \mathbb{R}$；

2）二元**分类器**将每个 x 分配给可能的类，$f(x) = \operatorname{argmax}_{y \in \mathcal{Y}} P(Y = y \mid X = x)$，其中 $\mathcal{Y} = \{\pm 1\}$；

3）$P_{X,Y}$ 的密度 $p_{X,Y}$（假设它存在）。

实际中，人们试图根据样本（1.1），从有限数据集中估计这些属性，或者通过一个经验分布 $P^n_{X,Y}$ 给每个观测值赋予相同的权重来估计这些属性。

这构成了一个**逆问题**：想要通过某种操作获得的观测结果（在本例中，从未知分布中抽样）来估计无法观测到的对象的属性（基础分布）。

1.2 学习理论

现在假设正如可以从 $P_{X,Y}$ 获得 f 一样，使用经验分布来推断经验估计值 f^n。这是一

⊖ 随机变量 X 是可测函数 $\Omega \to \mathcal{X}$，其中度量空间 $\mathcal{X}$ 为 Borel σ 代数。$\mathcal{X}$ 上的分布 P_X 可以由底层概率空间（Ω，$\mathcal{F}$，P）的测度 P 得到。不需要担心这个底层空间，相反，通常直接从随机变量的分布开始，假设随机实验直接为人们提供了从该分布中采样的值。

个病态问题（例如，Vapnik，1998），因为对于在样本（x_1，y_1），⋯，（x_n，y_n）中没有看到的任何 x 值，条件期望是未定义的。然而，可以在观察样本上定义函数 f，并根据任何固定的规则对函数 f 进行扩展（例如，将 f 设为样本外的 +1 或通过选择连续的分段线性 f）。但是对于任何这样的选择，输入端的微小变化，在经验分布中可能导致输出端的巨大变化。无论拥有多少观测数据，经验分布通常不会完全接近真实分布，而这种近似值的小误差会导致估计值出现较大误差。这意味着如果没有关于选择经验估计 f^n 的函数类别的附加假设，无法保证估计值将在合适的意义上接近最优量 f。在统计学习理论中，这些假设采用**容量**度量进行形式化。如果使用的函数类非常丰富，以至于它可以适用于绝大多数想得到的数据集，那么如果能够适应手头的数据就不足为奇了。但是，如果函数类的先验限制为小容量，那么只能利用该类中的函数解释极少数的数据集（超出了所有可能数据集的空间）。如果事实证明可以解释手头的数据，那么有理由相信已经找到了数据的规律性。在这种情况下，可以为来自同一分布 $P_{X,Y}$ 的将来数据采样的解决方案的准确性提供概率保证。

另一种解释是，这里的函数类已经包含了与观测数据相一致的**先验知识**（例如函数的平滑性）。这些知识可以以各种方式进行组合，而机器学习的不同方法在处理问题方面有所不同。在贝叶斯方法中，指定了函数类和噪声模型的先验分布。在正则化理论中，我们构造合适的正则化算子并将它们引入优化问题中，以给我们的解增加一个偏置。

统计学习的复杂性主要来自于试图根据经验数据来解决逆问题：如果得到了完整的概率模型，那么所有这些问题都会消失。当讨论因果模型时会看到，从某种意义上讲因果学习问题会更难，因为它在两个层面上是不适定的：一个是统计不适定性，主要是由于任意大小的有限样本将永远不会包含有关潜在分布的所有信息而产生；另外一个不适定性是即使掌握观测分布的完整知识通常也不能确定潜在的因果模型。

下面更详细地看一下统计学习问题，重点关注**二元模式识别**或分类的情况（例如，Vapnik,1998），其中 $\mathcal{Y}=\{\pm 1\}$。人们试图根据由一个未知的 $P_{X,Y}$ 产生的观测值［式（1.1）］来学习 $f:\mathcal{X}\rightarrow\mathcal{Y}$，观测值［式（1.1）］是独立同分布的。这里的目标是尽量减少某些类别

函数 $\mathcal{F}$ 的预期错误或**风险**[㊀]：

$$R[f]=\int\frac{1}{2}|f(x)-y|\,\mathrm{d}P_{X,Y}(x,y) \tag{1.2}$$

注意，这是关于度量$P_{X,\,Y}$的积分，然而，如果$P_{X,\,Y}$关于Lebesgue测度具有密度$p\,(x,y)$，则该积分简化为$\int\frac{1}{2}\,|\,f(x)-y\,|\,p\,(x,y)\,\mathrm{d}x\mathrm{d}y$。

由于 $P_{X,\,Y}$ 是未知的，无法计算式（1.2），更不用说将其最小化。相反，采用**归纳原理**，例如**经验风险最小化**，返回最小化训练错误或经验风险的函数：

$$R_{\text{emp}}^{n}[f]=\frac{1}{n}\sum_{i=1}^{n}\frac{1}{2}|f(x_i)-y_i| \tag{1.3}$$

从渐进的角度来看，这样一个过程是否是**一致的**非常重要，其本质意味着它产生了一个函数序列，当 n 趋近于无穷大时，该函数的风险在给定函数类 $\mathcal{F}$（概率）范围内收敛于尽可能小的值。在附录 A.3 中，证明只有当函数类是“小”的时候才可能出现这种情况。VC 维（Vapnik，1998）是度量函数类**容量**或**大小**的一种可能性。它也使人们能够得到有限的样本保证，说明概率很高时，风险 [式（1.2）] 不大于经验风险加上一个随函数类 $\mathcal{F}$ 的大小增长的项。

这种理论与**普遍一致性**的现有结果并不矛盾，普遍一致性指的是学习算法收敛于任何函数的最低可实现风险，也称作贝叶斯风险。具有普遍一致性的学习算法有很多，例如最近邻分类器和支持向量机（Devroye 等，1996；Vapnik，1998；Schölkopf 和 Smola，2002；Steinwart 和 Christmann，2008）。普遍一致性本质上告诉人们所有问题都可以通过有限的数据学习得到，但并不意味着每个问题从有限的数据都能学习得很好，这是由于**慢速**现象。对于任何学习算法，都存在学习速率任意缓慢的问题（Devroye 等人，1996）。但它确实告诉人们，如果确定分布并收集足够的数据，那么最终可以任意接近最低风险。

㊀ 此处风险的概念，与口语中的用法是不一样的，它来源于统计学习理论（Vapnik, 1998），并植根于统计决策理论（Wald, 1950；Ferguson, 1967；Berger, 1985）。在这种情况下，$f(x)$ 被认为是观察 x 所采取的行动，损失函数衡量的是自然状态为 y 时所产生的损失。

在实践中，最近机器学习系统的成功似乎表明，说明人们有时确实已经处于这种渐近状态，通常会产生惊人的结果。为了从给定的数据集中获得尽可能好的结果，人们已经在设计最有效数据方法上进行了大量的研究，同时为构建使得能够训练这些方法的大型数据集方面进行了大量的工作。然而，至关重要的是，在所有这些设置中，不管是干预还是其他变化，训练集和测试集的潜在分布是相同的。正如将在本书中讨论的那样，将潜在规律性描述为概率分布，没有额外的结构，并不能为人们提供描述可能发生变化的正确方法。

1.3 因果建模和学习

因果模型从另一个更基本的结构开始。一个因果结构蕴含一个概率模型，但它包含了后者（参见 1.4 节中的示例）中未包含的其他信息。根据本书中使用的术语，**因果推理**表示从因果模型得出结论的过程，与概率论允许推理随机实验结果的方式类似。然而，由于因果模型包含的信息多于概率模型，因果推理比概率推理更有力，因为因果推理使人们能够分析干预措施或分布变化的影响。

就像统计学习是概率论的逆向问题，我们可以考虑如何从经验含义中推断因果结构。经验含义可以是纯粹观察性的，但它们也可以包括干预下的（例如随机试验）或分布变化下的数据。研究人员使用各种术语来指代这些问题，包括**结构学习**和**因果发现**。这里提到一个密切相关的问题，我们把原则上哪些部分的因果结构可以从联合分布推断称为**结构可识别性**。与上面描述的统计学习的标准问题不同，甚至掌握 P 的全部知识不会使解决方案变得很容易，仍需要额外的假设（请参阅第 2 章、第 4 章和第 7 章）。然而，这个困难不应该让人们偏离一个事实，即通常的统计问题的病态性仍然存在（因此重要的是考虑在因果关系上函数类的表示能力，比如使用加性噪声模型，参见 4.1.4 节），只是被一个额外的困难搞糊涂了，这个困难来自于我们试图估计一个比概率结构更丰富的结构。我们将整个问题称为**因果学习**。图 1.1 总结了上述问题和模型之间的关系。

为了从观测分布中学习因果结构，需要了解因果模型和统计模型是如何相互关联的。本书将在第 4 章和第 7 章回到这个问题，现在先提供一个例子。一个众所周知的观点认为，

相关并不意味着因果关系，换句话说，仅统计特性本身并不能确定因果结构。另一个不太为人所知的观点认为，人们可能会假设，尽管无法推断出具体的因果结构，但至少可以从统计依赖中推断出因果联系的存在。这是 Reichenbach（1956）首先解释的，现在阐述他的见解（见图 1.2）[⊖]。

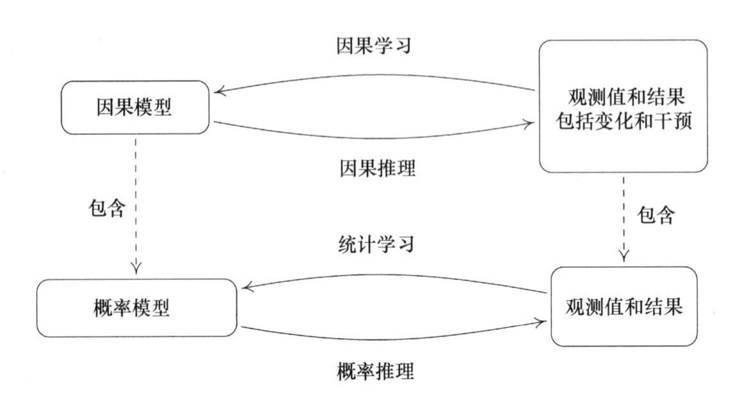

图 1.1　本书使用的各种**概率推断**问题（底部）和**因果推断**问题（顶部）的术语，见 1.3 节。请注意，使用的术语“推断”包含了学习和推理过程

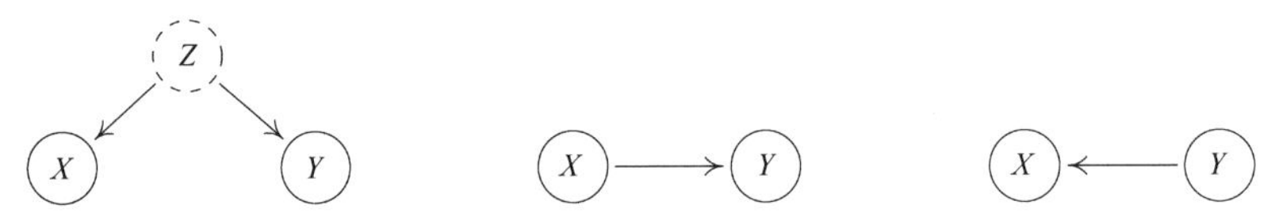

图 1.2　Reichenbach 的共同原因原则建立了统计特性与因果结构之间的联系：两个观测变量 X 和 Y 之间的统计相关性表明它们是由一个变量 Z 引起的，通常称为混杂因子（左图）。注意，Z 可能与 X 或 Y 重合，在这种情况下，该图可简化为（中图 / 右图）。该原则还认为，以 Z 为条件，X 和 Y 在统计上是独立的。本图中，直接因果关系用箭头表示，参见第 3 章和第 6 章

原则 1.1（Reichenbach 的共同原因原则）　如果两个随机变量 X 和 Y 统计相关，（$X \not\perp\!\!\!\perp Y$），则存在第三个变量 Z 对两者都具有因果影响（作为一种特殊情况，Z 可能与 X 或 Y 重合）。此外，变量 Z 可以屏蔽 X 和 Y，即在给定 Z 的情况下，X 和 Y 将变得相互独立，$X \perp\!\!\!\perp Y \mid Z$。

⊖　为了清楚起见，把一些重要的假设作为原则。在整本书中，并不认为这些是理所当然的。从这个意义上说，它们不是公理。

实际中，相关产生的原因也可能与“共同原因原则”中提到的原因不同，例如：①如果观测到的随机变量以其他变量为条件（通常含蓄地称为选择偏见），我们将回到这个问题上来看，见备注 6.29。②随机变量似乎只是相关的。例如，它们可能是对大量随机变量对的搜索过程结果，这些随机变量对是在没有多次测试更正的情况下运行的。在这种情况下，推断变量之间的相关性并不满足所需的第 I 类差错控制，见附录 A.2。③类似地，两个随机变量都可以继承时间相关性并且遵循简单的物理规律，例如指数增长。然后这些变量看起来好像是相互依赖的，但是因为违反了独立同分布的假设，所以没有适用标准独立性测试的理由。特别地，当随机变量之间是“伪相关”时，应该牢记②和③，就像在许多热门网站上所做的那样。

1.4 两个实例

1.4.1 模式识别

下面来看一个例子，首先考虑的是一个机器学习中深入研究的问题，**光学字符识别**。这不是一个因果结构的普通例子，但对熟悉机器学习的读者来说是有益的。这里描述了两个因果模型，这两个模型引起两个随机变量之间的依赖关系，假定为手写体数字 X 和类标签 Y。这两个模型将采用不同的潜在因果结构，产生相同的统计结构。

模型（i）假设每一对观测值（x，y）以如下方式产生：我们提供一系列手写数字的类别标签 y 给一个人类书写者，书写者根据标签绘制相应的手写数字图像 x。假设书写者试图出色地完成任务，但在感知类标签和执行绘制图像的过程中可能会产生噪声。可以通过将图像 X 看成一个类别标签为 Y（建模为随机变量）、独立噪声为 N_X 的函数 $f(Y, N_X)$（见图 1.3 左图）来建模该过程。然后可以从 P_Y、P_{N_X} 和 f 中计算 $P_{X,Y}$ 的值。将其称为**观测分布**，其中的“观测”一词是指被动地观察系统的事实，无需干预。X 和 Y 是相关的随机变量，能从观测值中学习 x 和 y 的映射关系并更好地预测图像 x 正确的类标签 y。

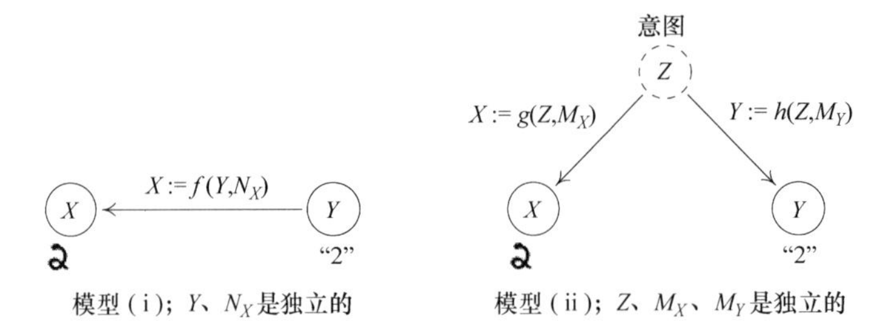

图 1.3　两种手写数字数据集的结构因果模型。模型（i）中，提供类标签 Y 并产生图像 X。模型（ii）中，决定要写入哪个类别（Z）并产生图像和类标签。对于合适的函数 f、g、h 和噪声变量 N_X、M_X、M_Y、Z，这两个模型产生相同的观测分布 $P_{X,Y}$，但它们的干预方式有所不同（详见 1.4.1 节）

在这种因果结构下有两种可能的干预会导致**干预分布**[⊖]。如果对得到的图像 X 进行干预（在图像产生后，通过操作它或将图像变化为另一个图像），这对提供给书写者并记录在数据集中的类标签是没有影响的。由于 $Y := N_Y$，所以改变 X 对 Y 没有影响。另一方面，对 Y 进行干预，相当于改变提供给作者的类标签。这显然会对制作的图像产生强烈的影响。事实上，因为 $X := f(Y, N_X)$，所以改变 Y 对 X 是有影响的。这种方向性如图中箭头所示，这个箭头代表直接因果关系。

在可选模型（ii）中，假设不向书写者提供类标签。相反，书写者被要求自己决定要写什么数字，并在旁边记录下类标签。在这种情况下，图像 X 和记录的类标签 Y 都是书写者想得到的函数（将其称为 Z，并看作一个随机变量）。概括地讲，假设不仅产生图像的过程包含噪声，而且记录类标签过程中也同样伴随着独立的噪声项（见图 1.3 右图）。请注意，如果恰当地选择函数和噪声项，可以确保该模型蕴含与模型（i）相同的观测分布 $P_{X,Y}$[⊜]。

现在讨论模型（ii）中可能的干预方式。如果对图像 X 进行干预，那么事情就像刚刚讨论的那样，且类标签 Y 不受影响。然而，如果干预类标签 Y（例如，改变书写者记录的类标签），那么与前者不同，这不会影响图像。

总之，在不限制相关函数和分布的类别情况下，模型（i）和模型（ii）中描述的因果模型在 X 和 Y 上将产生相同的观测分布和不同的干预分布。这种差异在纯粹的概率性描述

⊖　将在 6.3 节中看到，一种看待干预措施更为普遍的方式是，它们会改变函数与随机变量。
⊜　实际上，命题 4.1 暗示着任何联合分布 $P_{X,Y}$ 都可以被两个模型所蕴含。

中是不可见的（所有事物都来自 $P_{X, Y}$）。然而，能够通过结合关于 $P_{X, Y}$ 如何出现的结构知识来讨论它，特别是图结构、函数和噪声项。

上面描述的图 1.3 中的模型（i）和模型（ii）是**结构因果模型**（SCM）的例子，有时称为**结构方程模型**（例如，Aldrich，1989；Hoover，2008；Pearl，2009；Pearl 等人，2016）。在结构因果模型中，所有相关性由其他变量的函数计算生成。至关重要的是，这些函数被解读为赋值，即与计算机科学中的功能一样，而不是数学方程式。通常认为它们是建模的物理机制。一个结构因果模型蕴含一个定义在所有观测变量上的联合分布。如上所述，不同的结构因果模型可以产生相同的分布，因此，当将一个结构因果模型变成相应的概率模型时，关于干预效果的信息（以及将在 6.4 节中看到的反事实信息）可能会丢失。本书以结构因果模型为出发点，并试图从这里展开研究。

关于上述例子总结出两个要点：

首先，图 1.3 很好地说明了 Reichenbach 的共同原因原理。X 和 Y 之间的依赖关系存在多种因果解释，如果在右边的手写数字中设置条件 Z，X 和 Y 变成相互独立：图像和标签没有共享意图中不包含的信息。

其次，有时候只有考虑到时间概念时，才会讨论因果关系。的确，时间确实在前面的例子中发挥了作用，例如通过排除图像 X 的干预将影响类标签。但是，这样非常好，事实上一个统计数据集是由一个实时过程产生的是非常普遍的。例如，在模型（i）中，X 和 Y 之间统计相关性的根本原因是一个动态的过程。书写者读取标签并计划书写动作，需要大脑中复杂的处理过程，最后利用肌肉和钢笔执行这个动作。这个过程只能被部分理解，但它是一个物理的实时动态过程，该过程的最终结果是 X 和 Y 的重要联合分布。当进行统计学习时，一般只关心最终结果。因此，不仅因果结构，而且纯粹的概率结构也可能通过实时进程产生。实际上，人们可以认为这是他们最终能够实现的唯一方式。但是，在这两种情况下，忽视时间通常都是有好处的。在统计学中，时间往往不是讨论诸如统计相关性这样的概念所必需的。在因果模型中，讨论干预效果通常也不需要时间。但是，这两种描述都可以被看作抽象的更精确的物理模型，它比任何一个都更充分地描述现实，见表 1.1。此外，请注意模型中的变量没必要指明是明确定义的时间实例。例如，如果一个心理学家调查学生的动机和表现之间的统计或因果关系，那么这两个变量就不能轻易地分配给特定的时间实例。明确时间实例的测量对于像物理和化学这样的“硬”科学来说是相当典型的。

表 1.1　一个简单的模型分类法。最详细的模型（顶部）是一个机械的或物理的模型，通常涉及一组微分方程。在表格的另一端（底部），有一个纯粹的统计模型。这个模型可以从数据中学习，但是除了建模之间的联系，它提供的洞察力往往很小。因果模型可以被看作介于两者之间的描述，从物理现实主义中抽象出来，同时保留回答某些干预或反事实问题的能力。参见 Mooij 等人（2013）讨论物理模型与结构因果模型之间的联系。6.3 节将讨论干预方式

模型	独立同分布情况下进行预测	在不断变化的分布或干预情况下进行预测	回答反事实问题	获得物理洞察力	从数据中学习
机械 / 物理，例如 2.3 节	是	是	是	是	?
结构因果模型，例如 6.2 节	是	是	是	?	?
因果图模型，例如 6.5.2 节	是	是	否	?	?
统计模型，例如 1.2 节	是	否	否	否	是

1.4.2　基因干扰

在 1.4.1 节看到，不同的因果结构导致不同的干预分布。有时，我们确实对预测随机变量在这种干预情况下的结果感兴趣。从遗传学的角度来看，下面的例子过于简单化：假设从基因 A 得到活性数据以及相应的表型测量数据，玩具数据集见图 1.4（左上）。显然，这两个变量都是强相关的。这种相关性可以用于经典预测：如果观察到基因 A 的活性位于 6 左右，预计表型位于 12~16 的概率会很高。类似地，适应于基因 B（见图 1.4 左下）。另一方面，我们可能对预测删除基因 A 后的表型也感兴趣，即将其活动设置为 0 之后[⊖]。然

⊖　为了简单起见，假设可以在不存在测量噪声的情况下获得基因的真实活性。

而，在不了解因果结构的情况下，是不可能回答该问题的。如果基因 A 对表型具有因果影响，人们希望看到干预后发生剧烈变化（见图 1.4 右上）。事实上，仍然可以使用从观测数据中学到相同的线性模型。或者，如果可能存在第三个基因 C 影响基因 B 的活性和表型，那么对基因 B 的干预对表型没有影响（见图 1.4 右下）。

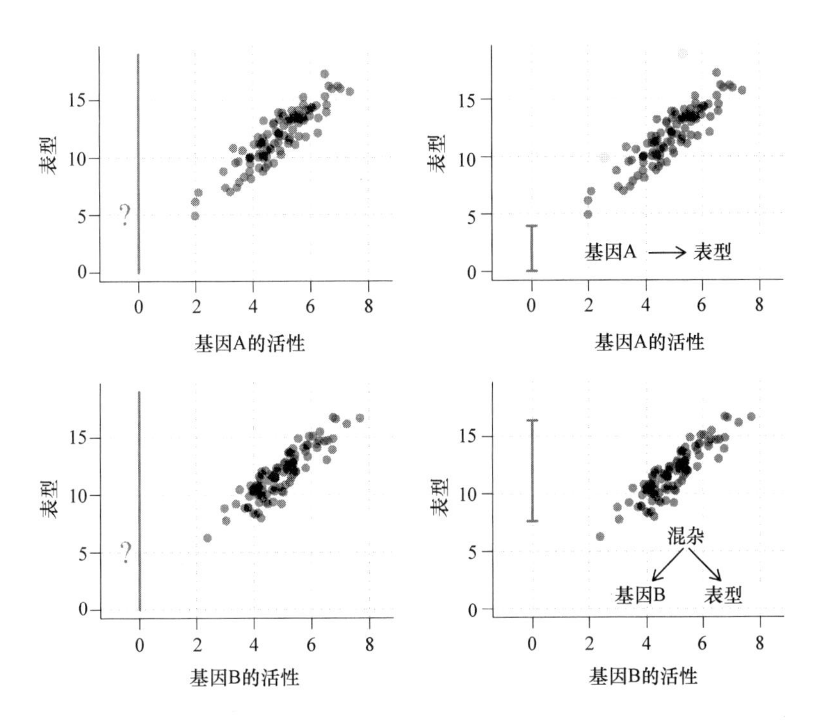

图 1.4　两种基因的活性（上面：基因 A；下面：基因 B）与表型（黑点）密切相关。然而，删除基因时表型最好的预测是将其活性设置为 0（左），取决于因果结构（右）：造成基因和表型之间相关性的一个常见原因是人们希望表型会像往常在干预下的表现一样（右下），然而如果受到基因的因果影响（右上），干预会明显改变表型的值（右上）。这幅图的思想是基于 Peters 等人（2016）的

如上面的模式识别示例所示，再次选择模型以使得基因 A 和表型的联合分布等于基因 B 和表型的联合分布。因此，即使样本量趋于无穷大，也无法仅从观测数据上来分析顶部和底部的情况。总结一下，如果不愿意使用因果关系概念，基因删除后只能用“我不知道”来回答预测表型的问题了。

第 2 章
因果推断假设

现在我们已经认识了结构因果模型的基本组成部分，现在是一个停下来并考虑我们所看到的一些假设的好时机，也是揭示这些假设所暗示的因果推理和学习目的的好时机。

这里讨论的一个至关重要的概念是一种**独立**形式，可以用一种被称为 Beuchet 椅子的视错觉来非正式地介绍它。当人们看到一个物体，比如图 2.1 左图所示的物体时，人们的大脑就假设物体和它的光所包含的信息到达大脑的机制是独立的。可以从一个特定的视角来观察这个物体，进而否定该假设。如果这样做，感觉就出错了：人们感知到椅子的三维结构，实际上它并不存在。然而，大多数时候，独立性假设确实成立。如果看一个物体，人们的大脑假设物体与人们的有利位置和照明无关。因此，不应该有不可能的巧合，在二维空间中没有单独的三维结构排列，或者阴影边界与纹理边界重合。这被称为视觉中的一般视角假设（Freeman，1994）。

然而，独立性假设比这更普遍。在 2.1 节中可以看到，因果生成过程是由互不知晓和互不影响的独立模块组成。正如下面所描述的，这意味着当一个模块的输出可能影响另一个模块的输入时，模块本身是彼此独立的。

在上面的例子中，虽然整体上的认知是一个关于物体、光照和视角的函数，但物体和照明是不受移动位置影响的，换句话说，整体因果生成模型的一些组件是保持不变的，可以从这个不变量中推断三维信息。这是由运动恢复结构（Ullman，1979）的基本思想，它在生物视觉和计算机视觉中起着重要的作用。

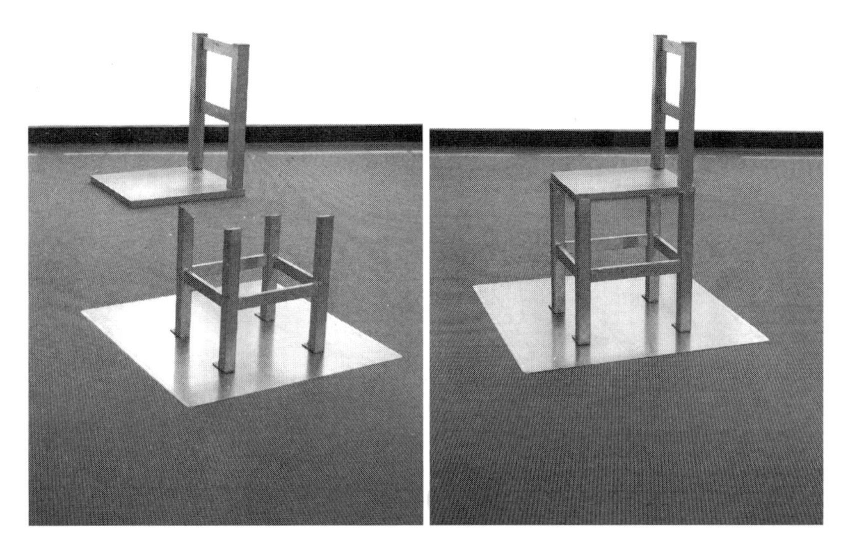

图 2.1　左图显示了构成一把 Beuchet 椅子的（独立）部件的一般视图。
右图显示了如果从一个单一的、非常特殊的有利位置看所有部件，可以看到一把虚幻的椅子。
从这个偶然的角度来看，看到了一把椅子（图片来源于 Markus Elsholz）

2.1　独立机制原则

现在描述一个简单的因果效应问题，并指出一些观察结果。随后，我们将试图为它们是如何相互关联的提供一个统一的看法，即认为它们来自一个共同的独立原则。

假设我们估计在某个国家的一些城市样本的海拔 A 和温度 T 的联合密度为 $p(a, t)$（见图 4.6）。考虑 $p(a, t)$ 的两种表达式如下：

$$
\begin{aligned}
p(a,t) &= p(a \mid t)p(t) \\
&= p(t \mid a)p(a) \qquad (2.1)
\end{aligned}
$$

第一个分解式描述了 T 和条件分布 $A \mid T$。它对应于一个 $p(a, t)$ 根据图 $T\to A$ 的因式分解[⊖]。第二个分解式对应一个根据 $A\to T$ 的因式分解（见定义 6.21）。我们能够决定这两种结构中哪一种是因果结构吗（例如，在哪种情况下，我们能认为箭头作为因果关系）？

⊖ 值得注意的是条件密度 $p(a|t)$ 允许人们由 $p(t)$ 计算 $p(a, t)$（也就是是 $p(a)$），这可以用于暂时激励式子 $T\to A$ 中箭头的方向。这将在定义 6.21 中进行精确定义。

第一个想法（见图 2.2 左边）是考虑干预的效果。设想一下，可以通过一些假设机制，如提高城市建设的地基来改变一个城市的海拔 A。假设平均温度确实降低了。再设想一下，我们设计了另一种干预实验。这一次，不改变海拔，而是在城市周围建立一个巨大的供暖系统，使平均气温上升了几摄氏度。假设城市的海拔是不受影响的。干预 A 已经改变了 T，但对 T 的干预没有改变 A。因此，将合理地倾向于将 $A \to T$ 作为一个因果结构的描述。

为什么认为上述关于干预影响的描述貌似是可信的，尽管假设干预操作在实际中执行是很困难或不可能的？

如果改变海拔 A，那么假设负责产生平均温度的物理机制 $p(t \mid a)$（大气的化学成分、压力随海拔下降的物理现象、风的气象机制等）仍然存在，并会导致 T 的变化。这与抽样城市的分布无关，因此也与 $p(a)$ 无关。奥地利人建立城市的地点可能与瑞士人有细微差别，但 $p(t \mid a)$ 机制在这两种情况下都适用[⊖]。

另一方面，如果改变了 T，那么很难把 $p(a \mid t)$ 看作一种仍然存在的机制，人们可能根本不相信存在这种机制。给定一组不同城市的分布 $p(a, t)$，尽管可以把它们全部写为 $p(a \mid t)p(t)$ 的形式，但会发现不可能用一个不变量 $p(a \mid t)$ 来解释它们。

我们的直觉可以用以下两种方式重述和假设：如果 $A \to T$ 是正确的因果结构，那么：

1）原则上可以对 A 进行**局部干预**，也就是说，改变 $p(a)$ 而不改变 $p(t \mid a)$；

2）$p(a)$ 和 $p(t \mid a)$ 是**自治的**、**模块化的**或**不变的**机制或世界上的物体。

有趣的是，尽管开始一个假设的干预实验来得出因果结构时，推理最终表明实际的干预可能不是得出因果结构的唯一方法。我们也可以通过检查来确定因果结构，对于数据源 $p(a, t)$，式（2.1）的两个分解中的一个会导致自治或不变项。结合前面的例子，分别用 $p^{\text{Ö}}(a, t)$ 和 $p^{\text{S}}(a, t)$ 表示奥地利和瑞士的海拔和温度的联合分布。由于奥地利人和瑞士人在不同的地方建立了他们的城市，这两种情况可能是不同的（即 $p^{\text{Ö}}(a)$ 和 $p^{\text{S}}(a)$ 是不

⊖ 这是一个理想化的设置——毫无疑问，这些一般性评论的反例是可以构建的。

同的)。然而，因果分解仍然可以使用相同的条件分布，即 $p^{Ö}(a, t) = p(t \mid a)p^{Ö}(a)$ 和 $p^{S}(a, t) = p(t \mid a)p^{S}(a)$。

接下来，将描述一个与上述内容紧密相关的思想（见图 2.2 中间部分），但不同的是，它也适用于单个分布。在因果分解 $p(a, t) = p(t \mid a)p(a)$ 中，我们期望条件概率密度 $p(t \mid a)$（看作 t 和 a 的函数）不提供关于边缘密度函数 $p(a)$ 的信息。如果 $p(t \mid a)$ 是物理机制模型，这是成立的，该模型并不关心分配给它的分布 $p(a)$。换言之，该机制不受所应用的城市集合的影响。

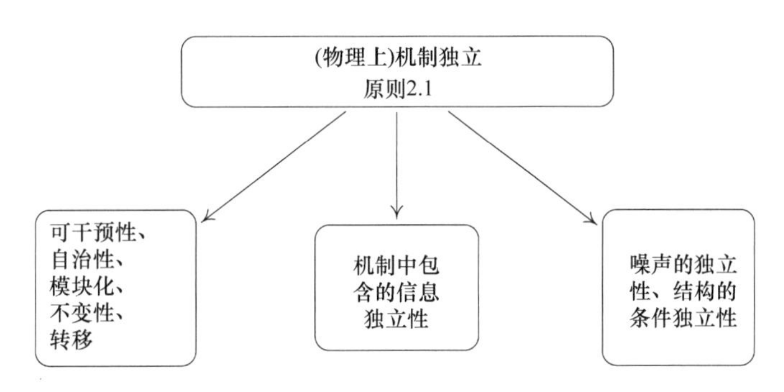

图 2.2　独立机制原则及其对因果推断的影响（原则 2.1）

另一方面，如果写成 $p(a, t) = p(a \mid t)p(t)$，那么前面的**因果和机制独立性**将不适用。相反，可以注意到，为了连接观察到的 $p(t)$ 和 $p(a, t)$，由于上述方程的约束，机制 $p(a \mid t)$ 将需要采用一种非常特殊的形式。考虑城市和温度的综合情况，这可以通过经验加以检验[㊀]。

这里已经看到了一些与独立性、自主性和不变性有关的观点，所有这些都可以作为因果推断的依据。现在转向最后一幅图（见图 2.2 右边），它与噪声项的独立性有关，当把式（2.1）重写为满足图结构 $A \rightarrow T$ 的 SCM 的一种分布时，它可以得到很好的解释，实现了效应 T 作为原因 A 的噪声函数：

$$A := N_A$$

㊀　将在 4.1.7 节中正式说明这一想法。

$$T := f_T(A, N_T)$$

式中，N_T 和 N_A 是统计**独立的噪声**，$N_T \perp\!\!\!\perp N_A$。

对 f_T 的函数形式进行适当的限制（见 4.1.3~4.1.6 节和 7.1.2 节），可以确定两个因果结构中的哪一个（$A \to T$ 或 $T \to A$）蕴含了观察到的 $p(a, t)$ [没有这些限制，总是可以实现式（2.1）的两种分解]。此外，在多变量环境和适当的条件下，联合独立噪声的假设允许通过条件独立性检验来识别因果结构（见 7.1.1 节）。

人们喜欢把所有这些观察看作与（物理上）独立机制一般原则紧密联系的实例。

原则 2.1（独立机制） 系统变量的因果生成过程由互不知晓或互不影响的自主模块组成。

在概率情况下，这意味着每个变量在给定其原因时的条件分布（即它的机制）没有通知或影响其他条件分布。在只有两个变量的情况下，这就归纳为原因分布和产生结果分布的机制之间的独立性。

如果认为这里的系统是由包含（一组）变量的模块组成的，并且这些模块在物理上表示世界独立机制，那么这个原则是合理的。两个变量的特殊情况被称为原因与机制的独立性（ICM）（Daniušis 等人，2010；Shajarisales 等人，2015）。它是通过将输入看作一种准备的结果，而这种准备是由一种独立于“将输入转换为输出的机制”的机制完成的。

在深入讨论这个原则之前，应该注意到并不是所有的系统都能满足它。例如，如果整个系统所组成的机制可以通过设计或改进成彼此，那么上述独立性就可能被违反。

下面将论证这个原则的应用足够广泛，可以涵盖因果推理和因果学习的主要方面，如图 2.2 所示。从左到右处理这三个方面，对应于图 2.2 中树的三个分支。

1）可以将上述模块看作包含输入 / 输出行为的物理机器。这一假设意味着**可以改变一种机制而不影响其他机制**，或者，在因果术语中，可以干预一种机制而不影响其他机制。当然，改变一种机制会改变它的输入 / 输出行为，因此下游的其他机制可能会接收到输入，但这里假设物理机制本身不会受到这种改变的影响。像上面这样的假设通常隐含一开始就证明干预的可能性，但也可以把它看作因果推理和因果学习的更一般的基础：如果一个系统允许这样的局部干预，那么没有物理途径可以通过“元机制”将机制以一种定向的方式连接起来。后者使人有理由相信，机制可能对所考虑的系统内的变化保持不变，也可能对系统外的一些变化保持不变，见 7.1.6 节。这种机制的自主性有助于将一个领域学到的知识转移到一个相关领域，其中一些模块与源领域一致，见 5.2 节和 8.3 节。

2）虽然上面的讨论集中在独立性的物理及其分支方面，但是也包含了信息理论方面的内容。一个涉及多个耦合对象和机制的时间演化过程可以产生统计相关。这与之前从第 10 页开始讨论的内容有关，即类标签和手写数字图像之间的相关性。类似地，物理耦合的机制倾向于产生可以根据统计或算法信息度量来量化的信息（见 4.1.9 节和 6.10 节）。

在这里，区分两个层次的信息是很重要的：显然，一个结果包含关于它起因的信息，但是根据独立原则，从它的原因产生结果的机制不包含关于产生原因机制的信息。对于一个有两个以上节点的因果结构，独立性原则阐明从其直接原因生成每个节点的机制不包含彼此的信息[1]。

3）最后，将讨论结构方程建模中常见的独立噪声项假设与独立机制原理之间的联系。这种联系不太明显。为此，考虑变量 $E := f(C, N)$，其中噪声 N 是离散的。对于 N 所取的每个值 s，赋值 $E := f(C, N)$ 归纳到一个确定性机制 $E := f^s(C)$，它将输入 C 转换成有效的输出 E，这意味着噪声在多个机制 f^s 之间随机选择（其中数字等于噪声变量 N 范围的基数）。现在假设 X_j 和 X_k 上的两个机制的噪声变量具有统计相关性[2]。这样的相关性可以确保，例如，当节点 j 上有一个机制 f_j^s 活跃时，就知道节点 k 上有哪个机制 f_k^t 活跃，这违反了独立机制原则。

---

[1] 这方面的独立性与第 1 条中所描述的独立性之间有一种直观的关系：当一个机制独立变化时，一个机制的变化并不提供其他机制如何变化的信息。尽管存在重叠，但是第二个独立包含第一个独立中没有严格包含的方面，因为它也适用于没有任何机制改变的场景，例如，它还引用同构数据集。

[2] 虽然到目前为止只关注了双变量的情况，但该论点也适用于有两个以上变量的因果结构。

上面使用了噪声变量作为机制之间的选择器的极端观点（见 3.4 节）。实际上，噪声的作用可能不那么明显。例如，如果噪声是加性的 [即 $E := f(C) + N$]，则其对机制的影响是受限制的。在这种情况下，它只能将机制的输出向上或向下移动，所以它在一组非常相似的机制之间进行选择。这与人们试图描述的噪声变量作为系统外部变量的观点是一致的，这表示一个系统永远不能完全脱离它的环境。在这种观点下，人们会认为，在不破坏独立机制原则的情况下，对噪声的微弱依赖是可能的。

上述原则 2.1 的所有方面都可以帮助解决因果学习问题，换言之，它们可能提供关于因果结构的信息。然而，可以想象的是，这些信息在某些情况下可能是相互矛盾的，这取决于在任何特定情况下哪种假设是正确的。

2.2 历史记录

在结构方程模型（SEM）或结构因果模型（SCM）的概念中，自主性和不变性的概念是根深蒂固的。本书更倾向于后一项，因为 SEM 已经在许多情境中使用，其中结构赋值被用作代数方程而不是赋值。文献也有很多，如 Aldrich(1989)、Hoover(2008 ）和 Pearl(2009 ）都是这方面的综述文章。

SEM 的一个知识前提是由 Wright（1918，1920，1921）（见图 2.3）开创的路径模型概念。虽然 Wright 是生物学家，但如今，SEM 与计量经济学的联系最为紧密。继 Hoover（2008）之后，20 世纪 30 年代由 Jan Tinbergen 完成了结构计量经济学模型的先驱工作，并由 Trgyve Haavelmo 于 1944 年建立了概率计量经济学的概念基础。早期的经济学家试图概念化这样一个事实：与相关性不同，回归有一个自然的方向：Y 对 X 的回归导致一个通常不是 X 对 Y 的逆回归的解[⊖]。但是，数据如何告诉人们应该向哪个方向进行回归？这是一个观察等价的问题，与计量经济学家称为识别的问题密切相关。

许多早期作品中发现什么使得一组方程或关系结构化（Frisch 和 Waugh，1933）以及不变性质和自主性（Aldrich, 1989）之间存在一种联系，实际上这是 Frisch 等人（1948）开

⊖ 另外，虽然早期的研究大多只使用线性方程，但也有人尝试将其推广到非线性 SEM（Hoover，2008）。

创性工作的核心概念。在这里，一个结构化关系的目标不仅仅是对一个观测数据分布进行建模，它试图捕获一个连接模型变量的底层结构。

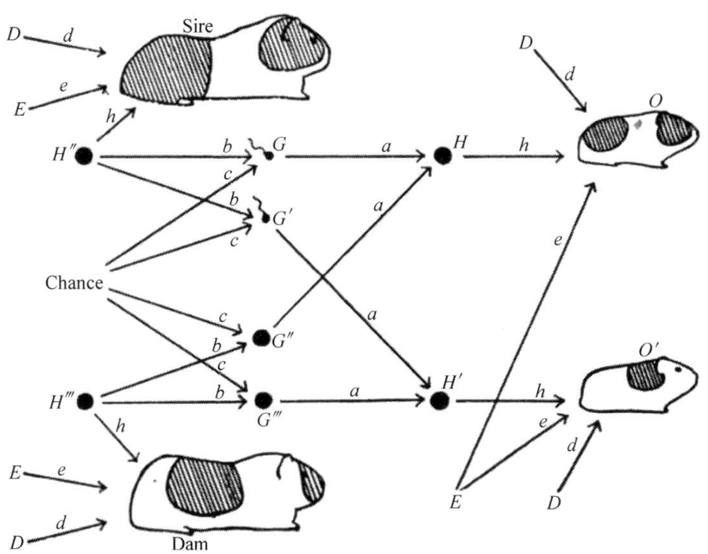

本图说明了同窝鼠仔(O, O')以及它们与父母之间的因果关系。H、H'、H''、H'''表示4个个体的遗传构成，G、G'、G''、G'''表示4个生殖细胞。E表示同窝鼠仔生长常见的环境因素。D表示其他因素，主要是个体发生的不规则性。小写字母代表不同的路径系数

图 2.3　早期的路径图；Dam 和 Sire 分别是豚鼠的雌性和雄性双亲。路径系数给出了给定路径的重要性，定义为当所有原因都是常数时所发现结果的可变性比率，除了有问题的原因，其可变性保持不变。转载自 Wright（1920）

当时，考尔斯委员会（Cowles Commission）是一个重要的经济研究机构，在创造计量经济学领域起了重要作用。它的工作与结构计量经济学模型（Hoover，2008）的不变性有关。Pearl（2009）将 1950 年 Cowles 专著的第一章归功于 Marschak，他认为结构方程对系统中的某些变化保持不变（Marschak，1950）。Cowles 工作强调的一个关键区别是内生变量和外生变量之间的区别。内生变量是建模者试图理解的变量，而外生变量则是由模型之外的因素决定的，并按照给定的方式进行。Koopmans（1950）提出了两项原则，以确定什么应该被视为外生的。部门原则将学科范围之外的变量视为外生变量（例如，天气是经济学的外生变量）。（优先的）因果原则将那些影响其余（内生的）变量但（几乎）不受其余变量的影响的变量称为外生变量。

Haavelmo（1943）将结构方程解释为关于假设控制实验的陈述。他考虑了循环随机方程模型，并讨论了不变性的作用以及政策干预。Pearl（2015）评价了 Haavelmo 在政策干预问题研究和因果推断领域发展中的作用。在“经济学与计量经济学的因果关系”报告中，Hoover（2008）讨论了一种下述形式的系统：

$$X^i := N_X^i$$

$$Y^i := \theta X^i + N_Y^i$$

式中，误差 N_X^i 和 N_Y^i 是 i.i.d.（独立同分布）；θ 是参数。Hoover 认为，Simon（1953）的观点（不需要任何时间顺序）是 X^i 可能会被认为是导致 Y^i 的原因，因为人们不需要 Y^i 就能知道所有关于 X^i 的信息，但反之不然。这些方程式也让人们能够预测干预的效果。Hoover 继续认为，人们可以重写系统，逆转 X^i 和 Y^i 的角色㊀，同时保留错误项不相关的属性。因此，他指出，不能根据一组数据（观察等效性）来推断正确的因果方向。无论是受控实验还是自然实验，都有助于做出决定。举个例子，如果一个实验可以改变一个给定 X^i 的条件分布 Y^i，而不改变 X^i 的边缘分布，那么它一定是 X^i 导致了 Y^i。Hoover 把这称为 Simon 的不变性准则：真正的因果顺序是在正确的干预下具有不变性㊁。Hurwicz（1962）认为，一个方程系统由于对一个修改域的不变性而变成结构性的。这样的系统与自然法则相似。Hurwicz 认识到，人们可以利用这种修改来确定结构，虽然结构对于因果关系来说是必要的，但对于干预却不是必要的。

Aldrich（1989）解释了自主性在结构方程建模中的作用。他认为，自主关系可能比其他关系更稳定。他将 Haavelmo 的自主变量与后来被称为外生变量的变量等同起来。自主变量是由外力固定或随机独立处理的参数㊂。根据 Aldrich 的研究（1989，第 30 页），“限定词自治和短语部门外部的力量的使用表明，该模型的参数对于部门参数的变化是不变的。”他还将不变性与一个被称为超级外生性的概念联系在一起（Engle 等人，1983）。

㊀ 将在 4.1.3 节中更详细地讨论这个主题。

㊁ 人们会争辩说，如果干预措施相互耦合，这可能不会成立，例如，保持有条件的反诱因（描述原因，考虑到其影响）是不变的。这可能被视为干预水平违反原则 2.1。具体可见 2.3.4 节。

㊂ 这类似于在 SCM 中使用的噪声术语的独立性。

虽然早期的结构方程建模的支持者已经对他们的因果关系有了一些深刻的见解，但是计算机科学的发展最初是单独发生的。Pearl（2009，第 104 页）讲述了他及其同事们如何开始连接贝叶斯网络和结构方程模型：我突然意识到，经济学家和统计学家之间长达一个世纪之久的紧张关系源于简单的语义混淆，即统计学家将结构方程解读为关于 $\mathbb{E}[Y \mid x]$ 的陈述，而经济学家将其解读为 $\mathbb{E}[Y \mid \text{do}(x)]$。这就解释了为什么统计学家声称结构方程没有意义，经济学家反驳说统计数据没有实质内容。Pearl（2009，第 22 页）提出了独立原则："网络中的每个父子关系代表一个稳定的、自主的物理机制，换句话说，在不改变其他关系的情况下改变其中一个关系是可以想象的。"

值得注意的是，事实上写本书的动机是，如图 2.2 所示在原则 2.1 的不同含义中，大部分使用因果贝叶斯网络的工作只利用了噪声项的独立性[⊖]。它带来了丰富的条件独立的结构（Pearl，2009；Spirtes 等人，2000；Dawid，1979；Spohn，1980），最终来源于 Reichenbach 的原则 1.1。独立性的其他方面受到的关注明显较少（Hausman 和 Woodward，1999；Lemeire 和 Dirkx，2006），但最近有一系列工作旨在对它进行形式化和使用。这些工作的主要动机是在只有两个变量的因果问题中条件独立性是无用的（见 4.1.2 节和 6.10 节）。Janzing 和 Schölkopf（2010）从算法信息论（见 4.1.9 节）的角度形式化了机制的独立性。他们将 SCM 中的函数视为表示在操作输入或其他机制的分布后持续存在的独立因果机制。更具体地说，在因果贝叶斯网络的背景下，他们假定所有节点关于其父节点的条件分布都是算法独立的。特别地，对于因果贝叶斯网络 $X \rightarrow Y$，P_X 和 $P_{Y \mid X}$ 不包含关于彼此的算法信息。不相关的机制在算法上是独立的这一观点源于 SCM 从随机变量到个体对象的推广，其中统计相关被算法相关所取代。

Schölkopf 等人（2012，例如 2.1 节）讨论了关于因果分布变化的鲁棒性问题（在双变量设置中），并将其与**机器学习**问题联系起来，见第 5 章。在 SCM 中，对于不同的学习场景（迁移学习、概念漂移），他们分析函数或噪声的不变性。他们采用了一种机制和输入独立性的概念，这一概念既包含了变化下的独立性，也包含了信息理论的独立性（称其为图 2.2 中第一和第二个独立之间的重叠部分）：$P_{E \mid C}$ 不包含关于 P_C 的信息，反之亦

⊖ 某些贝叶斯结构的学习方法（Heckerman 等人，1999）可以被看作一种简单的方法，通过将独立的先验分配给每个变量的条件概率来决定它的独立原则。

然。特别是，如果 $P_{E \mid C}$ 在某个时间点发生了变化，那么就没有理由相信 P_C 会同时发生变化。

在 Bareinboim 和 Pearl（2016）、Rojas-Carulla 等人（2016）、Zhang 等人（2013）以及 Zhang 等人（2015）的研究中，讨论了迁移和相关机器学习问题的进一步联系。Peters 等人（2016）利用跨环境的不变性来学习多变量 SCM 基础图结构的部分（见 7.1.6 节）。

2.3 因果模型的物理结构

本节总结了一些关于物理学的联系。对数学和统计结构感兴趣的读者也可以跳过本节。

2.3.1 时间的作用

在 2.1 节中明显缺少的一个方面是时间的作用。事实上，物理学通过排除从未来到过去的因果关系，将因果关系纳入其基本规律[⊖]。然而，这并不能消除所有因果推断的问题。Simon（1953）已经认识到，虽然时间顺序可以提供一种有用的不对称性，但重要的是不对称性，而不是时间序列。

微观上，经典系统和量子力学系统的时间演化被普遍认为是可逆的。这似乎与人们的直觉相矛盾，即世界以一种有向的方式发展，人们相信人们能够判断时间是否倒流。这种矛盾可以通过两种方式得到解决。在其中一个例子中，假设有一个状态的复杂度度量（Bennett, 1982; Zurek, 1989），我们从一个复杂度很低的状态开始。在这种情况下，时间进化（假设它具有足够的遍历性）将增加复杂性。另一方面，假设考虑了开放系统。即使封闭系统的时间演化是可逆的（例如，量子力学中的一元时间演化），一般情况下开放子系统（与环境相互作用）的时间演化也不一定是可逆的。

⊖ 更准确地说，根据相对论，一个事件只能影响在它的光锥上的事件，因为没有任何信号能比真空中的光速传播得更快。

2.3.2 物理定律

一个经常讨论的因果问题可以用下面的例子来解决。理想气体定律规定压强 p、体积 V、物质的量 n、绝对温度 T 满足方程：

$$pV = nRT \tag{2.2}$$

式中，R 是理想气体常数。例如，如果改变分配给给定气体量的体积 V，那么压力 p 和（或）温度 T 将会改变，具体的细节将取决于干预的确切设置。另一方面，如果改变 T，那么 V 和（或）p 就会改变。如果保持 p 不变，那么至少可以近似地构造一个包含 T 和 V 的循环，那么是什么导致什么呢？有人认为，这些定律表明，除非系统是暂时的，否则谈论因果关系是没有意义的。下文认为这是一种误导。气体定律 [式（2.2）] 指的是一个潜在动力系统的平衡状态，把它写成一个简单的方程并不能提供足够的信息说明什么干预在原则上是可能的，以及它们的影响是什么。SCM 及其相应的有向无环图确实向人们提供了这些信息，但在非平衡系统的一般情况下，给定的动力系统是否以及如何导致 SCM 是一个难题。

2.3.3 循环赋值

本书认为 SCM 是发生在时间上的潜在过程的抽象。对于这些潜在过程来说，反馈回路应该没有问题，因为在一个足够快的时间尺度上，这些回路会沿着时间展开，假设没有瞬时的相互作用，这可能会被光速的有限性所排除。

即使时间相关的过程没有周期，也有可能从这些过程派生出 SCM（例如，后面的备注 6.5 和备注 6.7 中提到的方法），只包含与时间无关但有周期的量。在这样的系统中定义一般干预变得有点困难，但是某些类型的干预仍然是可行的。例如，将一个变量的值设置为一个固定值的硬干预是可能的（在一组基础的微分方程中，通过一个强制项来实现，参见后面的备注 6.7）。这就减少了周期，然后就可以推导出所蕴含的干预分布。

然而，可能不能从一组循环的结构赋值中得出一个蕴含的观测分布。下面考虑这两项赋值：

$$X := f_X(Y, N_X)$$

$$Y := f_Y(X, N_Y)$$

和噪声变量 $N_X \perp\!\!\!\perp N_Y$。就像非循环模型一样，考虑给定的噪声和函数，试图计算 X 和 Y 的联合分布。为了这个目的，从第一个赋值 $X := f_X(Y, N_X)$ 开始，然后将一些初始的 Y 代入。这就产生了一个 X，然后可以把它代入另一个赋值。假设迭代两个赋值并收敛到某个固定的点。这一点对应于 X 和 Y 的联合分布同时满足两个结构赋值作为随机变量的等式[⊖]。注意，这里假设每一步都使用了相同的 N_X、N_Y，而不是独立的副本。

然而，X、Y 的这种均衡不一定总是存在的，即使存在，也不一定能通过迭代找到它。在线性情况下，Lacerda 等人（2008）和 Hyttinen 等人（2012）对此进行了分析，见 Lauritzen 和 Richardson（2002）。更多详细信息，请参阅备注 6.5。

上面的观察表明，人们可能并不总是能够得到满足两个循环结构任务的蕴含分布，这与 SCM 作为基础物理过程的抽象的观点是一致的——抽象作为因果模型的有效性范围是有限的。如果想要了解一般的循环系统，那么学习微分方程系统而不是 SCM 系统是不可避免的。另一方面，对于某些受限制的设置，在现象上停留在更肤浅的 SCM 层次上仍然有意义，例如参见 Mooij 等人（2013）。可以推测，SCM 固有的这种困难（或 SEM）是计量经济学委员会开始将 SEM 视为因果模型原因的一部分，但后来部分委员会决定放弃这种解释，转而采用结构方程作为纯粹的代数方程。

2.3.4 干预的可行性

上面使用了独立机制的原则来激励每次只影响一种机制（或结构赋值）的干预。虽然真正的系统可能会接受这种干预，但也会有些干预同时代替一些赋值。前一种干预可能从直观的物理意义上被认为是更基本的。如果将多种基本干预结合起来，那么原则上这种干预可能会相互调整，会认为这违反了独立原则 2.1 的形式。人们可能希望，“自然”的联合

⊖ 作业被满足为随机变量的等式，这意味着考虑的是在噪声变量的实现中不同的系统。每一个实现都导致了 X、Y（可能是不同的）实现，因此，噪声的分布意味着在 X、Y 上的分布。

干预不会违反独立性。然而，要想从这个意义上判断一种干预是否“自然”，就需要了解因果结构，而在最初尝试使用这些原则进行因果学习时，并不具备这种知识。最后，人们可以尝试求助于物理学来分析基本或自然的东西。

在现代量子信息理论中，物理系统操作的基本问题起着至关重要的作用。这个问题与分析物理相互作用的结构密切相关[㊀]。同样，我们认为理解因果关系的物理机制有时可以解释为什么一些干预是自然的，而另一些干预是复杂的，本质上定义了不同的结构方程给出的“模块”。

2.3.5 原因和机制的独立性以及时间的热力学之箭

这里提供了一个讨论和一个玩具模型来说明独立机制原则是如何被视为一个物理原理的。为此，我们考虑两个变量的特殊情况，并假设以下是原则 2.1 的特殊化情况。

原则 2.2（初始状态和动力学定律） *如果 s 是物理系统的初始状态，而 M 是描述在一定时间内应用系统动力学效果的映射，那么 s 和 M 是独立的。在这里，假设根据定义，初始状态是一个之前没有与动力学相互作用的状态。*

在这里，“初始”状态 s 和“最终”状态 $M(s)$ 被认为是“原因”和“效果”。因此，M 是与原因和效果相关的机制。原则 2.2 的最后一句话需要一些解释来避免错误的结论。现在将用一个直观的例子来讨论它的意义。

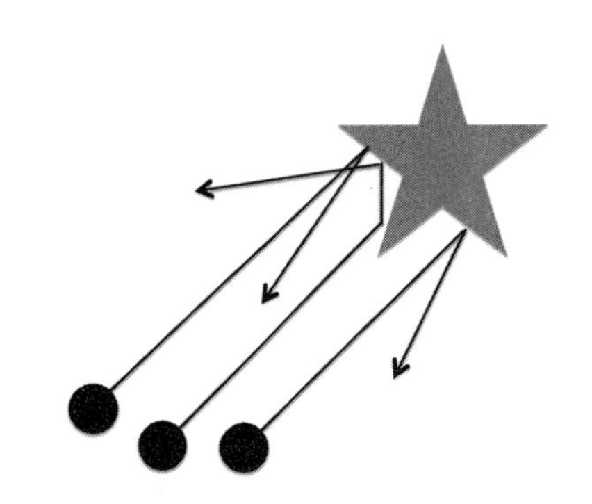

图 2.4 初始状态和动力学定律独立性的简单例子：散射在物体上的粒子束。发出的粒子包含关于对象的信息，而传入的粒子则不包含

图 2.4 显示了一个场景，其中初始状态和动力学的独立性是如此自然，以至于

㊀ 对于感兴趣的读者：由 n 个二级量子系统组成的系统由 2^n 维希尔伯特空间 $\mathbb{C}^2\otimes\cdots\otimes\mathbb{C}^2$ 描述。作用在希尔伯特空间上的酉算子对应于物理过程。对于几个这样的系统，研究人员已经展示了如何实现作用于 n 个张量分量中至多两个的“基本”单元（Nielsen 和 Chuang，2000）和作用于其余的 $n-2$ 个张量分量。然后可以通过串联近似地生成任何其他的酉算子（DiVincenzo，1995）。尽管这绝不是“基本”酉运算集的唯一可能选择，但考虑到物理交互的结构，这个选择似乎是自然的。

我们认为这是理所当然的：一束沿着完全相同方向传播的 n 个粒子正在接近某个物体，它们被散射到不同的方向上。散射出粒子的方向包含关于物体的信息，而射入的粒子束不包含关于物体的信息。粒子们一开始都沿着同一方向传播这个假设其实可以弱化。即使射入的粒子束中存在一些混乱，散射出的粒子束仍然包含了物体的信息。事实上，视觉和摄影是唯一可能的，因为光子包含有关它们被散射的物体的信息。

我们可以很容易地通过“手工设计”一束入射光束，使所有粒子在散射过程后沿同一方向传播，从而使时间倒流。在这种情况下，现在来讨论如何理解原则 2.2。当然，这样的光束只能由知道物体形状的机器或人来准备，然后相应地引导粒子。事实上，从未与物体接触过的粒子不能“先验地”包含关于它的信息。然后，如果将引导粒子的过程作为机制的一部分，并拒绝将手工设计光束的状态称为初始状态，则可以维持原则 2.2。相反，初始状态指的是粒子得到微调动量之前的瞬间。

照片显示的是过去发生了什么，而不是未来会发生什么，这是过去和未来之间最明显的不对称性。上述讨论表明，这种不对称可以看作原则 2.2 的含义。因此，这一原则将因果之间的不对称与人们认为理所当然的过去和未来之间的不对称联系起来。

在非正式解释了原则 2.1 和过去与未来不对称性关系之后，我们简要提一下 Janzing 等人（2016）已经使用算法信息理论更加正式地建立了这种联系。与原则 4.13 将 P_C 和 $P_{E\mid C}$ 的独立性形式化为算法独立性一样，原则 2.2 也可以解释为 s 和 M 的算法独立性。Janzing 等人（2016，定理 1）表明对于任何双射 M，如果人们愿意接受 Kolmogorov 复杂性（见 4.1.9 节）作为物理熵的正确形式化，如 Bennett（1982）和 Zurek（1989）所提出的，原则 2.2 意味着 $M(s)$ 的物理熵就不可能小于 s 的熵（最多一个加性常数）。因此，原则 2.2 意味着物理学中标准时间箭头意义上的熵不减。

第 3 章 原因－效果模型

本章将对只包含两个变量的因果模型中涉及的一些基本概念进行形式化。假设这两个变量不是无关紧要的，并且它们的相关性不是仅由一个共同的原因引起的，这就构成了一个原因－效果模型。这里简要介绍结构因果模型、干预和反事实。所有这些概念都将在多元因果模型的背景下重新定义（见第6章），我们希望先从两个变量开始，会使这些概念更容易理解。

3.1 结构因果模型

结构因果模型（SCM）是联系因果和概率表述的重要工具。

定义 3.1（SCM） 一个图为 $C \rightarrow E$ 的 SCM $\mathfrak{C}$中包含两个赋值：

$$C := N_C \tag{3.1}$$

$$E := f_E(C, N_E) \tag{3.2}$$

式中，$N_E \perp\!\!\!\perp N_C$，即 N_C 与 N_E 相互独立。

在上述模型中，称随机变量 C 为**原因**变量，E 为**效果**变量。此外，将 C 称为 E 的**直接原因**，将 $C \rightarrow E$ 称作**因果图**。当讨论干预时，这个表示法比较清晰并符合读者的直觉。例如，例 3.2。

如果同时给定函数 f_E 和噪声分布 P_{N_C} 和 P_{N_E}，可以按照以下方式从这种模型中采样数据：对噪声值 N_C、N_E 进行采样，然后依次估算式（3.1）和式（3.2）。因此，SCM 引入一个关于 C 和 E 的联合分布 $P_{C,E}$（正式证明参见命题 6.3）。

3.2 干预

正如 1.4.2 节所指出的，我们通常对主动干预下的系统行为感兴趣。干预系统会引起另一种不同于观测分布的分布。如果任何类型的干预都可能导致系统的任意更改，那么这两个分布就变得无关了，可以将它们看作两个独立的系统，而不是共同研究这两个系统。这就激发了一个想法，即在干预后，只有部分数据生成过程发生变化。例如，我们可能对变量 E 的值被设置为 4（不考虑 C 的值）而不改变产生 C 的机制 [式（3.1）] 的情况感兴趣。也就是说，用 E:=4 代替式（3.2），这被称为**（硬）干预**，用 do（E:=4）来表示。修改后的结构因果模型，其中式（3.2）被替换，蕴含一个 C 的分布，用 $P_C^{do\,(E:=4)}$ 或 $P_C^{\mathfrak{C};\,do\,(E:=4)}$ 表示。后者明确表示结构因果模型 $\mathfrak{C}$ 是出发点。相应的密度表示为 $c \mapsto p^{do\,(E:=4)}(c)$ 或者 $p^{do\,(E:=4)}(c)$[⊖]。但是，操作可以更通用。例如，干预 $do(E := g_E(C) + \tilde{N}_E)$ 保持对 C 的函数依赖，但改变了噪声分布。这是一个**软干预**的例子。可以替换两个方程中的任一个。

下面的示例说明了“原因”和“效果”的命名：

例 3.2（原因 - 效果干预） 假设分布 $P_{C,E}$ 由 SCM $\mathfrak{C}$ 蕴含：

$$C := N_C$$

$$E := 4C + N_E \tag{3.3}$$

式中，N_C，$N_E \overset{\text{iid}}{\sim} \mathcal{N}(0,1)$，并且因果图为 $C \to E$，则

$$\begin{aligned} P_E^{\mathfrak{C}} = \mathcal{N}(0,17) \neq \mathcal{N}(8,1) = P_E^{\mathfrak{C};do\,(C:=2)} = P_{E\,|\,C=2}^{\mathfrak{C}} \\ \neq \mathcal{N}(12,1) = P_E^{\mathfrak{C};do\,(C:=3)} = P_{E\,|\,C=3}^{\mathfrak{C}} \end{aligned}$$

⊖ 在相关文献中，$p(c|do(E{:=}4))$ 也是一个常用符号。因为干预在概念上不同于条件作用，所以我们更倾向于 $p^{do(E:=4)}$，而 $p(c|do(E{:=}4))$ 类似于后者的常用符号 $p(c|E{=}4)$。

干预 C 改变了 E 的分布。但另一方面

$$P_C^{\mathfrak{C};\mathrm{do}(E:=2)} = \mathcal{N}(0,1) = P_C^{\mathfrak{C}} = P_C^{\mathfrak{C};\mathrm{do}(E:=314159265)} \left(\neq P_{C|E=2}^{\mathfrak{C}} \right) \tag{3.4}$$

无论干预 E 的程度如何,C 的分布还是以前的样子。这种模式行为与我们对 C“引起” E 的直觉很好地对应：例如，无论某人的牙齿多么白皙，这对这个人的吸烟习惯都没有任何影响。重要的是，给定 $E=2$ 时，C 的条件分布不等于干预 E 将其设为 2 时 C 的条件分布。

原因与结果之间的不对称性也可以形式化为独立性表述：当用$E := \tilde{N}_E$（考虑随机化 E）替换赋值 [式（3.3）] 时，C 和 E 之间的相关性被打破。下式

$$P_{C,E}^{\mathfrak{C};\mathrm{do}\left(E:=\tilde{N}_E\right)}$$

中可以发现 $C \perp\!\!\!\perp E$。当随机化 C 时，这种独立性不成立。只要 $\mathrm{var}[\tilde{N}_C] \neq 0$，可以发现下式

$$P_{C,E}^{\mathfrak{C};\mathrm{do}\left(C:=\tilde{N}_C\right)}$$

中，$C \not\perp\!\!\!\perp E$，C 和 E 之间的相关性保持非零。

代码片段 3.3 例 3.2 中描述的 SCM 的代码示例。

```
1  set.seed(1)
2  # 由 SCM 所产生的分布生成一个样本
3  C <- rnorm(300)
4  E <- 4*C + rnorm(300)
5  c(mean(E), var(E))
6  # [1] 0.1236532 16.1386767
7  #
8  # 由干预分布 do（C:=2）产生一个样本
9  # 这将改变 E 的分布
10 C <- rep(2,300)
11 E <- 4*C + rnorm(300)
12 c(mean(E), var(E))
13 # [1] 7.936917 1.187035
14 #
15 # 由干预分布 do（E:= N）产生一个样本
16 # 这将打破 C 与 E 之间的独立性
17 C <- rnorm(300)
18 E <- rnorm(300)
19 cor.test(C,E)$p.value
20 # [1] 0.2114492
```

3.3 反事实

结构因果模型的另一个可能的修改改变了结构因果模型中的所有噪声分布。这种变化可以由观测值引起，并能够回答反事实的问题。为了说明这一点，设想下面的场景：

例 3.4（眼部疾病） 有一种相当有效的治疗眼病的方法。对 99% 的患者治疗有效，患者痊愈（$B=0$）；如果不进行治疗，这些患者会在一天内失明（$B=1$）。剩余的 1%，治疗效果相反，他们会在一天内失明（$B=1$）；如果不治疗，他们恢复正常视力（$B=0$）。

患者属于哪一类是由一种罕见情况（$N_B=1$）控制的，而这种情况医生并不知道，因此医生决定是否给予治疗（$T=1$）与 N_B 无关。把它写成一个噪声变量 N_T。

假定基础的 SCM 为

$$\mathfrak{C}: \begin{array}{lll} T & := & N_T \\ B & := & T \cdot N_B + (1-T) \cdot (1-N_B) \end{array} \tag{3.5}$$

式中，N_B 服从伯努利分布，$N_B \sim \text{Ber}(0.01)$。注意，相应的因果图为 $T \rightarrow B$。

现在想象一个视力不好的病人来到医院，在医生治疗（$T=1$）后失明（$B=1$）。现在可以问一个反事实的问题："如果医生执行治疗（$T=0$）会发生什么？" 令人惊讶的是，这是可以回答的。观察 $B=T=1$ 意味着式（3.5）对于给定的患者，有 $N_B=1$。这反过来又让人们计算 $\text{do}(T:=0)$ 的效果。

为此，首先在观测条件下更新噪声变量的分布。如上所述，在 $B=T=1$ 的条件下，N_B 和 N_T 的分布在 1 上缩减为质点，即 δ_1。这将产生了一个修订版的 SCM：

$$\mathfrak{C}|B=1,T=1: \begin{array}{lll} T & := & 1 \\ B & := & T \cdot 1 + (1-T) \cdot (1-1) = T \end{array} \tag{3.6}$$

请注意，这里只是更新噪声分布；条件不会改变赋值式本身的结构。这个想法是物理机制是不变的（在上述例子中，是什么导致了治愈和失明），但是我们已经收集了关于给定患者以前未知的噪声变量的知识。

接下来，计算 $\text{do}(T=0)$ 对该患者的影响：

$$\mathfrak{C}|B=1,T=1;\mathrm{do}\,(T:=0):\ \begin{aligned}T &:= 0\\ B &:= T\end{aligned} \tag{3.7}$$

显然，所限定的分布将所有的质量都集中在（0,0）上，因此

$$P^{\mathfrak{C}|B=1,T=1;\mathrm{do}\,(T:=0)}(B=0)=1$$

这意味着，如果医生没有给他治疗，换句话说，do（$T:=0$），那么患者将因此得到治愈（$B=0$）。因为

$$P^{\mathfrak{C};\mathrm{do}\,(T:=1)}(B=0)=0.99$$
$$P^{\mathfrak{C};\mathrm{do}\,(T:=0)}(B=0)=0.01$$

所以仍然可以认为医生的行为是最佳的（根据现有的知识）。

有趣的是，上面的例子表明，可以使用反事实的陈述来证伪潜在因果模型（见 6.8 节）：假设这种罕见的 N_B 条件可以被测试，但是测试结果需要一天以上的时间。在这种情况下，可能会观察到与 N_B 测量结果相矛盾的反事实陈述。Pearl（2009，第 220 页，第（2）点）持有同样的观点。由于反事实的科学内容已经被广泛地讨论，应该强调的是，这里的反事实陈述是可证伪的，因为噪声变量在原则上不是不可观测的，但只有在需要医生做出决定时是不可证伪的。

3.4 结构因果模型的标准表示

现在已经讨论了两种类型的因果陈述，都是由 SCM 蕴含的：第一，系统在潜在干预下的行为；第二，反事实的陈述。为了进一步理解反事实陈述与干预陈述之间的区别，我们引入了以下关于 SCM 的“标准表示”[⊖]。根据结构赋值

$$E=f_E\,(C,N_E)$$

对于噪声 N_E 的每个固定值 n_E，E 是 C 的确定性函数：

$$E=f_E\,(C,n_E) \tag{3.8}$$

⊖ 这种表示法已经在很多文献中使用，例如（Pearl, 2009），尽管还没有找到“规范表示法”这个术语。

换句话说，如果 C 和 E 分别在 $\mathcal{C}$ 和 $\mathcal{E}$ 中取值，那么噪声 N_E 在从 $\mathcal{C}$ 到 $\mathcal{E}$ 的不同函数之间切换。不损失一般性，因此可以假设 N_E 在从 $\mathcal{C}$ 到 $\mathcal{E}$ 的函数集合中取值，表示为$\mathcal{E}^{\mathcal{C}}$。使用这个约定，也可以将式（3.8）重写为

$$E = n_E(C) \tag{3.9}$$

并将其称为关联 C 和 E 的结构方程的标准表示。

现在让我们解释为什么两个标准表示不同的 SCM 可以引入相同的干预概率，尽管它们的反事实表述仍然不同。现在把注意力限制在 C 从有限集合 $\mathcal{C} = \{1, \cdots, k\}$ 中获得值的情况。然后从 $\mathcal{C}$ 到 $\mathcal{E}$ 的函数集由 k 折叠笛卡儿乘积给出：

$$\mathcal{E}^k := \underbrace{\mathcal{E} \times \cdots \times \mathcal{E}}_{k\text{次}}$$

式中，第 j 个分量描述了 $C = j$ 时得到的 E 值。因此，分布 P_{N_E} 由$\mathcal{E}^k$的联合分布给出，$\mathcal{E}^k$的第 j 个分量的边缘分布确定条件分布 $P_{E|C=j}$。因为 C 是原因而 E 是结果，所以有 $P_E^{\mathrm{do}(C:=j)} = P_{E|C=j}$，即这里的干预概率和观测条件概率是一致的。因此，SCM 的干预因果影响完全由向量值噪声变量 N_E 的每个分量的边缘分布决定，尽管 SCM 包含一个精确的 P_{N_E} 规范，即所有分量的联合分布。虽然有关结果的噪声变量 N_E 分量之间的统计相关性与干预因果陈述无关，但它们对反事实陈述确实很重要。要看到这一点，令 C 和 E 是二进制的，即$\mathcal{C} = \mathcal{E} = \{0, 1\}$。函数集从 $\{0,1\}$ 到 $\{0,1\}$ 表示为$\mathcal{E}^{\mathcal{C}} = \{\mathbf{0}, \mathbf{1}, \mathrm{ID}, \mathrm{NOT}\}$，其中 **0**、**1** 表示常数函数分别取 0 和 1，ID 和 NOT 分别表示恒等和否定性。为了构造两个不同的分布$P^1_{N_E}$和$P^2_{N_E}$，引入相同的条件分布 $P_{E|C=0}$、$P_{E|C=1}$，首先选择 **0** 和 **1** 的均匀混合，然后选择 ID 和 NOT 的均匀混合。在这两种情况下，C 和 E 在统计上都是独立的，并且 E 的分布不受 C 干预的影响，因为 E 仍然是一个无关 C 的无偏抛硬币过程。在笛卡儿乘积表示中，$\mathcal{E}^{\mathcal{C}} = \{(0, 0), (1, 1), (0, 1), (1, 0)\}$ 表示 4 个函数。第一个和第二个元素分别表示 $C = 0$ 和 $C = 1$ 的图像，显然，（0, 0）和（1, 1）的均匀混合以及（0, 1）和（1, 0）的均匀混合都可以在笛卡儿乘积的第一和第二部分产生相同的边缘分布——这与本书的观点一致，即它们引发了相同的干预分布。然而，“如果 C 被设为一个不同的值，那么 E 就会得到不同的值”这一反事实的说法只适用于 ID 和 NOT 的混合，不适用于 **0** 和 **1** 的混合。因此，反事实陈述不仅取决于噪声变量 N_E 分量的边缘分布，而且还取决于笛卡儿积分量之间的统

计相关性。

注意：两个形式化不同的 SCM 不仅可以产生相同的干预分布，也可以产生相同的反事实表述。给定赋值表达式

$$E := f_E(C, N_E)$$

N_E 的重新参数化显然是无关的。确切地说，对于某个定义在 N_E 取值范围上的双射 g，我们可以重新定义噪声变量为$\tilde{N}_E := g(N_E)\,g$，可以得到重新参数化函数表示为

$$E := \tilde{f}_E(C, \tilde{N}_E) = f_E(C, g^{-1}(\tilde{N}_E))$$

使用标准表示（3.9），我们摆脱了这种额外的自由度，这种自由度可能会混淆上面关于反事实的讨论。

3.5 问题

问题 3.5（从一个 SCM 采样） 考虑 SCM 为

$$X := Y^2 + N_X \tag{3.10}$$

$$Y := N_Y \tag{3.11}$$

式中，$N_X, N_Y \overset{iid}{\sim} \mathcal{N}(0,1)$。从联合分布（$X$，$Y$）生成一个大小为 200 的独立同分布的样本。

问题 3.6（条件分布） 式（3.4）中的$P^{\mathfrak{C}}_{C|E=2}$是一个高斯分布

$$C \mid E = 2 \sim \mathcal{N}\left(\frac{8}{17}, \sigma^2 = \frac{1}{17}\right)$$

问题 3.7（干预） 假设知道一个过程遵循 SCM：

$$X := Y + N_X$$

$$Y := N_Y$$

式中，$N_X \sim \mathcal{N}(\mu_X, \sigma_X^2)$，$N_Y \sim \mathcal{N}(\mu_Y, \sigma_Y^2)$，其中 μ_X、μ_Y 未知且σ_X、$\sigma_Y > 0$ 或者遵循 SCM：

$$X := M_X$$

$$Y := X + M_Y$$

式中，$M_X \sim \mathcal{N}(\nu_X, \tau_X^2)$，$M_Y \sim \mathcal{N}(\nu_Y, \tau_Y^2)$，其中$\nu_X$、$\nu_Y$未知且$\tau_X$、$\tau_Y > 0$。是否有一个单一的干预分布可以区分这两个 SCM 呢？

问题 3.8（循环 SCM） 已经提到，如果赋值继承了循环结构，那么 SCM 并不一定会对观测变量产生唯一的分布。有时没有解决方案，有时也不是唯一的。

1）首先来看一个引入唯一解的例子。考虑 SCM：

$$X := 2Y + N_X \quad (3.12)$$

$$Y := 2X + N_Y \quad (3.13)$$

式中，$(N_X, N_Y) \sim P$，P 为任意分布。计算 α、β、γ、δ：

$$X := \alpha N_X + \beta N_Y$$

$$Y := \gamma N_X + \delta N_Y$$

得到 SCM 的唯一解（X, Y, N_X, N_Y）。也就是说，向量满足式（3.12）和式（3.13）。该解可以看作式（6.2）的特例。

2）考虑 SCM

$$X := Y + N_X$$

$$Y := X + N_Y$$

式中，$(N_X, N_Y) \sim P$。证明如果 P 是关于勒贝格测度的一个概率密度函数且可以分解，也就是说，$N_X \perp\!\!\!\perp N_Y$，那么 SCM 将无解（X, Y, N_X, N_Y）。

此外，构造一个分布 P 和一个向量（X, Y, N_X, N_Y）来求解 SCM。

第 4 章
学习原因 – 效果模型

对于熟悉从观测数据中发现因果关系（Pearl, 2009；Spirtes 等人，2000）的基于条件统计独立性的方法的读者，可能会对本章仅讨论两个观测变量的因果推理感到惊讶，也就是说，在这种情况下，没有非一般的条件独立可以成立。本章介绍只有两个观测变量的因果推断是可能的情况下的假设。

其中一些假设可能看起来过于强大而不现实，但应该记住，即使不涉及因果问题，经验推理也需要强有力的假设，尤其是在处理高维数据和低样本量时。因此，过度简化的模型是普遍存在的，并且在许多学习场景中被证明是有用的。

假设的列表是多种多样的，我们确信它也是不完整的。目前的研究仍处于探索大量假设空间的阶段，这些假设会产生因果之间的可识别性。希望本章能够启发读者，让他们能够添加其他的（希望是现实的）可以用来学习因果结构的假设。

在 4.1 节中我们提供了假设和理论可识别性结果，4.2 节展示了在有限数量数据的情况下如何使用这些结果进行结构识别。

4.1 结构可识别性

4.1.1 为什么需要额外的假设

在第 3 章中，介绍了 SCM，其中结果 E 是通过函数赋值从原因 C 计算出来的。人们可能会想，单看 $P_{C,E}$，这种数据生成过程（也就是说，E 是由 C 计算得到的，但反过来不成立）的不对称性是否会变得明显。也就是说，两个变量 X、Y 的联合分布 $P_{X,Y}$ 是否告诉人们它是由 SCM 从 X 到 Y 还是从 Y 到 X 产生的？换言之，该结构是否可以从联合分布中**识别**出来？下面的已知结果表明，如果考虑到一般的 SCM，答案是“不”。

命题 4.1（图结构的非唯一性） 对于两个实值变量的每个联合分布 $P_{X,Y}$，有一个结构因果模型：

$$Y = f_Y(X, N_Y), \quad X \perp\!\!\!\perp N_Y$$

式中，f_Y 是一个可测量函数；N_Y 是一个实值噪声变量。

证明 类似于 Peters（2012，命题 2.6 的证明），定义条件累积分布函数

$$F_{Y|x}(y) := P(Y \leqslant y | X = x)$$

然后定义

$$f_Y(x, n_Y) := F_{Y|x}^{-1}(n_Y)$$

式中，$F_{Y|x}^{-1}(n_Y) := \inf\{x \in \mathbb{R} : F_{Y|x}(x) \geqslant n_Y\}$。然后让 N_Y 均匀分布在 [0,1] 上，独立于 X。

该结果既适用于 $X = C$ 和 $Y = E$ 的情况，也适用于 $X = E$ 和 $Y = C$ 的情况，因此每个联合分布 $P_{X,Y}$ 在两个方向上都允许 SCM。正因为如此，人们通常认为仅仅从被动的观察中无法推断出两个观测变量之间的因果方向。将在第 7 章看到，这个论断符合一个框架，在这个框架中，因果推断只是基于（条件的）统计独立（Spirtes 等人，2000；Pearl，2009）。因此，因果结构 $X \rightarrow Y$ 和 $Y \rightarrow X$ 是不可区分的。对于两个变量，唯一可能的（有条件的）独

立性将以空集为条件出现，这不会使 X 和 Y 独立，除非因果影响是非泛型的[㊀]。最近，这种观点受到了一些方法的挑战，这些方法也使用关于联合分布的信息，而不是条件独立。这些方法依赖于对概率分布和因果关系之间关系的额外假设。

4.1 节的剩余部分将讨论在何种假设下，图结构可以从联合分布（结构可识别性）中恢复。然后，4.2 节将描述从有限数据集（结构识别）估计图结构的方法。这些统计方法不需要证明结果的可识别性。在利用数据的过程中，严格遵循证明的方法往往效率不高。

4.1.2 假设类型的概述

模型类的先验限制 一种可能的区分原因和结果的方法是定义一类“特别自然”的条件分布[㊁] $P_{E|C}$ 和边缘分布 P_C。对于一些这样的类，有理论结果表明，边缘分布 P_X 和条件分布 $P_{Y|X}$ 的“一般”组合产生联合分布，当 X 和 Y 互换时，这是同一个类无法描述的。此类语句也称为可识别结果，将在本节的其余部分中看到此类示例。

例如，可以通过限制函数 f_E 的类别来定义条件分布 $P_{E|C}$ 和边缘分布 P_C 的类别，见式（3.1）和式（3.2）中的噪声分布的类别，正如 4.1.3 节 ~4.1.6 节中所讨论那样。从机器学习的角度来看，这种方法似乎特别自然，在诸如回归和分类等标准任务中，限制函数的复杂性随处可见。请注意，通过受限的函数类推断因果方向，隐含地假设噪声变量仍然是独立的，与结构因果模型的定义一致（见定义 3.1）。从这个意义上说，人们可以说，根据图 2.2，这些方法利用了噪声的独立性，但是要记住，噪声的独立性使得因果方向只有在限制了函数类之后才能被识别，见命题 4.1。

另外一种类的选择参见（Sun 等人，2006；Janzing 等人，2009b；Comley 和 Dowe, 2003）。例如，Sun 等人（2006）和 Janzing 等人（2009b）考虑二阶指数模型，$P_{E|C}$ 和 P_C

㊀ 请注意，这种非泛型情况不应该被称为“一般的”，因为非泛型的反事实影响可以与 $X \perp\!\!\!\perp Y$ 一致（见 3.4 节）。

㊁ 使用符号 $P_{E|C}$ 作为条件分布集合 $(P_{E|C=c})c$ 的简写，并隐式地假设密度的存在，换句话说，对于乘积度量，$P_{E,C}$ 是绝对连续的。

的对数密度分别是 e 和 c（直到配分函数），或 c 中的二阶多项式。

用两个问题来总结这部分：首先，如何定义模型类来描述现实生活中经验数据的合理部分？其次，既然经验分布只允许在一个方向上存在这样的模型，为什么这应该是因果关系呢？第一个问题实际上并不是针对因果推断的；构造描述观测变量之间关系的函数总是需要从一个“合理”的类中拟合函数。如前所述，第二个问题似乎是关于概率和因果关系的最深层问题之一。我们只能提供一些直观和模糊的想法，现在也是如此。

从提供一个与机器学习依赖于受限模型类的原因相关的直观动机开始。无论何时，只要从一个小函数类中找到一个适合有限数据数量的模型，就会期望这个模型也能适合未来的观测，正如第 1 章所述。因此，从一个小的类中找到适合数据的模型对于推广到将来的观测是至关重要的。从形式上讲，学习因果模型与通常的学习场景有很大的不同，因为它的目的是推断一个模型，该模型描述了系统在干预下的行为，而不仅仅是从相同的分布中得出的观测结果。因此，利用统计学习理论中的论据来获得因果关系的学习理论并没有直接的方法。尽管如此，相信从一个小的类中找到一个模型表明，在某些错误概率上，模型在不同的背景条件下也会成立。进一步认为，在许多不同的背景条件下都成立的模型比仅拟合单个数据集中观测数据得到的模型更有可能是因果关系（见 7.1.6 节中的“不同环境”）。通过这种方式，限制模型类的因果效应推断与统计学习理论的观点有模糊的联系，尽管具体的联系还有待将来研究。上面关于从小类中使用因果模型的非正式论点不应该被误解为说明因果关系在本质上确实很简单。是否经常能成功地用简单函数拟合数据，这是一个完全不同的问题。我们只是认为，如果有一个简单的函数符合数据，那么它更有可能描述一个因果关系。此外，将在 4.1.9 节中画出受限模型类与因果和机制独立性之间的联系。为了对这些非常正式的推导做好准备，我们首先提供了一个相当不现实的玩具模型，这个例子严格地说只是一个比喻，而不是一个例子。

原因和机制的独立性 2.1 节描述了 P_C 和 $P_{E|C}$ 对应于两个独立的自然机制的观点。因此，它们通常不包含关于彼此的信息（见原则 2.1 和图 2.2 的中间框）。自然地，假设 P_C 和 $P_{E|C}$ 是独立的，因为它们不包含彼此的信息，这就提出了一个问题，即这里意味着什么类

型的信息？没有明显道理这个假设可以通过一个统计独立性测试检查的条件来形式化。这是因为这里谈论的是这样一个场景，即一个固定的联合分布 $P_{C,E}$ 是可见的，而不是一组我们能检查是否假设的 P_C 和假设的 $P_{E\mid C}$ 以一种依赖方式变化的分布（这是图 2.2 中左边框和中间框的本质区别）。为了将原因和机制的独立性转化为结构性因果模型的语言，假设原因的分布应该独立于函数和代表因果机制的噪声分布。请注意，这仍然是一个先验的，不是关于统计独立性的声明。相反，它表明 f_E 和 P_{N_E} 不包含关于 P_C 的信息，反之亦然。只有当描述 $P_{C,E}$ 从 E 到 C 的所有结构模型的独立性被破坏时，这个事实才能用于因果推断。

4.1.7 节和 4.1.8 节描述了两个玩具场景，其中可以给出独立性与相关性的明确定义。最后，在 4.1.9 节中，描述了 P_C 和 $P_{E|C}$ 的独立性的形式化，它适用于更一般的场景，而不是仅限于像 4.1.7 节和 4.1.8 节中这样简单的玩具场景。在这里，相关性是通过算法互信息来衡量的，这个概念基于 Kolmogorov 复杂度的描述长度。因为后者是不可计算的，所以它应该被看作一种哲学原则而不是一种方法。它的实际意义有两个方面：第一，它可以激发新方法的发展；第二，现有方法的合理性可以基于它。例如，独立原则可以证明基于模型类的先验限制的推理方法是合理的，具体示例见 4.1.9 节。为了对独立性与受限模型类之间的关系有一个粗略的直观认识，考虑一个思想实验，在这个实验中，P_C 是从 k 个不同的边缘分布中随机抽取的。同样地，假设 $P_{E|C}$ 是从另一类中选择 ℓ 个不同条件的分布。这将引出 $k\ell$ 个不同的联合分布 $P_{C,E}$。在一般情况下（除非这些类是用一种相当特殊的方式定义的），这就产生了 $k\ell > k$ 个不同的边缘分布 P_E 和 $k\ell > \ell$ 个不同的条件分布 $P_{C|E}$。因此，P_C 和 $P_{E|C}$ 的典型组合会导致联合分布 $P_{E,C}$，即“后向边缘和条件分布” P_E 和 $P_{C|E}$ 不会出现在原来的类中，而是需要更大的模型类。换句话说，无论一个人选择了多少个可能的 P_C 和 $P_{E|C}$，产生 $P_{C|E}$ 和 P_E 的集合更大。这个思想实验更像一个隐喻，因为它是基于从一个有限集中随机选择的照片。然而，它激发了这样一种信念，即在因果方向上，边缘分布和条件分布更有可能承认一个先验选择的小集合的描述，前提是后者已经以合理的方式构建。

4.1.3 节 ~4.1.6 节用模型类的先验限制来描述模型假设，而 4.1.7 节 ~4.1.9 节将独立假设形式化。然而，应当指出，4.1.9 节发挥了特殊的作用，因为它本身应被视为一项基本原则，而不是一种推理方法。

4.1.3 非高斯加性噪声的线性模型

虽然有高斯噪声的线性结构方程得到了广泛的研究，但最近人们观察到（Kano 和 Shimizu，2003；Shimizu 等人，2006；Hoyer 等人，2008a）线性非高斯无环模型（LiNGAM）为因果推断提供了新的方法。特别地，X 引起 Y 和 Y 引起 X 的区别从观测数据变得可行。假设结果 E 是原因 C 的线性函数加上加性噪声项：

$$E=\alpha C+N_E, \quad N_E \perp\!\!\!\perp C$$

式中，$\alpha \in \mathbb{R}$（这是 4.1.4 节中引入的加性噪声模型的特例）。结果表明，该假设对识别因果关系是充分的。

定理 4.2（线性非高斯模型的可识别性） 假设 $P_{X,Y}$ 满足线性模型

$$Y=\alpha X+N_Y, \quad N_Y \perp\!\!\!\perp X \tag{4.1}$$

式中，X、Y 和 N_Y 是连续随机变量，则存在 $\beta \in \mathbb{R}$ 和一个随机变量 N_X 满足

$$X=\beta Y+N_X, \quad N_X \perp\!\!\!\perp Y \tag{4.2}$$

当且仅当 N_Y 和 X 是高斯分布。

因此，如果 C 或 N_E 是非高斯分布，就足以确定因果方向，如图 4.1 所示。

下面更加详细地了解一下这个结果是如何证明的。定理 4.2 是 Shimizu 等人（2006）引入的模型类 LiNGAM 的二元情况，他们用独立成分分析证明了定理 4.2 的多元版本（Comon, 1994，定理 11）。独立成分分析的证明是基于高斯分布的特性，这是由 Skitovič和 Darmois 独立证明的（Skitovič，1954，1962；Darmois，1953），内容如下。

定理 4.3（Darmois-Skitovič） 令 X_1，⋯，X_d 是独立的非退化随机变量（见附录 A.1）。如果存在非零系数 a_1，⋯，a_d 和 b_1，⋯，b_d（即对于所有 $i, a_i \neq 0 \neq b_i$）使得两个线性组合

$$l_1 = a_1X_1 + \cdots + a_dX_d$$
$$l_2 = b_1X_1 + \cdots + b_dX_d$$

是独立的，每个 X_i 服从正态分布。

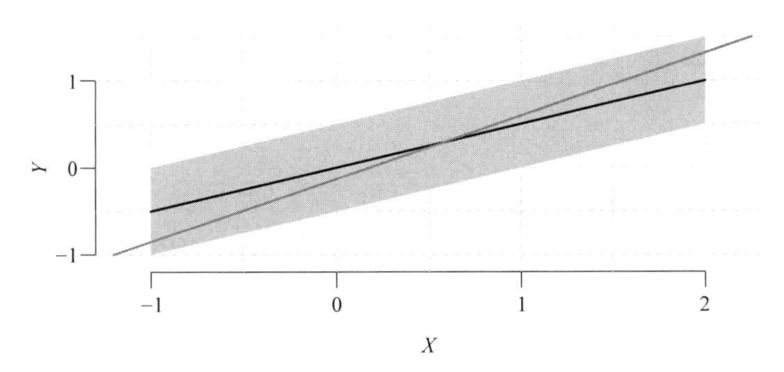

图 4.1　一个可识别示例中的 X 和 Y 的联合密度。深色线对应于前向模型 $Y := 0.5X + N_Y$，其中 X 和 N_Y 是均匀分布的。灰色区域表示密度（X, Y）的分布区域。定理 4.2 指出，由于（X，N_Y）的分布是非高斯分布，因此不可能存在任何有效的反向模型。以（b, c）为特征的浅色线是最小二乘拟合极小化 $\mathbb{E}[X - bY - c]^2$。这不是一个有效的后向模型 $X = bY + c + N_X$，因为产生的噪声 N_X 不会独立于 Y（对于不同的 Y 值，N_X 支持的大小是不同的）

结果证明，定理 4.2 中所述的二元版本是 Darmois-Skitovič定理的一个简短而直接的推论。为了便于说明，在附录 C.1 中附上了这个证明。此外，还可以证明双变量 SCM 的可识别性可以推广到多变量 SCM 的可识别性上（Peters 等人，2011b）。由此，LiNGAM 的多变量可识别性从定理 4.2 开始。

带有非高斯加性噪声的线性模型也可以应用于一个从机器学习的角度听起来很不寻常的问题，但从理论物理学的角度来看，这是一个有趣的问题：从数据估计时间箭头。Peters 等人（2009b）表明，当噪声变量服从正态分布时，自回归模型是时间可逆的。为了探索经验时间序列的不对称，他们通过拟合两个自回归模型来推断时间方向：一个从过去到未来；另一个从未来到过去。在他们的实验中，前一个方向的噪声变量确实比反向时间方向的噪声变量更加独立，见 4.2.1 节。Bauer 等人（2016）将这一思想扩展到多元时间序列。Janzing（2010）将这种观察到的不对称性与热力学的时间箭头联系起来，这表明本书中讨论的因果之间的不对称也与统计物理学的基本问题有关。

4.1.4 非线性加性噪声模型

现在描述的是加性噪声模型（ANM），这是SCM类的一个不那么极端的限制，这种结构因果模型仍然强大到足以使原因－效果推断可行。

定义 4.4（ANM） 联合分布 $P_{X,Y}$ 允许一个从 X 到 Y 的ANM，如果有一个可测量的函数 f_Y 和一个噪声变量 N_Y 满足：

$$Y = f_Y(X) + N_Y, \quad N_Y \perp\!\!\!\perp X \tag{4.3}$$

通过重载术语，可以说如果式（4.3）成立，$P_{Y|X}$ 允许ANM。

下面的定理表明了"一般性"，一个分布不能同时满足两个方向上的ANM。

定理 4.5（ANM 的可识别性） 如果 N_Y 和 X 有严格的正密度 p_{N_Y} 和 p_X，并且 f_Y、p_{N_Y} 和 p_X 是三阶可微的，则我们称ANM[式（4.3）]平滑。

假设 $P_{Y|X}$ 允许一个从 X 到 Y 的平滑ANM，并且存在一个这样的 $y \in \mathbb{R}$ 满足方程

$$(\log p_{N_Y})''(y - f_Y(x))f_Y'(x) \neq 0 \tag{4.4}$$

除了有限几个 x 以外几乎所有的 x 都满足。然后，得到的联合分布 $P_{X,Y}$ 从 Y 到 X 的平滑ANM的对数密度 $\log p_X$ 的集合被认为是包含在一个三维仿射空间中的。

证明 [想法梗概，详见（Hoyer 等人，2009）] 从 Y 到 X 的ANM，如下式所示：

$$p(x,y) = p_Y(y)p_{N_X}(x - f_X(y)) \tag{4.5}$$

可得

$$\log p(x,y) = \log p_Y(y) + \log p_{N_X}(x - f_X(y))$$

可以证明 $\log p(x,y)$ 满足下面的微分方程：

$$\frac{\partial}{\partial x}\left(\frac{\partial^2 \log p(x,y) / \partial^2 x}{\partial^2 \log p(x,y) / (\partial x \partial y)}\right) = 0 \tag{4.6}$$

另一方面，从 X 到 Y 的 ANM 为

$$p(x,y) = p_{N_X}(x) p_{N_Y}(y - f_Y(x)) \tag{4.7}$$

对式（4.7）取对数：

$$\log p(x,y) = \log p_X(x) + \log p_{N_Y}(y - f_Y(x)) \tag{4.8}$$

将式（4.6）应用到式（4.8）中，得到了一个关于 $\log p_X$ 的三阶导数微分方程，分别是 f_X 和 $\log p_{N_Y}$ 的（第一、第二、第三）阶导数。因此，f_X 和 p_{N_E}（它们是条件 $P_{Y|X}$ 的属性）决定了任意点 v 的 $\log p_X$ 的三个自由参数 $\log p_{N_X}(\nu)$、$(\log p_{N_X})'(\nu)$ 和 $(\log p_{N_X})''(\nu)$。

定理 4.5 陈述了“泛型”情况下的可识别性，其中“泛型”是以复杂的条件如式（4.4）以及三维子空间为特征的。对于 p_X 和 p_{N_Y} 为高斯分布的情况，有一个简单得多的定义语句，它表示只有线性函数 f 产生的分布允许反向加性噪声模型，见（Hoyer 等人,2009，推论 1）。图 4.2 显示了两个“非通用”的二元分布示例，它们在两个方向上都允许 ANM。首先是一个二元高斯分布的明显情况，其次是一个需要在 p_X 和 N_X 之间进行微调的复杂情况（Mooij 等人，2016）。

为了将定理 4.5 与因果语义联系起来，首先假设事先知道因果的联合分布 $P_{X,Y}$ 允许一个从 C 到 E 的 ANM，但不知道是否 $X = C$ 和 $Y = E$，反之亦然。定理 4.5 说明一般来说，从 E 到 C 不会有 ANM，因此可以很容易地确定哪个变量是导致 C 的原因。

然而，通常情况下，条件分布 $P_{E|C}$ 在本质上并没有受到如此严格的限制，以致于它们必须允许一个 ANM。但是 P_C 和 $P_{E|C}$ 是否有可能导致一个联合分布 $P_{C,E}$ 允许 ANM 从 E 到 C（在这种情况下，会推断出错误的因果方向）？ 4.1.9 节中将提出，如果 P_C 和 $P_{E|C}$ 是独立选择的，这是不可能的。

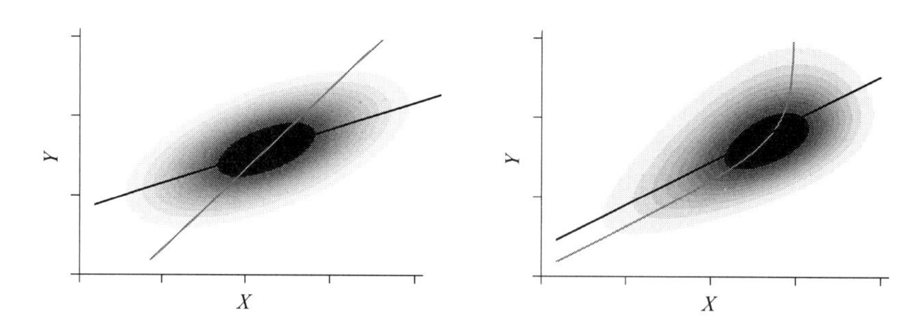

图 4.2　两个不可识别的例子中的 X 和 Y 的联合密度。左图显示了线性高斯的情况，右图是一个稍微复杂一点的示例，其中包含函数、输入和噪声分布的“微调”参数（后面的图基于核密度估计）。深色曲线函数 f_Y 对应于前向模型 $Y := f_Y(X) + N_Y$，浅色曲线函数 f_X 对应于后向模型 $X := f_X(Y) + N_X$

4.1.5　离散加性噪声模型

加性噪声不仅可以定义为实值变量，也可以定义为在环中获得值的任何变量。Peters 等人（2010,2011a）为环[⊖] $\mathbb{Z}$ 和 $\mathbb{Z}/m\mathbb{Z}$ 引入了 ANM，也就是说整数集和 $m \in \mathbb{Z}$ 模的整数集。在后一个环中，通过除以 m 来确定余数相同的数。例如，整数 132 和 4 都在除以 8 后有余数（即 4），写成 $132 \equiv 4 \bmod 8$。当一个域继承一个循环结构时，这种模算法可能是合适的。例如，如果考虑一年中的一天，可能希望在 12 月 31 日和 1 月 1 日的日子与 8 月 25 日和 8 月 26 日有同样的距离。

在连续情况下，可以证明在一般情况下，一个联合分布允许一个 ANM 在最多一个方向上。下面的结果考虑了环 $\mathbb{Z}$ 的例子。

定理 4.6（离散 ANM 的可识别性） 假设一个分布 $P_{X,Y}$ 允许一个从 X 到 Y 的 ANM $Y = f(X) + N_Y$，其中 X 或 Y 有有限的支撑集。当且仅当存在不相交分解 $\bigcup_{i=0}^{l} C_i = \operatorname{supp} X$，且满足以下 3 个条件时，存在 $P_{X,Y}$ 允许一个从 Y 到 X 的 ANM：

1）C_i 为彼此的移位版本

$$\forall i \exists d_i \geqslant 0 : C_i = C_0 + d_i$$

f 为分段常数：$f|_{C_i} \equiv c_i \ \forall i$。

⊖　在一个环中，可以做加法和乘法。不过，后一种操作不一定有逆操作。

2）对 C_i，s 上的概率分布进行平移和缩放，平移常数与上面相同：对于 $x \in C_i$，$P(X=x)$ 满足

$$P(X=x)=P(X=x-d_i)\cdot\frac{P(X\in C_i)}{P(X\in C_0)}$$

3）集合 $c_i+\operatorname{supp}N_Y:=\{c_i+h: P(N_Y=h)>0\}$ 是不相交的。

（通过对称性，对于 Y 的支持也存在满足同样准则的分解）图 4.3 显示了一个在两个方向中允许 ANM 的例子（Peters 等人，2011a）。

对于离散 ANM 模 m 也有相似的结果。参考 Peters 等人（2011a）可以了解所有细节，然而，想要提到的是，均匀噪声分布起着特殊的作用：$Y \equiv f(X) + N_Y \bmod m$ 加上一个均匀分布在 $\{0,\cdots, m-1\}$ 上的噪声变量会导致独立的 X 和 Y，因此也允许从 Y 到 X 的 ANM。

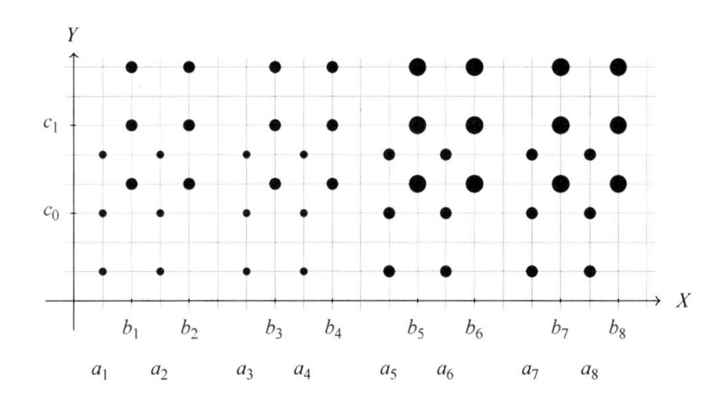

图 4.3　只有精心选择的参数才允许 ANM 在两个方向上都成立（半径对应于概率值），见定理 4.6。定理中该集合被描述为 $C_0=\{a_1, a_2,\cdots, a_8\}$ 和 $C_1=\{b_1, b_2,\cdots, b_8\}$。函数 f 分别取 C_0 和 C_1 上的值 c_0 和 c_1

一个离散的 ANM 对底层处理施加了强大的假设，这些假设在实践中经常被违反。与连续情况一样，如果处理允许在一个方向上有一个离散的 ANM，那么推断这个方向为因果关系是合理的，见 4.1.9 节。

4.1.6　后非线性模型

Zhang 和 Hyvärinen（2009）分析了一个比 4.1.4 节中更一般的模型类，也可参见 Zhang

和 Chan（2006）的早期文献。

定理 4.7（后非线性模型） 如果存在函数 f_Y、g_Y 和一个噪声变量 N_Y 满足式（4.9），则分布 $P_{X,Y}$ 被认为是一个后非线性模型：

$$Y = g_Y(f_Y(X) + N_Y),\quad N_Y \perp\!\!\!\perp X \tag{4.9}$$

从本质上看，除了一些“罕见的”非泛型情况，后非线性模型最多只存在一个方向[⊖]。

定理 4.8（后非线性模型的可识别性） $P_{X,Y}$ 表示一个从 X 到 Y 的后非线性模型，如式（4.9）所示，p_X、f_Y 和 g_Y 是三阶可微的。只有当 p_X、f_Y 和 g_Y 相互调整使得它们满足（Zhang 和 Hyvärinen, 2009）中描述的微分方程时，$P_{X,Y}$ 表示一个从 Y 到 X 的后非线性模型。

4.1.7 信息 - 几何因果推断

为了提供如何形式化 $P_{E|C}$ 和 P_C 之间独立性的概念，本节描述了信息 - 几何因果推断（IGCI）。IGCI，特别是这里描述的简单版本，是一个高度理想化的玩具场景，它很好地说明了在一个方向上的独立性意味着在另一个方向上的相关性（Daniušis 等人，2010；Janzing 等人，2012）。它依赖于（无可否认的）两个方向上 X 和 Y 之间确定性关系的假设，即

$$Y=f(X) \text{ 和 } X=f^{-1}(Y)$$

换句话说，式（3.2）中的噪声变量是常数。然后，4.1.2 节中所描述的原因和机制的独立性原则，归纳为 P_X 和 f 的独立性。值得注意的是，这种独立性意味着 P_Y 和 f^{-1} 之间的相关。为了展示这一点，考虑以下特殊情况的一般设置（Daniušis 等人，2010）。

定义 4.9（IGCI 模型） 在这里，如果以下条件成立，则 $P_{X,Y}$ 满足一个从 X 到 Y 的 IGCI：$Y=f(X)$ 的微分同胚映射[⊜] f 在 [0,1] 上严格单调，且满足 $f(0)=0$ 和 $f(1)=1$。此外，P_X 具有连续的密度 p_X，使得下面的“独立性条件”成立：

$$\text{cov}[\log f', p_X] = 0 \tag{4.10}$$

⊖ 在这里，“罕见”不应该被误解为说只有有限的例外。

⊜ 如果一个函数是可微的和双射的，并且它有一个可微的逆，那么它就叫作微分同胚。

式中，$\log f'$ 和 p_X 被看作均匀分布在概率空间 [0,1] 的随机变量[⊖]。

注意，式（4.10）中的协方差由下式给出：

$$\begin{aligned}\operatorname{cov}[\log f', p_X] &= \int_0^1 \log f'(x) p_X(x)\mathrm{d}x - \int_0^1 \log f'(x)\mathrm{d}x \int_0^1 p_X(x)\mathrm{d}x \\ &= \int_0^1 \log f'(x) p_X(x)\mathrm{d}x - \int_0^1 \log f'(x)\mathrm{d}x\end{aligned}$$

随后的结果参见（Daniušis 等人，2010；Janzing 等人，2012）。

定理 4.10（IGCI 模型的可识别性） 假设分布 $P_{X,Y}$ 满足一个从 X 到 Y 的 IGCI 模型，则逆函数 f^{-1} 满足

$$\operatorname{cov}[\log f^{-1'}, p_Y] \geqslant 0 \tag{4.11}$$

当且仅当 f 是恒等式时。

换句话说，$\log f'$和 p_X 的不相关意味着$\log f^{-1'}$和 p_Y 之间存在正相关关系，除了 $f = id$ 这个简单的例子，如图 4.4 所示。（Janzing 和 Schölkopf，2015）中指出，f'与 p_X 的不相关性暗示了$f^{-1'}$和 p_Y 之间存在正相关关系，但 IGCI 使用对数导数，因为这需要各种信息理论的解释（Janzing 等人，2012）。作为式（4.10）的证明，Janzing 等人（2012）描述了一个模型，其中 f 是不依赖于 P_X 随机生成的，并表明式（4.10）在高概率下近似成立。然而，应该强调的是，这种证明总是适用于过于简单的模型，这些模型不太可能描述现实的情况。注意，IGCI 可以很容易地扩展到双射的向量值之间的关系变量 [已经在 Daniušis 等人（2010，第 3 节）中有所描述]，但当然，双射的确定性关系在经验数据中是罕见的。因此，IGCI 只提供了一种玩具场景，它可以通过近似的独立假设来实现因果效应推断。IGCI 的假设也被用于（Janzing 和 Schölkopf, 2015）解释为什么半监督学习的性能依赖于因果方向，正如 5.1 节中提到的。当然，式（4.10）绝不意味着是因果和机制独立的正确形式化，也不认为存在一种独特的形式化。例如 Sgouritsa 等人（2015）提出了一种“无监督逆回归”技术，

⊖ 这个观点可能是意料之外的，但是请回忆一下，随机变量被定义为概率空间上的可测量函数。在这里，$\log f'$ 和 p_X 都是定义在 $x \in [0, 1]$ 的函数。因此，在 [0, 1] 上的任何分布都定义了这些随机变量的联合分布。

试图从 P_X 预测 $P_{Y|X}$，从 P_Y 预测 $P_{X|Y}$，然后他们认为表现较差的方向就是因果关系。因此，这种方法将“独立性”解释为使这种非监督预测成为不可能。

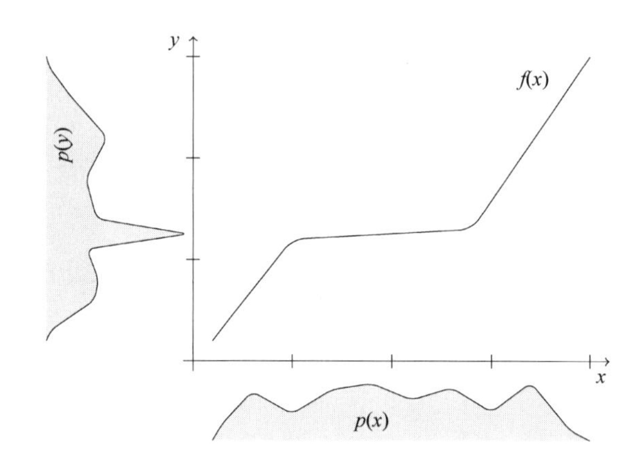

图 4.4 IGCI 概念的可视化：p_Y 的峰值往往出现在 f 具有小斜率和 f^{-1} 具有大斜率的区域（假设 p_X 不依赖于 f）。因此 p_Y 包含关于 f^{-1} 的信息。IGCI 可以推广到不可微函数 f（Janzing 等人，2015）

4.1.8 Trace 方法

Janzing 等人（2010）和 Zscheischler 等人（2011）在 C 和 E 是由线性 SCM 耦合的高维变量的情况下，描述了 P_C 和 $P_{E|C}$ 之间的一种 IGCI 相关的独立性。

定义 4.11（Trace 条件） 设 $\boldsymbol{X}$ 和 $\boldsymbol{Y}$ 分别取 $\mathbb{R}^d$ 和 $\mathbb{R}^e$ 中的值，满足线性模型

$$\boldsymbol{Y}=\boldsymbol{A}\boldsymbol{X}+N_{\boldsymbol{X}},\ N_{\boldsymbol{X}} \perp\!\!\!\perp \boldsymbol{X} \tag{4.12}$$

式中，$\boldsymbol{A}$ 是一个 $e\times d$ 结构系数矩阵。那么如果协方差矩 $\boldsymbol{\Sigma}_{\boldsymbol{XX}}$ 和 $\boldsymbol{A}$ 在某种意义上是“独立的”，那么 $P_{\boldsymbol{X},\boldsymbol{Y}}$ 被认为满足从 $\boldsymbol{X}$ 到 $\boldsymbol{Y}$ 的 Trace 条件

$$\tau_e(\boldsymbol{A}\boldsymbol{\Sigma}_{\boldsymbol{XX}}\boldsymbol{A}^{\mathrm{T}}) = \tau_d(\boldsymbol{\Sigma}_{\boldsymbol{XX}})\tau_e(\boldsymbol{A}\boldsymbol{A}^{\mathrm{T}}) \tag{4.13}$$

式中，$\tau_k(\boldsymbol{B}) := \mathrm{tr}(\boldsymbol{B})/k$ 表示矩阵 $\boldsymbol{B}$ 的归一化轨迹。

当矩阵 A 把 $\boldsymbol{\Sigma}_{\boldsymbol{XX}}$ 中所有特征向量都按照大特征值缩小，并且按照小特征值放大，将出现违背 Trace 条件的情况。这表明 $\boldsymbol{A}$ 的选择并未独立于 $\boldsymbol{\Sigma}_{\boldsymbol{XX}}$。粗略地说，式（4.13）描述了

Σ_{XX} 的特征值与 A 改变其相应特征向量长度的因子之间的不相关性。更正式地说，式（4.13）可以由一个具有大的 d、e 的生成模型来调整，其中 Σ_{XX} 和 A 是根据适当的（旋转不变的）先验概率随机独立选择的。它们满足式（4.13）的概率很大（Besserve 等人，2017）。

对于确定的可逆关系，因果方向是可识别的。

定理 4.12（通过 Trace 条件的可识别性） 变量 X 和 Y 都是 d 维的，并且 $Y = AX$，其中 A 是可逆的。如果从 X 到 Y 的 Trace 条件式（4.13）都满足，则反向模型为

$$X = A^{-1}Y$$

满足

$$\tau_d(A^{-1}\Sigma_{YY}A^{-\mathrm{T}}) \leqslant \tau_d(\Sigma_{YY})\,\tau_d(A^{-1}A^{-\mathrm{T}})$$

当且仅当 A 的所有奇异值具有相同的绝对值时，等式成立。

证明 该证明是将（Janzing 等人，2010）中的定理 2 应用到 $n: = m:= d$ 的情况，并观察到当 Z 是严格正的随机变量时，cov $[Z, 1/Z]$ 为负数，而 Z 几乎肯定不是常数。

因此，一般情况下，在反方向上 Trace 条件被违反，而对等式的违反往往具有相同的符号。

关于噪声的关系，没有像定理 4.12 这样的表述是已知的。人们仍然可以检查式（4.13）是否在某个方向上近似成立，并推断这是因果关系。那么从 Y 到 X 的因果模型的结构矩阵不再由 A^{-1} 给出。在这种情况下，为从 X 到 Y 的模型引入符号 A_X，从 Y 到 X 的模型引入符号 A_Y。是什么使得确定性情况特别好呢？是商数

$$\frac{\tau(A_X\Sigma_{YY}A_X^{\mathrm{T}})}{\tau(A_XA_X^{\mathrm{T}})\tau(\Sigma_{YY})}$$

已知它小于 1，因为 $A_X = A_Y^{-1}$。

像式（4.10）、式（4.13）和书中提到的其他独立条件的理论证明依赖于高度理想化的生成模型 [例如，式（4.13）通过一个模型证明，该模型中原因的协方差矩阵是由旋转不变量生成的（Janzing 等人，2010）]。然而，希望违反理想化的假设并不一定会破坏因果推断

方法。用 Beuchet 椅子做的比喻或许有助于说明这一点。首先，考虑一个在球面上均匀选择观测制高点的场景。显然，这不包含关于物体方向的信息。从这个意义上说，统一先验将“独立”假设形式化，那么椅子错觉只发生在一小部分角度。很容易看出，对于有利位置的选择，严格的均匀性是不需要得出这个结论的。相反，任何来自先验的随机选择，如果不集中在这一小部分特殊角度，将产生相同的结果。换句话说，关于一个典型的人将会看到什么的结论对于违反基本的独立假设是很鲁棒的。出于这个原因，关于因果推断的理想化假设的讨论应该集中在违反行为在多大程度上破坏了推断方法的问题上，而不是解释为什么它们太理想化。

4.1.9 以算法信息理论为可能的基础

本节描述了一种独立原则，虽然它依赖于一种定义好的数学形式，但在实践中如何应用它尚不清楚。因此，它在 2.1 节关于因果推断基础的非正式哲学讨论与 4.1.3 节 ~4.1.8 节关于因果之间可能的不对称的具体结果之间发挥了中介作用，后者依赖于一个相当具体的模型假设。

为了形式化 P_E 和 $P_{C|E}$ 在更一般的模型中不包含任何关于彼此的信息，比 4.1.7 节和 4.1.8 节中考虑的模型更具挑战性，它需要引用对象不是随机变量的信息概念。这是因为 P_E 和 $P_{C|E}$ 本身不是随机变量，而是描述随机变量的分布。Kolmogorov 复杂度给出了一个有趣的信息概念，现在简单解释它。

算法信息理论的概念 首先介绍 **Kolmogorov 复杂度**：考虑一个通用的图灵机 T，也就是计算机的一个抽象概念，它可以访问无限的内存空间。对于任何二进制字符串 s，将 $K_T(s)$ 定义为最短程序的长度[⊖]，用 s^* 表示，用 T 输出 s 然后停止（Solomonoff, 1964; Kolmogorov, 1965; Chaitin, 1966; Li 和 Vitányi, 1997）。有人可能会称 s^* 是 s 的最短压缩，但请记住，s^* 包含 T 运行解压缩所需的所有信息。因此

⊖ 该程序由一个使用无前缀编码的二进制字给出，也就是说，没有任何程序代码是另一个代码的前缀。否则就需要一个额外的符号来表示代码的结束。

$$K_T(s) := |s*|$$

式中，$|\cdot|$表示二进制字的位数。这定义了一个关于给定图灵机T的信息内容的免概率符号。下面，将指定某个固定的T，从而去掉下标T。虽然$K(s)$是不可计算的，也就是说，没有算法可以从s中计算出$K(s)$（Li和Vitányi, 1997），但在本节中将概念性的想法形式化是很有用的。

给定t的s**条件算法信息**用$K(s|t)$表示，并定义为从输入字符串t，生成输出s然后停止的最短程序的长度。可以将互信息定义为[⊖]

$$I(s:t) := K(s) - K(s|t^*)$$

特别是，有（Chaitin，1966）：

$$I(s:t) \stackrel{+}{=} K(s) + K(t) - K(s,t) \qquad (4.14)$$

式中，符号$\stackrel{+}{=}$表示该方程仅适用于常数，也就是说，有一个误差项的长度是有界的，该界独立于s和t的长度。为了定义对（s, t）的Kolmogorov复杂度$K(s, t)$，首先使用一些字符串进行枚举，然后使用$\mathbb{N}$和$\mathbb{N}\times\mathbb{N}$之间的标准双射，构造字符串和字符串对之间的一个简单双射。

式（4.14）的一个简单解释是，当联合压缩s和t，而不是单独压缩它们时，算法互信息可以量化节省的内存空间。Janzing和Schölkopf（2010）认为两个二进制描述具有大量互信息的对象可能是因果相关的。换句话说，就像随机变量之间的统计相关性表明因果关系一样（见原则1.1），对象之间的算法相关性表明了对象之间的因果关系。例如，不同公司生产的两件设计相似的T恤可能表明一家公司抄袭了另一家公司。事实上，在现实生活中模式的相似性可以通过算法互信息来描述，前提是首先同意一种“适当”的方式将模式编码为一个二进制码，然后再放在“适当”的图灵机上。关于什么是“适当”的难题，请参见Janzing等人（2016）的介绍中关于“相对因果性”的简要讨论。

条件的算法独立性　Janzing和Schölkopf（2010）以及Lemeire和Janzing（2013）已经提出了多变量因果结构的算法独立条件的原则，它已经对二元情况产生了重要的影响。

⊖ 注意，条件作用于t^*而不是t是有区别的，因为没有从t计算得到t^*的算法（但反之亦然）。因此，t^*作为输入比t更有价值。结果表明，$K(s|t^*)$比$K(s|t)$更接近条件香农熵。

对于分别是原因和结果的两个变量 C 和 E，假设 P_C 和 $P_{E|C}$ 分别通过二进制字符串 s 和 t 进行有限的描述。在参数设置中，s 和 t 可以描述相应参数空间中的点。或者，可以将 s 和 t 看作计算所有具有有限描述长度值的 $p(c)$ 和 $p(e|c)$ 的程序。然后用 $I(P_C:P_{E|C})$ 代替 $I(s:t)$ 并假定：

原则 4.13（算法独立条件） P_C 和 $P_{E|C}$ 在算法上是独立的：

$$I(P_C:P_{E|C}) \stackrel{+}{=} 0 \tag{4.15}$$

或者等效于

$$K(P_{C,E}) \stackrel{+}{=} K(P_C)+K(P_{E|C}) \tag{4.16}$$

式（4.15）和式（4.16）的等价性是直接的，因为对（P_C，$P_{E|C}$）的描述等价于描述联合分布 $P_{C,E}$。原则 4.13 的思想是 P_C 和 $P_{E|C}$ 是因果无关的自然对象。这当然是一个理想化的假设，但对于 X 导致 Y 或 Y 导致 X 的情况，当 P_X 和 $P_{Y|X}$ 之间的算法相关性弱于 $P_{X|Y}$ 和 P_Y 时，它建议推断 $X \to Y$。然而，将此应用到实验数据中，会带来一个问题：在算法互信息不可计算的问题上，P_X 无法从有限的数据中确定。

尽管存在这些问题，原则 4.13 有助于证明现在在加性噪声模型的例子中所描述的实际因果推理方法。Janzing 和 Steudel（2010）认为结构因果模型 $Y:=f_Y(X)+N_Y$ 意味着 $y \mapsto \log p(y)$ 的二阶导数由 $(x,y) \mapsto \log p(x|y)$ 的偏导数决定的。因此，$P_{X|Y}$ 允许对 P_Y 进行简短的描述（达到一定的精确度）。每当 $K(P_Y)$ 大于这个小的信息量时，Janzing 和 Steudel（2010）认为 $Y \to X$ 应该被拒绝，因为 P_Y 和 $P_{X|Y}$ 在算法上是相关的。对于任何给定的数据集，不能保证 $K(P_Y)$ 足够大可以拒绝 $Y \to X$，因为存在一个从 Y 到 X 的加性噪声模型。然而，当将加性噪声模型推断应用于大量不同分布时，可以知道大多数分布 P_Y 足够复杂（因为低复杂度的分布集很小）来证明拒绝以反方向诱导加性噪声模型的因果模型是合理的。此外，图 5.4 的左图和右图展示了两个简单的玩具实例，单独考察 P_X 就可以推断 $P_{X,Y}$ 的联合分布。事实上，人们可以证明这相当于 P_X 和 $P_{Y|X}$ 之间的算法相关关系，如 Janzing 和 Schölkopf [2010，式（27）的备注] 左边的例子所示。

也应该指出式（4.15）意味着

$$K(P_C)+K(P_{E|C}) \stackrel{+}{=} K(P_{C,E}) \stackrel{+}{\leqslant} K(P_E)+K(P_{C|E}) \tag{4.17}$$

等式成立是因为描述 $P_{C,E}$ 等同于描述（P_C，$P_{E|C}$）对，它不能短于分别描述的边缘分布和条件分布。因不等式成立是因为 P_E 和 $P_{C|E}$ 也决定了 $P_{C,E}$。换言之，条件的独立性意味着联合分布在因果方向上的描述比在反因果方向上的描述要短[⊖]。

从最小描述长度原则（Grünwald, 2007）的角度来看，这个含义听起来也很自然。但是值得注意的是，条件 $K(P_C)+K(P_{E|C})\overset{+}{\leqslant}K(P_E)+K(P_{C|E})$ 严格弱于式（4.15），因为 $P_{C,E}$ 的最短描述可能不会使用这两种可能的因式中的任何一种，例如，当存在一个隐藏的共同原因时，就会发生这种情况（Janzing 和 Schölkopf, 2010, p.16）。

原则 6.53 将原则 4.13 推广到多元设置上。

4.2 结构识别方法

针对如何利用 4.1 节所得到的可识别结果进行因果发现，现在提出了不同的想法。也就是说，这些方法从有限的数据集中估计一个因果图。这些是具有挑战性的统计问题，可以用许多不同的方法来解决。我们试图专注于方法论思想，并不要求所提出的方法能够有效地利用数据。未来的研究很可能会产生新颖而成功的方法。这里只关注几个例子，主要是那些对它们的性能有合理经验的例子。

4.2.1 加性噪声模型

根据定理 4.5，基于加性噪声模型的可识别性的因果学习方法，主要参考多变量相关内容（见 7.2 节）。在这里，总结了两个方法，但没有声明它们的最优性。第一个方法测试**残差的独立性**，是 RESIT 算法的一个特例，见 7.2 节。

1）X 上的回归 Y，也就是说，用一些回归技术把 Y 写成 X 的函数 $\hat{f}_Y$ 加上一些噪声。

⊖ 检查不等式（4.17）的左边是否小于右边并不是测试独立性的唯一选项：当两个字符串在算法上独立时，将复杂度为 $\mathcal{O}(1)$ 的函数应用到每个字符串上，就会再次生成两个（可能更简单）算法上独立的字符串（Janzing 和 Schölkopf，2010，引理 6）。这样，原则上可以拒绝算法独立性，而不需要知道开始时字符串的复杂性。

2）检验 $Y-\hat{f}_Y(X)$ 是否独立于 X。

3）重复交换 X 和 Y 的过程。

4）如果独立性被一个方向接受而被另一个拒绝，则推断前者为因果方向。

图 4.5 显示了模拟数据集的过程，潜在分布如图 4.1 所示。至少在连续设置中，前两个步骤是机器学习和统计的标准问题（见附录 A.1 和 A.2），还有另外一个挑战：$\hat{f}_Y$偏离 f_Y 可能会隐藏或创建噪声和输入变量之间的依赖关系。一般来说，任何基于估计残差的测试都可能会失去其 I 型错误控制。样本分割可以作为一种可行的解决方案（Kpotufe 等人，2014）。此外，重要的是选择一个独立测试，它考虑到高阶统计量，而不是只测试相关性：任何回归技术，最小化二次误差，包括线性分量和截距，都会产生不相关的噪声[⊖]。在实践中，可以使用 Hilbert-Schmidt 独立准则（HSIC）（Gretton 等人，2008），本书将简要地在附录 A.2 中介绍。Mooij 等人（2016，定理 20）使用 HSIC 的连续性表明，即使没有样本分割，

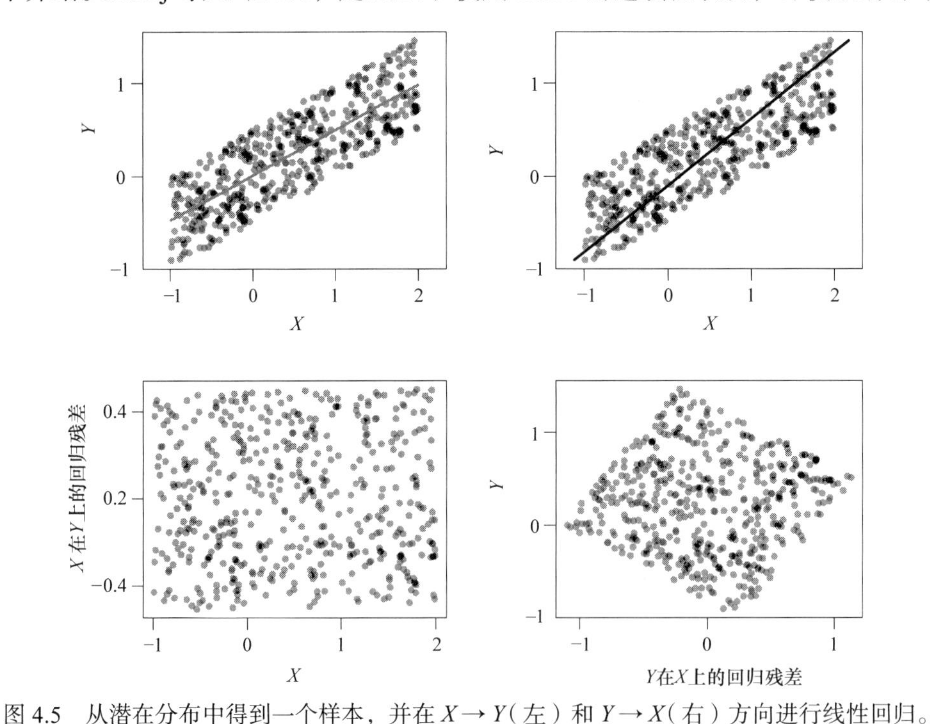

图 4.5　从潜在分布中得到一个样本，并在 $X \to Y$（左）和 $Y \to X$（右）方向进行线性回归。拟合函数显示在上面一行，对应的残差显示在下面一行。只有方向 $X \to Y$ 产生独立的残差，如图 4.1 所示

⊖ 这很容易看出使用以下标准几何图片：cov[.,.] 定义了有限方差中心随机变量空间中的内积。那么当它与 X 正交时，向量长度 $Y-\alpha X$ 最小。

也可以在无限数据的极限情况下获得正确的 HSIC 值（不过目前还没有关于测试 p 值的声明）。最后一步值得特别关注，因为它涉及概率和因果之间的关系。根据拒绝和接受独立性的显著性水平，可以在两个方向、无方向或一个方向上获得加性噪声模型。为了执行决策，人们只是推断出因果关系的方向，在这个方向上，拒绝独立性的 p 值会更高。

最近的研究提供了一些证据，证明上述程序对实际数据的成功率高于偶然水平（Mooij 等人，2016）。图 4.6 显示了真实世界数据[⊖] 的散点图，其中加性噪声模型仅在因果方向上具有合理的适用性。对于离散数据的修改，参考相应的文献（Peters 等人，2011a）。注意，后非线性模型 [式（4.9）] 比更标准的非线性回归模型 [式（4.3）] 更难在实践中进行拟合。

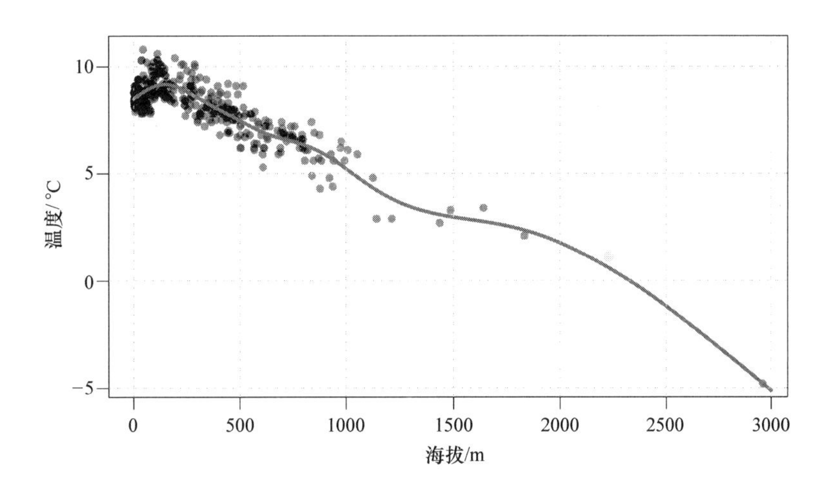

图 4.6　德国地区的平均温度（Y）与海拔（X）之间的关系。数据来自 “Deutscher Wetterdienst”，参见 [Mooij 等人，2016]。带有加性噪声的非线性函数（在远离海平面的情况下接近线性）与这些经验观测结果相当吻合

作为上述方法的一种替代方法，还可以使用基于**极大似然**的方法。例如，考虑一个带有加性高斯误差项的非线性结构因果模型。然后可以通过比较两个模型的似然分数来区分 $X \to Y$ 和 $X \leftarrow Y$。为此，首先从 Y 对 X 进行非线性回归，以获得残差 $R_Y := Y - \hat{f}_Y(X)$。然后比较

$$L_{X \to Y} = -\log \widehat{\mathrm{var}}[X] - \log \widehat{\mathrm{var}}[R_Y] \tag{4.18}$$

⊖ 这是因果对数据库中的 pair001，https://webdav.tuebingen.mpg.de/cause-effect/；见（Mooij 等人，2016）。

和类似版本

$$L_{X\leftarrow Y} = -\log \widehat{\mathrm{var}}[R_X] - \log \widehat{\mathrm{var}}[Y] \tag{4.19}$$

式（4.19）是通过互换式（4.18）中的 X 和 Y 得到的。不难发现（见问题 4.16），当代替执行回归时，这确实对应于一种可能性的比较，使用真实的条件均值 $\hat{f}_Y(x) = \mathbb{E}[Y \mid X = x]$（与 $\hat{f}_X$ 相似）。然而，与前面一样，首先执行回归，然后计算样本方差的这两步过程需要证明。Bühlmann 等人（2014）使用经验过程理论（van de Geer，2009）来证明一致性。如果噪声没必要服从高斯分布，我们必须调整分数函数，利用误差项的微分熵的估计值取代残差经验方差的对数（Nowzohour 和 Bühlmann，2016）。

代码片段 4.14 以下代码显示了一个有限数据集的示例。它使用了代码包 dHSIC（Pfister 等人，2017）和 mgcv（Wood，2006）。前一个包包含函数 dhsic.test，一个由（Gretton 等人，2008）提出的独立性测试的实现，后一个包包含第 10 行和第 11 行中用作非线性回归方法的函数 gam。只有在后向的方向上，残差和输入之间的独立性才被拒绝，见第 15 行和第 17 行。在第 21 行和第 23 行，可以看到高斯似然分值也倾向于前向方向，另见式（4.18）和式（4.19）。

```
1  library(dHSIC)
2  library(mgcv)
3  #
4  # 产生数据集
5  set.seed(1)
6  X <- rnorm(200)
7  Y <- X^3 + rnorm(200)
8  #
9  # 模型拟合
10 modelforw <- gam(Y ~ s(X))
11 modelbackw <- gam(X ~ s(Y))
12 #
13 # 独立性测试
14 dhsic.test(modelforw$residuals, X)$p.value
15 # [1] 0.7628932
16 dhsic.test(modelbackw$residuals, Y)$p.value
17 # [1] 0.004221031
18 #
19 # 相似性计算
20 - log(var(X)) - log(var(modelforw$residuals))
21 # [1] 0.1420063
22 - log(var(modelbackw$residuals)) - log(var(Y))
23 # [1] -1.014013
```

4.2.2 信息几何因果推断

简要介绍 IGCI 的实现，详情参考（Mooij 等人，2016）。理论基础由定理 4.10 中的可识别性结果和一些简单的结论给出。可以证明独立条件 [式（4.10）] 意味着

$$C_{X\to Y}\leqslant C_{Y\to X}$$

如果其中一个定义为

$$C_{X\to Y}:=\int_0^1 \log f'(x)p(x)\mathrm{d}x$$

并且$C_{Y\to X}$与之类似。在这里，使用以下简单的估计量：

$$\hat{C}_{X\to Y}:=\frac{1}{N-1}\sum_{j=1}^{N-1}\log\frac{|y_{j+1}-y_j|}{|x_{j+1}-x_j|}$$

式中，$x_1<x_2<\cdots<x_N$ 是观察到的 x 值，按升序排列。如果 Y 是 X 的递增函数，则 y 值也是有序的，但对于实际数据通常不是这种情况。估计器 $\hat{C}_{Y\to X}$ 被相应地定义，并且当 $\hat{C}_{X\to Y}<\hat{C}_{Y\to X}$时可推断出 $X\to Y$。除了上述（所谓的基于斜率）方法，还有一种基于熵的方法：可以证明式（4.10）也意味着

$$H(X)\leqslant H(Y)$$

式中，H 表示微分香农熵

$$H(X):=-\int_0^1 p(x)\log p(x)\mathrm{d}x$$

直观上讲，原因是将非线性函数 f 应用于 p_X 会产生额外的不规则性（除非 f 的非线性度与 p_X 相关），从而使 p_Y 比 p_X 更不均匀。因此，熵值较大的变量是原因。为了估计 H，可以使用文献中的任何标准熵估计器。

4.2.3 Trace 方法

回想一下，这种方法依赖于高维变量 $\boldsymbol{X}$ 和 $\boldsymbol{Y}$ 之间的线性关系。首先假定样本量足够大

（与 $\boldsymbol{X}$ 和 $\boldsymbol{Y}$ 的维数相比），用标准线性回归估计协方差矩阵 $\boldsymbol{\Sigma_{XX}}$ 和 $\boldsymbol{\Sigma_{YY}}$ 以及结构矩阵 $\boldsymbol{A_Y}$ 和 $\boldsymbol{A_X}$。为了采用定理 4.12 中的可识别性结果，可以计算跟踪相关率

$$r_{X\to Y} := \frac{\tau(\boldsymbol{A}_Y \boldsymbol{\Sigma}_{XX} \boldsymbol{A}_Y^{\mathrm{T}})}{\tau(\boldsymbol{A}_Y \boldsymbol{A}_Y^{\mathrm{T}})\tau(\boldsymbol{\Sigma}_{XX})}$$

同样地，$r_{Y\to X}$（通过交换 $\boldsymbol{X}$ 和 $\boldsymbol{Y}$ 的角色），并推断出接近于 1 的那个对应于因果方向（Janzing 等人，2010）。

Zscheischler 等人（2011）描述了一种评估与 1 的偏差是否显著的方法，该方法依赖于一个生成模型，该模型通过随机正交映射相互旋转来模拟 $\boldsymbol{A}$ 和 $\boldsymbol{\Sigma_{XX}}$ 这两个矩阵的独立性。利用所谓的**自由概率论**的思想（Voiculescu，1997），一个描述大型随机矩阵渐近行为的数学框架，Zscheischler 等人（2011）为维度大于样本量的情况构建了一种 Trace 条件的实现方法。他们表明，在无噪声情况下，对于 $\boldsymbol{A}$ 和 $\boldsymbol{X}$ 的经验协方差矩阵，仍然可以根据额外的独立假设估计 $r_{X\to Y}$（尽管没有足够的数据来估计 $\boldsymbol{\Sigma_{XX}}$ 和 $\boldsymbol{A}$）。因此，当估计量明显偏离 1 时，可以拒绝假设 $\boldsymbol{X}\to\boldsymbol{Y}$。那么，要么额外的独立性假设是错误的，要么 $r_{X\to Y}$ 明显偏离 1。

4.2.4 监督学习方法

最后，本书描述了一种从机器学习的角度探讨因果学习的方法。原则上，它可以使用受限函数类或独立条件。假设给出形式为（$\mathcal{D}_1$，A_1），⋯，（$\mathcal{D}_n$，A_n）的标记训练数据。在这里，每个 $\mathcal{D}_i$ 都是一个数据集

$$\mathcal{D}_i = \{(X_1,Y_1),\ \cdots,\ (X_{n_i},Y_{n_i})\}$$

包含实现 (X_1,Y_1)，⋯，$(X_{n_i},Y_{n_i}) \overset{\text{iid}}{\sim} P^i_{X,Y}$，并且每个标签 $A_i \in \{\to,\leftarrow\}$ 描述数据集 $\mathcal{D}_i$ 是否对应于 $X\to Y$ 或 $X\leftarrow Y$。然后，因果学习成为一个经典的预测问题，人们可能会对分类器进行训练，希望它们能很好地从已知的真实数据集推广到未知的测试数据集。

据人们所知，Guyon（2013）是第一个以挑战的形式系统调查这种方法的人（提供合成和真实的数据集作为实测数据）。很明显，利用对称特征作为相关或协方差的方法是行不通的。

许多有竞争力的分类器在挑战时都是基于手工提取的特征，例如，对于边缘分布的熵估计或对残差分布的熵估计，这些残差是由于 X 对 Y 或 Y 对 X 的回归造成的。有趣的是，这些特征可能与 ANM 的概念有关。例如，对于高斯分布变量，熵是方差对数的线性函数，因此，特征的表达能力足以重建式（4.18）和式（4.19）的分数。用熵代替方差的对数相当于放宽了高斯假设（Nowzohour 和 Bühlmann，2016）。

Lopez-Paz 等人（2015）旨在自动构造这类特征，其思想是将联合分布 $P^i_{X,Y}$, $i=1$, ⋯, n 映射到一个复制的核 Hilbert 空间（见附录 A.2）并在这个空间中进行分类。实践中，人们无法获得 $P^i_{X,Y}$ 的全分布，而是使用经验分布作为近似 [类似的方法被用来区分时间序列与原始版本的时间序列是倒转的（Peters 等人，2009a）]。由于原因和结果的分类似乎依赖于联合分布的相对复杂的属性，因此需要一个大的样本容量 n 作为训练集。为了添加有用的模拟数据集，必须从可识别的案例中生成这些数据集。例如，Lopez-Paz 等人（2015）使用来自 ANM 的更多样本。

监督学习方法还不是因果学习的独立方法。然而，它们可能被证明是有用的，因为它们作为统计工具可以有效地利用已知的可识别性特性或这些特性的组合。

4.3 问题

问题 4.15（ANM）

1）考虑如下 SCM：

$$X := N_X$$
$$Y := 2X + N_Y$$

式中，N_X 均匀分布在 1~3；N_Y 均匀分布在 −0.5~0.5，与 N_X 独立。$P_{X,Y}$ 的分布允许从一个 X 到 Y 的 ANM。利用 X 和 Y 的联合分布来证明 $P_{X,Y}$ 不允许从 Y 到 X 有 ANM，也就是说不存在函数 g 和独立的噪声变量 M_X 和 M_Y 满足：

$$X = g(Y) + M_X$$
$$Y = M_Y$$

式中，M_X 独立于 M_Y。

2）类似于 1）部分，考虑 SCM：

$$X := N_X$$
$$Y := X^2 + N_Y$$

式中，N_X 均匀分布在 1~3；N_Y 均匀分布在 -0.5~0.5，与 N_X 独立。再次证明 $P_{X,Y}$ 从 Y 到 X 没有 ANM。

问题 4.16（最大似然） 假设从下面的模型中得到一个独立同分布数据集（X_1, Y_1），⋯，（X_n, Y_n）：

$$Y = f(X) + N_Y$$

式中，$X \sim \mathcal{N}(\mu_X, \sigma_X^2)$；$N_Y \sim \mathcal{N}(\mu_{N_Y}, \sigma_{N_Y}^2)$ 且独立；函数 f 应该是已知的。

1）证明 $f(x) = \mathbb{E}[Y|X = x]$。

2）写下 $\boldsymbol{x} := (x_1, \cdots, x_n), \boldsymbol{y} := (y_1, \cdots, y_n)$，并考虑对数似然函数：

$$\ell_\theta(\boldsymbol{x}, \boldsymbol{y}) = \ell_\theta((x_1, y_1), \cdots, (x_n, y_n)) = \sum_{i=1}^{n} \log p_\theta(x_i, y_i)$$

式中，p_θ 是（X, Y）上的联合密度，$\theta := (\mu_X, \mu_{N_Y}, \sigma_X^2, \sigma^2{}_{N_Y})$。这证明了对于 $c_1, c_2 \in \mathbb{R}$ 且 $c_2 > 0$：

$$\max_\theta \ell_\theta(\boldsymbol{x}, \boldsymbol{y}) = c_2 \cdot (c_1 - \log \widehat{\operatorname{var}}[\boldsymbol{x}] - \log \widehat{\operatorname{var}}[\boldsymbol{y} - f(\boldsymbol{x})]) \tag{4.20}$$

式中，$\widehat{\operatorname{var}}[z] := \frac{1}{n} \sum_{i=1}^{n} (z_i - \frac{1}{n} \sum_{k=1}^{n} z_k)^2$ 估计变量值。

式（4.20）促使式（4.18）和式（4.19）进行比较。主要区别在于，在这个练习中，使用的是条件均值，而不是回归方法的结果。可以渐进地证明，后者仍然会产生正确的结果（Bühlmann 等人，2014）。

第 5 章
与机器学习的联系 1

如第 1 章所述，标准机器学习建立在与统计学相同的基础上：使用从某些未知的潜在分布中抽取的独立同分布的数据，并试图推断该分布的属性。与此相反，因果推断假设了一个更强大的潜在结构，包括定向相关性。这使得从数据中学习结构变得更加困难，但一旦这样做，它也允许新的表述，包括关于分布转移和干预的影响的表述。如果把机器学习看作推理超越纯粹统计关联的规律（或“自然法则”）的过程，那么因果关系起着至关重要的作用。本章对这一问题进行了一些思考，主要集中在两个变量的情况下。第 8 章将重新讨论这个主题，并研究多元情况。

5.1 半监督学习

考虑一个回归任务，其中这里的目标是从 d 维预测变量 $\boldsymbol{X}$ 预测目标变量 Y。对于许多损失函数，知道条件分布 $P_{Y|\boldsymbol{X}}$ 就足以解决这个问题。例如，回归函数

$$f^0(\boldsymbol{x}) := \mathbb{E}[Y \mid \boldsymbol{X} = \boldsymbol{x}]$$

最小化 L_2 损失函数

$$f^0 \in \underset{f:\mathbb{R}^d \to \mathbb{R}}{\operatorname{argmin}}\, \mathbb{E}\left[\left(Y - f(\boldsymbol{X})\right)^2\right]$$

在**监督学习**中，从联合分布中接收独立同分布的数据点：$(\boldsymbol{X}_1, Y_1), \cdots, (\boldsymbol{X}_n, Y_n) \overset{\text{iid}}{\sim} P_{\boldsymbol{X},Y}$,

因此，回归估计（包括 L_2 损失）相当于从联合分布的 n 个数据点估计条件均值。在（归纳）**半监督学习**中，收到了 m 个额外的未标记数据点 $\boldsymbol{X}_{n+1}, \cdots, \boldsymbol{X}_{n+m} \overset{\text{iid}}{\sim} P_{\boldsymbol{X}}$。希望这些额外的数据点能够提供关于 $P_{\boldsymbol{X}}$ 的信息，它本身就能告诉人们关于 $\mathbb{E}[Y|\boldsymbol{X}]$ 或更一般地关于 $P_{Y|\boldsymbol{X}}$ 的一些信息[㊀]。半监督学习技术的许多假设（见 Chapelle 等人，2006，综述）都涉及 $P_{\boldsymbol{X}}$ 和 $P_{Y|\boldsymbol{X}}$ 之间的关系。例如，聚类假设规定，位于同一簇中的 $P_{\boldsymbol{X}}$ 点具有相同或相似的 Y；这类似于低密度分离假设，该假设表明分类器的判定边界 [即 $P(Y=1|\boldsymbol{X}=\boldsymbol{x})$] 为 0.5 的点 x 应该位于 $P_{\boldsymbol{X}}$ 较小的区域。半监督平滑假设表示条件均值 $\boldsymbol{x} \mapsto \mathbb{E}[Y|\boldsymbol{X}=\boldsymbol{x}]$ 在 $P_{\boldsymbol{X}}$ 较大的区域应该是平滑的。

5.1.1 半监督学习和因果方向

最简单的情况是因果图只有两个变量（原因和结果），机器学习问题可以是**因果**关系（如果从因预测果）或**反因果**关系（如果从果预测因）。实践者通常不关心给定学习问题背后的因果结构，如图 5.1 所示。然而，正如在下面讨论的那样，这种结构对机器学习是有影响的。

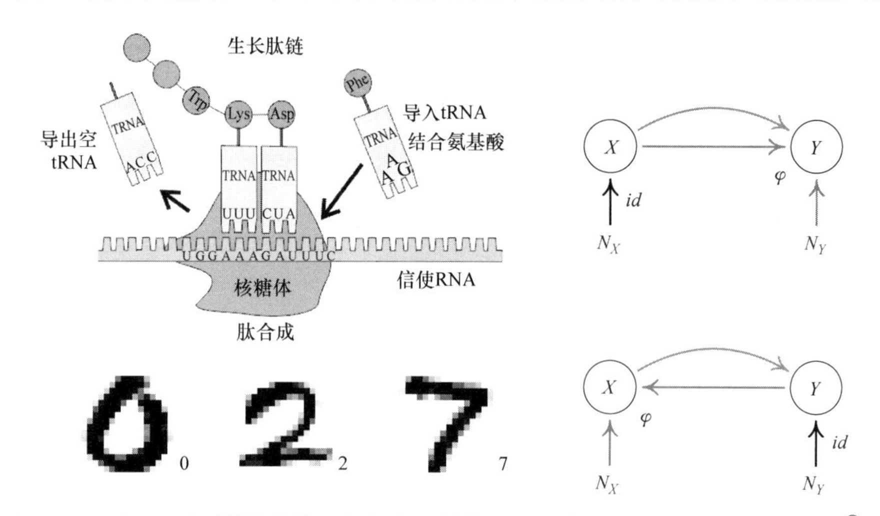

图 5.1　上图：一种叫做核糖体 φ 的复杂机制将 mRNA 信息 X 翻译成蛋白质链 Y。[㊁]
从 mRNA 中预测蛋白质是一个因果学习问题的例子，在这个问题中，预测的方向（浅色曲线箭头）与因果关系的方向（浅色直线箭头）是一致的。下图：在手写数字识别中，人们试图从书写者制作的图像 X 中推断出类标签 Y（即作者的意图）。这是个反因果问题

㊀ 同样，使用符号 $P_{Y|\boldsymbol{X}}$ 作为条件分布集合 $(P_{Y|\boldsymbol{X}=\boldsymbol{x}})_{\boldsymbol{x}}$ 的简写。

㊁ 用户“Boumphreyfr”, https://commons.wikimedia.org/wiki/File:Peptide_syn.png, [CC BY-SA 3.0 (http://creativecommons.org/licenses/by-sa/3.0) 或 GFDL (http://www.gnu.org/copyleft/fdl.html)]。

在 2.1 节中，假设因果条件分布是彼此独立的（原则 2.1 和随后的讨论）。Schölkopf 等人（2012）意识到这个原则对半监督学习有直接的影响。因为后者依赖于 $P_{\boldsymbol{X}}$ 和 $P_{Y\mid\boldsymbol{X}}$ 的关系，并且原则上认为 P_{cause} 和 $P_{\text{effect}|\text{cause}}$ 不包含彼此的信息，所以可以得出这样的结论：如果 $\boldsymbol{X}$ 对应于原因，而 Y 对应于结果（例如，对于因果学习问题），半监督学习将不起作用。在这种情况下，额外的 $\boldsymbol{x}$ 值只能告诉人们更多关于 $P_{\boldsymbol{X}}$ 的信息——这是不相关的，因为预测需要关于独立对象 $P_{Y|\boldsymbol{X}}$ 的信息，如果 $\boldsymbol{X}$ 是结果，$\boldsymbol{Y}$ 是原因，则有关 $P_{\boldsymbol{X}}$ 的信息可以告诉人们关于 $P_{Y|\boldsymbol{X}}$ 的一些事情。

一项元研究分析了半监督学习的结果，支持了这一假设：所有对半监督学习有帮助的案例都是反因果性的、混乱的，或者因果结构不清楚的例子，如图 5.2 所示。

在双射确定性因果关系的玩具场景中（见 4.1.7 节），Janzing 和 Schölkopf（2015）证明，无论何时 P_{cause} 和 $P_{\text{effect}|\text{cause}}$ 在式（4.10）意义上是独立的，SSL 确实在反因果方向上优于监督学习，但在因果方向上则不然。其思想是 SSL 使用相关关系式（4.11）来改进插值算法。

Sgouritsa 等人（2015）开发了一种因果学习方法，利用 SSL 只能在反因果方向上工作这一事实。

最后，注意半监督学习包含了一些版本的无监督学习作为一种特殊的情况（没有标记的数据）。例如，在聚类中，Y 通常是一个离散值，表示聚类的索引值。与上面的推理类似，可以认为如果 X 是原因，Y 是结果，那么聚类就不能很好地工作。然而，在许多对真实数据进行聚类的应用中，聚类索引值是特征的原因而不是结果。

图 5.2 中的实证结果很有希望，但 SSL 不能在因果方向上工作（总是假设原因和机制的独立性，见原则 2.1）的情况需要更加精确，这将在 5.1.2 节中完成。对半监督学习和协变量变换感兴趣的读者可能会感兴趣，但其他人可能会跳过这部分内容。

5.1.2 关于半监督学习在因果方向上的注释

关于 SSL 预测的一个更精确的形式如下：如果任务是预测某个特定 x 的 y，那么当 $X \to Y$ 是因果方向时，P_X 的知识是没有帮助的。然而，即使 P_X 没有告诉人们任何关于 $P_{Y|X}$ 的信息，了解 P_X 仍然可以帮助人们更好地估计 Y，因为可以在学习场景中获得更小的风险值。

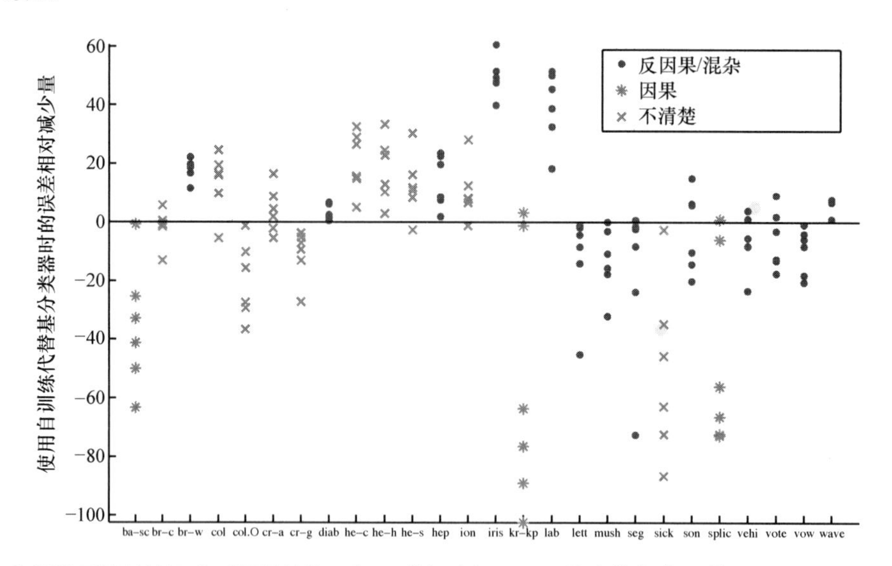

图 5.2　半监督学习的好处取决于因果结构。每一列点对应于 UCI 基准数据集，并显示了 6 个不同的基本分类器的性能，这些基本分类器是用自我训练（半监督学习的一种通用方法）增强的。性能是通过相对于基础分类器的误差下降百分比来衡量的，即（error（base）- error（self-train））/error（base）。自我训练总的来说对因果的数据集是没有帮助的，但它确实对一些非因果 / 混杂数据集有帮助（Schölkopf 等人，2012）

要看到这一点，考虑一个玩具例子，其中 X 和 Y 之间的关系是由一个确定性函数给出的，即 $Y=f(X)$，已知 f 来自于函数的某个类 $\mathcal{F}$。令 X 取 $\{1, 2, \cdots, m\}$ 中的值，其中 $m \geqslant 3$，令 Y 为二进制标签，取值为 $\{0,1\}$。定义函数类 $\mathcal{F} := \{f_1, \cdots, f_m\}$，其中，$f_j\ (j)=1$、$f_j\ (k)=0$ 且 $k \neq j$。换句话说，$\mathcal{F}$ 由一组函数组成，这些函数在某一点上恰好等于 1。图 5.3（顶图）显示了 $m=4$ 时的函数 f_3，假设这里的学习算法推断出函数 f_j，而真正的函数是 f_i。对于 $i \neq j$，风险，即期望的错误数 [见式 (1.2)] 为

$$R_i(f_j) := \sum_{x=1}^{m} |f_j(x)-f_i(x)|p(x)=p(j)+p(i) \tag{5.1}$$

式中，p 表示 X 的概率分布函数。现在在集合 $\mathcal{F}$ 上取 $R_i(f_j)$ 的平均值，并假设每个 f_i 都是等概率的。这就产生了预期的风险（期望是关于 $\mathcal{F}$ 均匀先验的）

$$\mathbb{E}[R_i(f_j)]=\frac{1}{m}\sum_{i=1}^{m}\sum_{x=1}^{m}|f_j(x)-f_i(x)|p(x) \tag{5.2}$$

$$=\frac{1}{m}\sum_{i\neq j}(p(j)+p(i))=\frac{m-2}{m}p(j)+\frac{1}{m} \tag{5.3}$$

为了最小化式（5.3），应该选择 f_k，使得 k 能最小化函数 p。这是有意义的，因为对于任一点 x=1, ⋯, m，标签 y=0 比 y=1 更有可能 [概率 $(m-1)/m$ 和 $1/m$ 相比]。因此，实际上想在任何地方推断出 0，但由于 0 函数不包含在 $\mathcal{F}$ 中，不得不选择一个 x 值，并将标签赋值为 0。因此，选择一个可能性最小的 x 值来获得最小的期望损失 [见图 5.3（底图）所示的 x=3 的分布]。显然，未标注的观测值有助于识别最小可能的 x 值，因此 SSL 可以提供帮助。这个例子不需要任何（x，y）对（有标签的例子），未标记的数据 x 就足够了。因此，它实际上是一个无监督学习的例子，而不是典型的 SSL 场景。然而，考虑到少量标记的情况，并不会改变其基本思想。一般来说，如果 m 足够大，这几个实例将不包含任何 y = 1 的实例。因此，观察到的（x，y）对只会有所帮助，因为它们会将 $\mathcal{F}$ 稍微减少到一个更小的类 $\mathcal{F}'$，而对该类的分析基本保持不变，并且仍然认为未标记的实例会有所帮助。

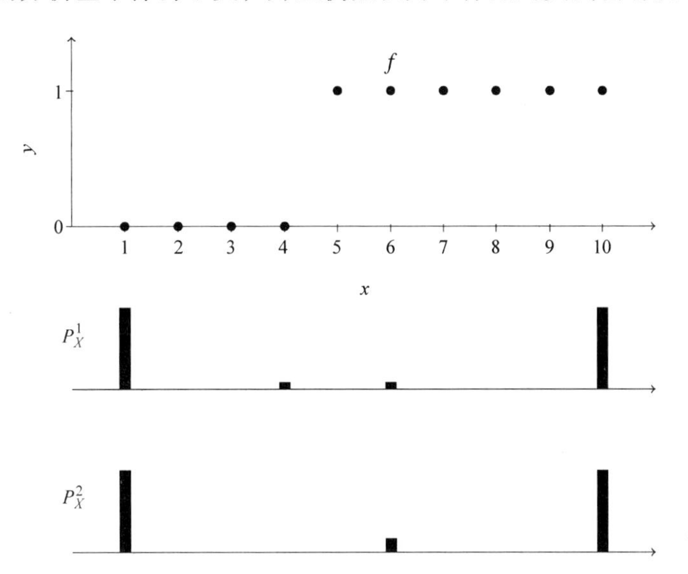

图 5.3　在这个例子中，SSL 即使在因果方向也能减少损失。知道 X 是根据 P_X^1 分布的还是根据 P_X^2 分布的不会提供关于函数 f 的任何信息（例如，在 x 值跳跃）。但是，了解 P_X 有助于减少预期损失，因为它提供了 x = 4 处的错误是否与损失有关的信息

虽然没有指定一个监督学习场景作为基线 (即不使用 P_X 知识的学习场景)，但是可以知道它一定比最好的半监督场景差，因为最优估计依赖于 P_X，正如刚才所讨论的。

这里没有违背机制的独立性（因此，X 可以被认为是 Y 的原因）：假设 f 是由 $\mathcal{F}$ 中均匀选择的，知道 P_X 并不能告诉人们关于 f 的任何信息。知道 P_X 只有助于最小化损失，因为

出现在式（5.2）中的 $p(x)$ 仅作为权重因数。

前面的例子在本质上很接近贝叶斯分析，因为它涉及 $\mathcal{F}$ 中函数的平均值。然而，它可以被修改，以适用于最坏的情况分析，在最坏的情况下，真正的函数 f 是由对抗者最大化式（5.1）来选择的（Kääriäinen，2005）。给定一个函数 f_j，对抗者选择 i 为 x 值的 f_i，这与 j 为最大概率分布的 f_j 是不同的。因此，最坏的情况风险是 $\max_{x\neq j}\{p(x)\}+p(j)$，当 j 选择为 x 值且该 x 值可以使概率分布函数 $p(x)$ 最小时，风险再次被最小化。因此，结论是，只有在考虑 P_X 的情况下才能获得最优性能。

另一个例子可以根据 Urner 等人（2011，定理 4 的证明）在非因果关系上下文中给出的论点来构造。他们构造了一个模型误定的案例；其中真正的函数 f_0 不包含在对其进行优化的类 $\mathcal{F}$ 中。在他们的例子中，边缘概率 P_X 的额外信息有助于降低风险，即使条件概率 $P_{Y|X}$ 可以被认为是独立于边缘概率的。上面的例子并不是基于相同类型的模型误定。每一个可能的（未知的）真实值 f_i 确实包含在函数类中，但是，人们希望将风险的预期降到最低，并且这里的函数类不包含一个具有零预期风险的函数。因此，对于预期风险，这类似于模型误定的情况。

最终，试图对 Urner 等人（2011）的例子给出一些更进一步的想法。因为 f_0 并不包含在函数类 $\mathcal{F}$ 中，所以需要找到一个函数 $\hat{f}\in\mathcal{F}$，这个函数最小化距离 $d(f, f_0)$，定义为函数 f 的风险，其中 $f\in\mathcal{F}$，称 f_0 投影到 $\mathcal{F}$ 上。粗略地说，关于 P_X 的附加信息使人们对这个投影有了更好的理解[⊖]。

5.2 协变量偏移

正如 2.1 节所解释的，P_{cause} 和 $P_{\text{effect}|\text{cause}}$（原则 2.1）之间的独立性可以用两种不同的方式来解释：在 5.1 节，使用了一个固定的联合分布，这两个对象不包含彼此的信息（见图 2.2 的中间部分）。或者，假设不同数据集之间的联合分布 $P_{\text{cause,effect}}$ 发生改变，然后改变 P_{cause} 没有告诉任何有关 $P_{\text{effect}|\text{cause}}$ 的变化（这个对应于图 2.2 的左边部分）。如果知道 X 是原因，而 Y 是结果，那么对于由 X 预测 Y 的预测场景来说就会产生重要的后果：假设已

⊖ 要感谢为这次讨论做出贡献的如下学者：Sebastian Nowozin、Ilya Tolstikhin 和 Ruth Urner。

经通过一个数据集的例子了解 X 和 Y 之间的统计关系，应该用这个知识来预测另一个数据集的 Y 和 X 之间的关系。此外，假设观察到，第二个数据集中的 x 值遵循与第一个数据集的分布 P_X 不同的分布 P'_X。如何利用这些信息？根据上述机制的独立性，P'_X 与 P_X 的区别并不能说明 $P_{Y|X}$ 是否在数据集中也发生了变化。因此，条件分布 $P_{Y|X}$ 对于第二个数据集仍然有效。其次，即使条件分布更改为 $P'_{Y|X} \neq P_{Y|X}$，仍然使用 $P_{Y|X}$ 进行预测是很自然的。毕竟，独立性原则指出，从 P_X 到 P'_X 的边缘分布的新变化并没有告诉人们条件分布是如何变化的。因此，在没有其他更好的候选集时，使用 $P_{Y|X}$。即使 P_X 已更改，使用相同的条件 $P_{Y|X}$，通常被称为协变量移位。同时，在机器学习中这是一个经过充分研究的假设（Sugiyama 和 Kawanabe, 2012）。这个论证只在因果场景中成立，换句话说，如果 X 是原因，则 Y 是结果，这在 Schölkopf 等人（2012）的文献中已讲到。

为了进一步说明这一点，请考虑下面的反因果场景的玩具例子，其中 X 是结果。设 Y 为二元变量，以加法的方式影响实值变量 X：

$$X = Y + N_X \tag{5.4}$$

假设 N_X 是一个独立于 Y 的高斯噪声。图 5.4 的左图表示了相应的概率密度 p_X。

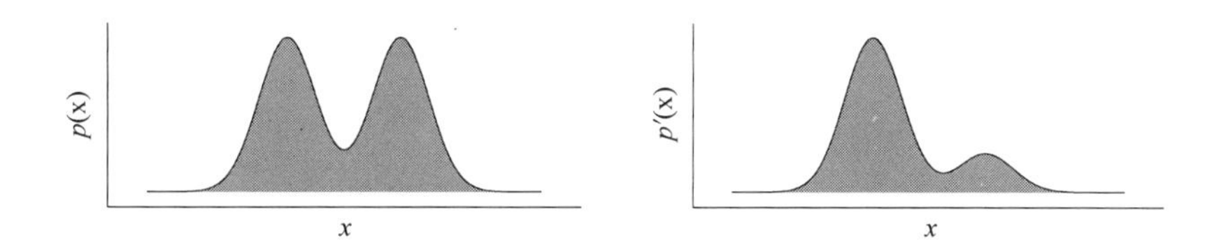

图 5.4　例如，P_X 更改为 P'_X 的方式表明 P_Y 已经改变，$P_{X|Y}$ 保持不变。当 Y 是二元的，并且已知是 X 的原因时，注意到 P_X 是两个高斯的混合物，这使得这两个模式对应于两个不同的标号 y=0、1 是合理的。然后，Y 对 X 的影响仅仅在于改变高斯分布的均值（这相当于一个 ANM，见 4.1.4 节），这无疑是对联合分布的一个简单解释。此外，观察到混合物的权重从一个数据集变化到另一个数据集，使得这种变化很可能是由于 P_Y 的变化造成的

如果它的宽度足够小，P_X 的分布是双峰型的。即使对生成模型一无所知，P_X 也可以被认为是两个等宽高斯分布的混合。在这种情况下，可以仅从 P_X 的分布猜测联合分布 $P_{X,Y}$，因为可以很自然地认为 Y 的影响仅仅在于改变 X 的均值。在这个假设下，不需要任何（x, y）对来学习 X 和 Y 的关系。现在假设在第二个数据集中，观察到两个具有不同权重的相同的

混合高斯分布（见图 5.4 右图）。然后，最自然的结论是权重发生了变化，因为相同的式（5.4）仍然成立，但只有 P_Y 发生了变化。因此，将不再使用相同的 $P_{Y|X}$ 进行预测，并从 P'_X 重构 $P'_{Y|X}$。实例表明，在反因果场景中，P_X 和 $P_{Y|X}$ 的变化可能是相关的，这种关系可能是由于 P_Y 发生了变化，而 $P_{X|Y}$ 保持不变。换句话说，P_{effect} 和 $P_{\text{cause|effect}}$ 的改变存在相关性，因为 P_{cause} 和 $P_{\text{effect|cause}}$ 的改变是相互独立的。

前面的示例展现出了一个特定的场景。利用 P_{effect} 和 $P_{\text{cause|effect}}$ 以依赖的方式变化这一事实来构思一般方法是一个难题。这可能是进一步研究的一个有效途径，本书认为因果关系可能在领域适应和转移问题中起着重要作用，见 Bareinboim 和 Pearl（2016）、Rojas-Carulla 等人（2016）、Zhang 等人（2013）和 Zhang 等人（2015）。

5.3 问题

问题 5.1（机制的独立性） 让 P_X 为 k 个尖峰高斯的混合，其尖峰位置为 $s_1, \cdots, s_k$，如图 5.5 左图所示。通过添加一些均值为零、宽度为 σ_N 的高斯噪声 N，由 X 得到 Y 值，使图 5.5 右图所示的各峰保持可见。

1）直观地论证为什么 $P_{X|Y}$ 也包含峰值的位置 $s_1, \cdots, s_k$ 的信息，因此，$P_{X|Y}$ 和 P_Y 共享这个信息。

2）P_X 和 P_Y 之间的转变可以用卷积（从 P_X 到 P_Y）和去卷积（从 P_Y 到 P_X）来描述。如果认为 $P_{Y|X}$ 是将输入 P_X 转换为输出 P_Y 的线性映射，则 $P_{Y|X}$ 与卷积映射一致。论证为何 $P_{X|Y}$ 与去卷积映射不一致（乍一看，可能会这样想）。

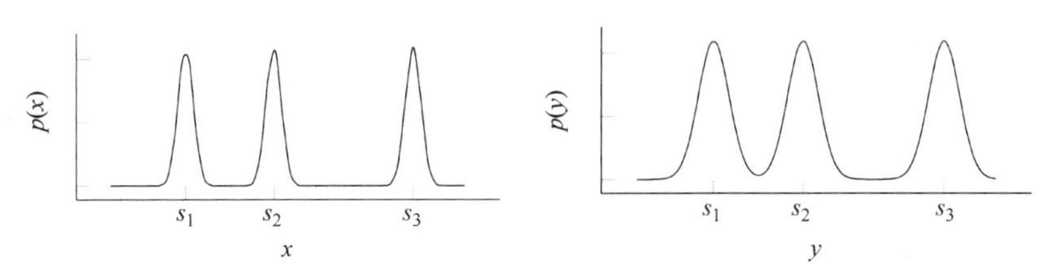

图 5.5　X 产生 Y 的例子，因此 P_Y 和 $P_{X|Y}$ 包含彼此的信息。左图：P_X 是一个位置为 s_1、s_2、s_3 的混合尖峰。右图：P_Y 是用零均值高斯噪声与 P_X 进行卷积得到的，因此在相同的位置 s_1、s_2、s_3 处由较小的尖峰组成。$P_{X|Y}$ 也包含关于 s_1、s_2、s_3 的信息，见问题 5.1

第 6 章 多变量因果模型

第 3 章讨论了两个变量的因果模型。虽然一些基本概念在二元情况下更容易地解释，但因果推理的很多结构都来自多变量关系，至少涉及三个变量。现在考虑更一般情况下 $d \geqslant 2$ 的因果模型。

许多概念直接持续用下去，在第 3 章内容的基础上，希望读者能够轻松地理解结构因果模型（见 6.2 节）、干预（见 6.3 节）和反事实（见 6.4 节）的定义。但是，多元与二元情况也有根本的区别。在 6.5 节中将看到，图结构意味着条件独立，这在二元情况下是微不足道的。此外，计算干预分布在多元环境下需要更多思考：将在 6.6 节对调整公式和 do 积分进行讨论（Pearl，2009）。

首先介绍一些图的术语。大多数定义都是不言自明的，可以在例如 Spirtes 等人（2000）、Koller 和 Friedman（2009）以及 Laurilzen（1996）的文章中找到。已经熟悉图模型的读者可以跳过本节。本书最重要的术语是有向无环图（DAG）、v 结构和 d 分离。

6.1 图的术语

仔细考虑有限多个随机变量 $\boldsymbol{X} = (X_1, \cdots, X_d)$，其索引集为 $\boldsymbol{V} := \{1, \cdots, d\}$，联合分布为 $P_{\boldsymbol{X}}$，密度为 $p(\boldsymbol{x})$。一个**图** $\mathcal{G}=(\boldsymbol{V}, \mathcal{E})$ 由（很多）**节点**或**顶点** $\boldsymbol{V}$ 和**边** $\mathcal{E} \subseteq \boldsymbol{V}^2$ 组成，对任何 $v \in \boldsymbol{V}$ 都有 $(v, v) \notin \mathcal{E}$。进一步有以下定义：

令图 $\mathcal{G}=(\boldsymbol{V}, \mathcal{E})$，顶点为 $\boldsymbol{V}:=\{1, \cdots, d\}$，相应的随机变量为 $\boldsymbol{X}=(X_1, \cdots, X_d)$。图 $\mathcal{G}_1=(\boldsymbol{V}_1, \mathcal{E}_1)$ 称为图 $\mathcal{G}$ 的**子图**，如果 $\boldsymbol{V}_1=\boldsymbol{V}$，且 $\mathcal{E}_1 \subseteq \mathcal{E}$，记为 $\mathcal{G}_1 \leqslant \mathcal{G}$。另外，如果$\mathcal{E}_1 \neq \mathcal{E}$，那么 $\mathcal{G}_1$ 是 $\mathcal{G}$ 的一个**真子图**。

如果（i，j）$\in \mathcal{E}$ 且（j，i）$\notin \mathcal{E}$，则节点 i 称为 j 的**父亲**。如果（j，i）$\in \mathcal{E}$ 且（i，j）$\notin \mathcal{E}$，节点 i 被称为 j 的**孩子**。j 的父节点集合记为 $\boldsymbol{PA}_j^{\mathcal{G}}$，孩子集合记为 $\boldsymbol{CH}_j^{\mathcal{G}}$。如果（$i, j$）$\in \mathcal{E}$ 或（j, i）$\in \mathcal{E}$，则节点 i 和 j 是**相邻的**。如果图 $\mathcal{G}$ 中任意两个节点都相邻，则称 $\mathcal{G}$ 为**全连接**。如果（i, j）$\in \mathcal{E}$ 且（j，i）$\in \mathcal{E}$，则节点 i 和 j 之间有一条**无向边**。如果两个顶点之间的边不是无向的，那么它就是**有向的**。如果（i，j）$\in \mathcal{E}$，记为 $i \rightarrow j$。如果图 $\mathcal{G}$ 中所有的边都是**有向的**，称 $\mathcal{G}$ 为**有向图**[㊀]。如果一个节点是另外两个节点的孩子，而且这两个节点本身不是相邻的，则称这三个节点为 **v 结构**。$\mathcal{G}$ 的**骨架**不考虑边的方向，它是图（$\boldsymbol{V}$，$\tilde{\mathcal{E}}$），如果（i，j）$\in \mathcal{E}$ 或（j，i）$\in \mathcal{E}$，则有（i，j）$\in \tilde{\mathcal{E}}$。

$\mathcal{G}$ 中的**路径**是（至少两个）不同顶点 $i_1, \cdots, i_m$ 的序列，满足对于所有 $k=1, \cdots, m-1$，在 i_k 和 i_{k+1} 之间存在边。如果 $i_{k-1} \rightarrow i_k$ 并且 $i_{k+1} \rightarrow i_k$，i_k 被称为**相对于此路径的对撞节点**。如果对所有的 k，有 $i_k \rightarrow i_{k+1}$，则从 i_1 到 i_m 有一条**有向路径**，并且将 i_1 称为 i_m 的**祖先**，i_m 是 i_1 **的后代**。在这项工作中，i 的所有祖先都由 $\boldsymbol{AN}_i^{\mathcal{G}}$ 表示，i 不是它自己的祖先。此外，i 既不是自身的后代，也不是自身的非后代。用 $\boldsymbol{DE}_i^{\mathcal{G}}$ 表示 i 的所有后代，用 $\boldsymbol{ND}_i^{\mathcal{G}}$ 表示 i 的所有非后代，不包括 i。在本书中，$\boldsymbol{ND}_i^{\mathcal{G}}$ 包括图 $\mathcal{G}$ 中 i 的父亲。一个没有父亲的节点称为**源节点**，一个没有孩子的节点称为**汇聚节点**。排列 π，即双射函数 $\pi:\{1, \cdots, d\} \rightarrow \{1, \cdots, d\}$，如果 $j \in \boldsymbol{DE}_i^{\mathcal{G}}$，则有 $\pi(i)<\pi(j)$，称 π 为**拓扑**或**因果排序**（见附录 B）。

如果图 $\mathcal{G}$ 中不存在有向环，即若不存在从 j 到 k 和从 k 到 j 的有向路径的对（j，k），则图 $\mathcal{G}$ 称为**部分有向无环图（PDAG）**。如果图 $\mathcal{G}$ 是一个部分有向无环图，并且所有的边都是有向的，那么 $\mathcal{G}$ 称为**有向无环图（DAG）**。

由于随后多次使用到 d 分离的概念，以定义的形式给出它的图概念（Pearl，1985,1988）。

㊀ 注意，这里不包括长度为 2 的环，但不排除较长的环。

定义 6.1（Pearl 的 d 分离） 在有向无环图 $\mathcal{G}$ 中，节点 i_1 和 i_m 之间的路径被一个集合 $\boldsymbol{S}$（$\boldsymbol{S}$ 中不包含 i_1 和 i_m）阻塞，对于任意一个节点 i_k，存在以下两种可能性之一：

1）$i_k \in \boldsymbol{S}$ 而且

$$i_{k-1} \to i_k \to i_{k+1}$$
$$\text{或 } i_{k-1} \leftarrow i_k \leftarrow i_{k+1}$$
$$\text{或 } i_{k-1} \leftarrow i_k \to i_{k+1}$$

2）i_k 及其后代都不在 $\boldsymbol{S}$ 中，且满足

$$i_{k-1} \to i_k \leftarrow i_{k+1}$$

在有向无环图 $\mathcal{G}$ 中，节点结合 $\boldsymbol{A}$、$\boldsymbol{B}$ 和 $\boldsymbol{S}$ 互不相交，如果 $\boldsymbol{A}$ 和 $\boldsymbol{B}$ 中节点之间的每条路径都被 $\boldsymbol{S}$ 阻塞，称集合 $\boldsymbol{A}$ 和 $\boldsymbol{B}$ 被 $\boldsymbol{S}$ d 分离，记为

$$\boldsymbol{A} \perp\!\!\!\perp_{\mathcal{G}} \boldsymbol{B} | \boldsymbol{S}$$

读者可参阅图 6.5，并确信对于有向无环图，有$C \perp\!\!\!\perp_{\mathcal{G}} G \,|\, X$，但是$C \not\perp\!\!\!\perp_{\mathcal{G}} G \,|\, (X,H)$。

6.2 结构因果模型

结构因果模型（SCM）在农业、社会科学和计量经济学等领域已经有了较长时间的应用（Wright, 1921; Haavelmo, 1944; Bollen, 1989），见第 2 章。例如，模型选择是通过对不同的结构进行拟合，这些结构根据系统的先前知识认为是合理的。然后这些候选结构使用合适的匹配测试进行比较。例如，本章将介绍 SCM 的语义，并学习如何使用它们来计算干预分布。整章将假设 SCM 或至少它的结构是给定的。第 7 章将讨论识别结构的问题。

定义 6.2（SCM） SCM $\mathfrak{C} := (\boldsymbol{S}, P_{\boldsymbol{N}})$ 由 d 个（**结构**）**赋值**的集合 $\boldsymbol{S}$ 组成：

$$X_j := f_j(\boldsymbol{PA}_j, N_j),\ j = 1, \cdots, d \tag{6.1}$$

式中，$\boldsymbol{PA}_j \subseteq \{X_1, \cdots, X_d\} \setminus \{X_j\}$ 为 X_j 的父节点集合。在噪声变量上联合分布 $P_{\boldsymbol{N}} = P_{N_1, \cdots, N_d}$，要求它们是相互独立的。也就是说，$P_{\boldsymbol{N}}$ 是一个乘积分布。

SCM 的图 $\mathcal{G}$ 是通过为每个 X_j 创建一个顶点，并从 $\boldsymbol{PA}_j$ 中的每一个父节点到 X_j 画边，即从式（6.1）左边的变量 X_k 开始向右边变量 X_j 画边（见图 6.1）。此后假设图是非循环的。

有时称 $\boldsymbol{PA}_j$ 的元素不仅是父节点，而且是 X_j 的**直接原因**，称 X_j 是其直接原因的**直接效果**。SCM 也被称为（非线性）结构方程模型。

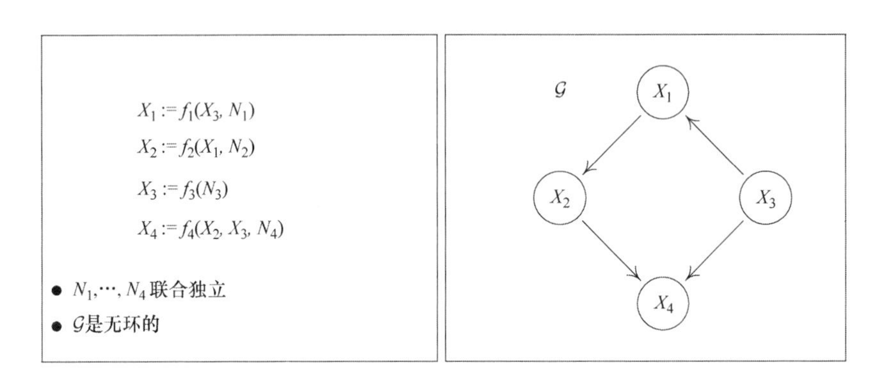

图 6.1　SCM（左）示例及相应的图（右）。这里只有一个因果有序 π（满足 $3 \mapsto 1, 1 \mapsto 2, 2 \mapsto 3, 4 \mapsto 4$）

尽管一些术语是因果关系（“直接原因”和“直接效果”），但定义 6.2 纯粹是数学的。6.8 节将它作为真实系统的模型讨论其作用。

SCM 是形式化因果推理和因果学习的关键。首先表明一个 SCM 蕴含一个观测分布。但与通常的概率模型不同的是，它们还蕴含一个干预分布（见 6.3 节）和反事实（见 6.4 节），如图 6.2 所示。

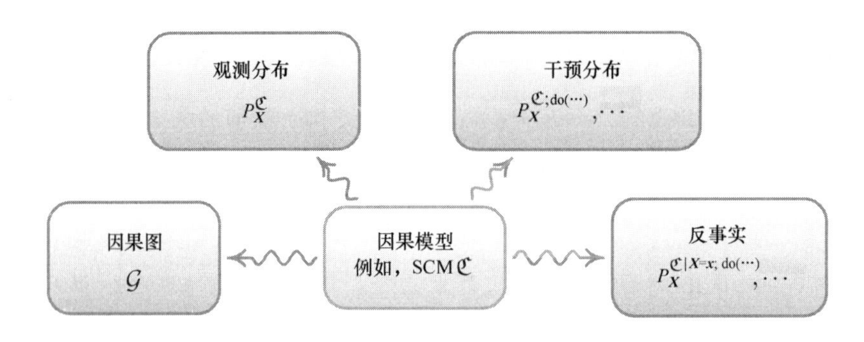

图 6.2　SCM 不仅模拟观测分布 P（命题 6.3），而且模拟干预分布（6.3 节）和反事实（6.4 节）

命题 6.3（蕴含分布） 一个 SCM $\mathfrak{C}$ 在变量 $\boldsymbol{X}=(X_1,\cdots,X_d)$ 上定义了一个唯一的分布，满足 $X_j=f_j(\boldsymbol{PA}_j,N_j)$，$j=1,\cdots,d$。称它为蕴含分布 $P_{\boldsymbol{X}}^{\mathfrak{C}}$，有时记为 $P_{\boldsymbol{X}}$。

这个证明可以在附录 C.2 中找到。它形式化了如何从联合分布中抽取 n 个数据点的过程（“原始抽样”）：首先生成一个 i.i.d. 样本 $\boldsymbol{N}^1,\cdots,\boldsymbol{N}^n\sim P_{\boldsymbol{N}}$，然后使用结构赋值（从源节点开始，然后是具有至多一个父节点等），生成 i.i.d. 数据点 $\boldsymbol{X}^1,\cdots,\boldsymbol{X}^n\sim P_{\boldsymbol{X}}$。结构赋值（6.1）应该被认为是一组赋值或函数（而不是一组数学方程），它告诉人们某些变量如何确定其他变量。这就是为什么人们更喜欢避免文献中常用的**结构方程**这个术语的原因。

代码片段 6.4 以下代码从图 6.2 所示 SCM 生成一个 i.i.d. 样本，结构分配 $f_1(x_3,n)=2x_3+n$, $f_2(x_1,n)=(0.5x_1)^2+n$, $f_3(n)=n$ 和 $f_4(x_2,x_3,n)=x_2+2\sin(x_3+n)$ 以及分别具有正态、卡方、均匀和正态分布的联合独立噪声变量。

```
# 从 SCM 蕴含的分布中生成样本
set.seed(1)
X3 <- runif(100)-0.5
X1 <- 2*X3 + rnorm(100)
X2 <- (0.5*X1)^2 + rnorm(100)^2
X4 <- X2 + 2*sin(X3 + rnorm(100))
```

备注 6.5（线性循环分配） 在本书中，主要关注非循环结构。现在简要讨论带有导致循环结构分配的线性 SCM，这些都很好理解（Lauritzen 和 Richardson, 2002; Lacerda 等人，2008; Hyttinen 等人，2012）。我们专注于直觉，不提供正式的讨论。Hyttinen 等人（2012）提供了线性情况的更多细节，Mooij 等人（2011）和 Bongers 等人（2016）讨论了非线性情况。

令 $\boldsymbol{X}=(X_1,\cdots,X_d)$，考虑赋值

$$\boldsymbol{X}:=B\boldsymbol{X}+\boldsymbol{N}$$

$d\times d$ 矩阵 B 允许循环结构和一些噪声向量 $\boldsymbol{N}=(N_1,\cdots,N_d)\sim P_{\boldsymbol{N}}$。形式上，如果 $I-B$ 可逆，对于 $\boldsymbol{N}$ 的每个值，前面的等式关于 $\boldsymbol{X}$ 具有唯一解，即

$$\boldsymbol{X}=(I-B)^{-1}\boldsymbol{N} \tag{6.2}$$

（另见问题 3.8）。式（6.2）明确定义了 $\boldsymbol{X}$ 上的联合分布。但其（因果）解释是什么？

一种可能性是将其解释为平衡过程的结果。考虑随机变量序列 $\boldsymbol{X}^t$，其迭代过程为

$$\boldsymbol{X}^t := B\boldsymbol{X}^{t-1}+\boldsymbol{N},\ t=1, 2, \cdots \tag{6.3}$$

如果当 $t\rightarrow\infty$ 时 $B^t\rightarrow 0$，序列 $\boldsymbol{X}^t$ 收敛，这相当于 B 的特征值在单位圆内。这比 $I-B$ 可逆要严格得多（见问题 6.60）。如果满足，极限的分布与式（6.2）产生的分布相同（见问题 6.61）。

在式（6.3）中，在每步迭代中增加了相同的噪声实现。如果更新每一步中的噪声，则 $\boldsymbol{X}^t$ 的极限分布会发生变化：

$$\boldsymbol{X}^t := B\boldsymbol{X}^{t-1}+\boldsymbol{N}^{t-1},\ t=1, 2, \cdots \tag{6.4}$$

$\boldsymbol{N}^1, \boldsymbol{N}^2, \cdots$是 $\boldsymbol{N}^t$ 的 i.i.d. 副本。这可以看作一个时间序列，将在 10.2 节讨论。

命题 6.3 表明每个 SCM 蕴含了一个分布。那另一个方向呢？任何一个分布是否都被一个 SCM 所蕴含？事实上，之后会看到（命题 7.1）每个分布都可以由其图结构是完全 DAG 的任何 SCM 产生（如果 DAG 的任何一对顶点连通，则称它是完全的）。这意味着 SCM 的（观察）模型类，也就是可以由一个 SCM 产生的分布的集合，它是所有分布的集合。

SCM 的定义允许变量出现在结构分配的右侧不会影响左侧变量。尽管这种双亲孩子关系在某种意义上是“不活跃的”，但它仍然在相应的图中显示为边。在形式上，通过以下讨论来排除这一点：

备注 6.6（SCM 的结构最小化） 可以读取定义 6.2，以区分两个 SCM：

$$\mathbf{S}_1:\ X := N_X,\ Y := 0\cdot X+N_Y$$
$$\mathbf{S}_2:\ X := N_X,\ Y := N_Y$$

即使显然 $0\cdot X=0$。这与人们的直觉相矛盾。因此，增加了函数 f_j 依赖于它们所有输入参数的要求。在数学上讲，每当有一个 $k\in\{1,\cdots,d\}$ 和一个函数 g，使得

$$f_k(\boldsymbol{pa}_k, n_k) = g(\boldsymbol{pa}_k^*, n_k), \qquad \forall \boldsymbol{pa}_k, \forall n_k \quad p(n_k) > 0 \tag{6.5}$$

式中，$\boldsymbol{pa}_k^* \subsetneq \boldsymbol{pa}_k$，选择后者表示。在前面的例子中，与 $\mathbf{S}_1$ 相比，将选择 $\mathbf{S}_2$，后面会看到，这两个 SCM 确实可以被识别，因为它们蕴含相同的观测分布、干预分布[㊀] 和反事实（见 6.8 节）。

此外，还有一种特殊的表示形式，其中每个函数都具有最少数量的输入。尽管这种说法看起来似乎合理，但在附录 C.3 中正式证明了这一点。可以说这样一个（最少）SCM 满足结构最小化[㊁]。从现在起，假设结构最小化成立。例如，相对于忠实性（见 6.5 节），这不是对潜在世界的假设。这是一个避免重复描述的惯例。

备注 6.7（与常微分方程的关系） 在备注 6.5 中，已经看到了 SCM 和离散时间模型之间的关系，现在想对连续时间模型发表评论。在物理系统中，经常会期望因果关系由耦合微分方程组控制。一个微分方程系统 $\dot{\boldsymbol{X}} = f(\boldsymbol{X})$ 可以近似表示为具有较小 $\Delta t > 0$ 的赋值 $\boldsymbol{X}_{t+\Delta t} := \boldsymbol{X}_t + \Delta t \cdot f(\boldsymbol{X}_t)$，因此它包含了细粒度时间尺度下的因果结构。一个干预可以在物理上执行将一个变量拉向期望值的强制项。在一定的稳定性假设下，可以通过分析平衡状态的行为来分析在时间无关条件下干预的效果。这蕴含一个 SCM 来描述这种动态系统的平衡状态如何对可观测量的物理干预做出反应（Mooij 等人，2013）。在 SCM 中，变量不再描述在特定时间点的测量。 在这一现象学层面上，原始的时间结构消失了。该框架原则上也适用于循环结构，但尚未解决随机情况，该理论仅限于确定性关系。这个缺点值得注意，因为不确定性可能来自许多来源，包括对微分方程的参数或初始条件的不完全了解，以及一如既往的混杂。这里不会再讨论关于从微分方程推导现象结构方程，更多细节参考相关文献（例如 Dash，2005；Hansen 和 Sokol，2014）。

这个讨论的主要目的是避免一个常见的误解。有时人们认为，指定变量引用的确切时间，使得一部分因果推理任务变得过时。这种观点得到了物理学的特别支持，通常情况下，每一次测量都可以唯一地分配给它所在时空的一个点。然而，这些论点表明，即使是

㊀ 不考虑结构分配固定，只改变噪声分布这种形式的干预，见式（6.5）。

㊁ 这一术语与因果最小不是一致的（定义 6.33）。因果最小隐含结构最小（命题 6.49），反之不成立，见问题 6.57。

物理学中的变量，也并不总是指那些处于明确时间的观测值，例如，因为它是由均衡情景引起的。

6.3 干预

现在对一个系统进行干预。直观地说，当对变量 X_2 进行干预，并将其设置为抛硬币的二值结果时，与前面没有干预相比，我们期望这种干预改变系统的分布。此外，即使变量 X_2 在之前受到其他变量的影响，它现在只受抛硬币影响：它的因果父节点已经改变。

在形式上，我们从 SCM $\mathfrak{C}$ 构建干预分布。它通过对 $\mathfrak{C}$ 进行修改，并考虑新的蕴含分布得到。一般而言，干预分布与观测分布不同。

定义 6.8（干预分布） 考虑一个 SCM $\mathfrak{C}:=(\boldsymbol{S}, P_{\boldsymbol{N}})$ 和它的蕴含分布$P_{\boldsymbol{X}}^{\mathfrak{C}}$。替换一个（或几个）的结构赋值获得一个新的 SCM $\tilde{\mathfrak{C}}$。例如，假设替换 X_k 的赋值

$$X_k := \tilde{f}(\widetilde{\boldsymbol{PA}}_k, \tilde{N}_k)$$

然后将新 SCM 的蕴含分布称为干预分布，并说所替换的结构赋值的变量已经进行了。记新的分布为[1]

$$P_{\boldsymbol{X}}^{\tilde{\mathfrak{C}}} =: P_{\boldsymbol{X}}^{\mathfrak{C};\mathrm{do}\left(X_k:=\tilde{f}(\widetilde{\boldsymbol{PA}}_k,\tilde{N}_k)\right)}$$

$\tilde{\mathfrak{C}}$ 的噪声变量集包含一些“新”$\tilde{N}$ 和一些“旧”N，所有这些都联合独立。

当 $\tilde{f}(\widetilde{\boldsymbol{PA}}_k, \tilde{N}_k)$ 将质点赋值为真实值 a 时，只是简单地写成 $P_{\boldsymbol{X}}^{\mathfrak{C};\mathrm{do}(X_k:=a)}$，并且称为**原子**干预[2]。对$\widetilde{\boldsymbol{PA}}_k = \boldsymbol{PA}_k$ 的干预，也就是说，直接原因仍然是直接原因，称为**不完善**[3]。这是**随**

[1] 尽管只要不产生环，父节点集可以任意改变，主要考虑干预，其新父节点集 $\widetilde{\boldsymbol{PA}}_k$ 等于 $\boldsymbol{PA}_k$ 或者为空集。

[2] 它也指**理想的**、**结构的**（Eberhardt 和 Scheines, 2007）、**有针对性的**（Pearl, 2009）、**独立的**或**确定的**（Korb 等人，2004）的干预。

[3] 它也指**参数的**（Eberhardt 和 Scheines, 2007）或者**依赖的**干预（Korb 等人，2004），或者更简单看作**机制改变**（Tian 和 Pearl，2001）。对于术语**软**干预，见 Eberhardt 和 Scheines（2007）、Eaton 和 Murphy（2007）以及 Markowetz 等人（2005）。

机干预的特例（Korb 等人，2004），其中干预变量的边缘分布有正的方差。

这里要求新的 SCM $\tilde{\mathfrak{C}}$ 有一个非循环图。允许的干预集取决于由 $\mathfrak{C}$ 产生的图。

代码片段 6.9 以下代码是对干预分布进行采样。代码从 SCM $\mathfrak{C}$ 开始，并考虑干预 do（X_2: = 3）。也就是说，对分布 $P_{\mathbf{X}}^{\mathfrak{C};do(X_2:=3)}$ 进行 i.i.d 采样。

```
# 由干预分布产生一个样本
set.seed(1)
X3 <- runif(100)-0.5
X1 <- 2*X3 + rnorm(100)
# old:
# X2 <- (0.5*X1)^2 + rnorm(100)^2
X2 <- rep(3,100)
X4 <- X2 + 2*sin(X3 + rnorm(100))
```

事实证明，干预的概念是建模分布差异、理解因果关系的强大工具。下面通过一些例子来说明这一点。

例 6.10（预测和干预目标） 这个例子考虑预测。它表明，尽管一些变量可能是一个目标变量 Y 好的预测，干预它们可能会使目标变量不受影响。考虑 SCM $\mathfrak{C}$：

$$
\begin{aligned}
X_1 &:= N_{X_1} \\
Y &:= X_1 + N_Y \\
X_2 &:= Y + N_{X_2}
\end{aligned}
$$

$X_1 \rightarrow Y \rightarrow X_2$

式中，N_{X_1}、$N_Y \overset{\text{iid}}{\sim} \mathcal{N}(0, 1)$；$N_{X_2} \sim \mathcal{N}(0, 0.1)$，且相互独立。假设对从 X_1 和 X_2 预测 Y 感兴趣。显然，X_2 比 X_1 更好地预测 Y，例如，没有 X_2 的线性模型比没有 X_1 的线性模型导致（明显）更大的均方误差。但是，如果想改变 Y，对 X_2 的干预是无用的：

$$P_Y^{\mathfrak{C};do\left(X_2:=\tilde{N}\right)} = P_Y^{\mathfrak{C}} \quad \text{对于所有的变量 } \tilde{N}$$

换句话说，无论干预 X_2 多么强烈，Y 的分布保持不变。 但是，对 X_1 的干预确实改变了 Y 的分布：

$$P_Y^{\mathfrak{C};do\left(X_1:=\tilde{N}\right)} = \mathcal{N}\left(\mathbb{E}[N_Y] + \mathbb{E}[\tilde{N}], \text{var}[N_Y] + \text{var}[\tilde{N}]\right) \neq P_Y^{\mathfrak{C}}$$

如果 $P_{\tilde{N}} \neq P_{N_{X_1}}$。

这个例子也可以用来表明干预通常不同于条件作用：

$$p_Y^{\mathfrak{C};\mathrm{do}(X_2:=x)}(y) = p_Y^{\mathfrak{C}}(y) \neq p_Y^{\mathfrak{C}}(y|X_2 = x)$$

例 6.11（近视） 下面的案例研究是一个将统计相关错误地解释为直接的因果关系的例子（众多中的一个）。当只有少量背景知识时，人类似乎特别容易受这种错误的因果结论的影响。一项研究是在儿童房间使用夜灯和发生近视之间建立相关性（Quinn 等人，1999，113 页）。虽然作者谨慎地说，研究“不建立因果关系”，他们补充说：“相关性的统计强度……确实表明童年时期每天缺少黑暗是形成近视的一个潜在因素。”根据这些发现，申请了一项专利（Peterson，2005）。它建议，如果干预变量夜灯，这会改变产生近视的概率。

随后，Gwiazda 等人（2000）和 Zadnik 等人（2000）发现这种相关性取决于孩子的父母是否近视。他们认为近视父母更有可能在孩子的房间里放一盏夜灯，同时，孩子继承这种状态的风险就会增加。因此，假设底层（“正确的”）SCM 是这种形式：

$$\mathbf{S}: \quad \begin{array}{rcl} \mathrm{PM} & := & N_{\mathrm{PM}} \\ \mathrm{NL} & := & f(\mathrm{PM}, N_{\mathrm{NL}}) \\ \mathrm{CM} & := & g(\mathrm{PM}, N_{\mathrm{CM}}) \end{array}$$

式中，PM 代表父母近视；NL 代表夜间照明；CM 代表儿童近视。相应的图如下：

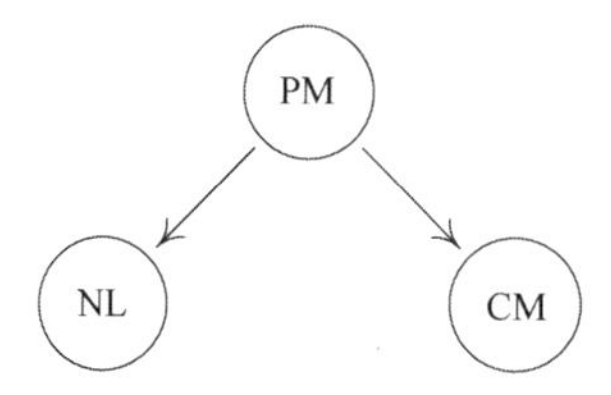

在他们的论文中，Quinn 等人（1999）发现 NL $\not\perp\!\!\!\perp$ CM，与模型一致（假设忠实性，见定义 6.33）。现在将 NL 的结构赋值替换为 NL $:= \tilde{N}_{\mathrm{NL}}$，其中 $\tilde{N}_{\mathrm{NL}}$ 可以从三个夜晚的光线条件（“黑暗”“夜间照明”和“房间光线”）中随机等概率选择一个。在相应的干预分布中

$$P_{\mathrm{NL,CM}}^{\mathfrak{C};\mathrm{do}(\mathrm{NL} := \tilde{N}_{\mathrm{NL}})}$$

可以发现，因为 CM : = $g(N_{\text{PM}}, N_{\text{CM}})$，所以有 NL $\perp\!\!\!\perp$ CM。这与$\tilde{N}_{\text{NL}}$的分布无关。可以说从 NL 到 CM 没有因果关系。

在例 6.11 的最后结论句的启发下，定义了总因果效应的存在（Pearl，2009，“总因果效应”）。

定义 6.12（总因果效应） 给定一个 SCM $\mathfrak{C}$，从 X 到 Y 的总因果效应存在，当且仅当

$$X \not\perp\!\!\!\perp Y \text{ 在 } P_X^{\mathfrak{C};\,\text{do}\left(X:=\tilde{N}_X\right)} \text{ 中}$$

对于一些随机变量$\tilde{N}_X$。

除了定义 6.12 中的概念，还有其他概念可以直观地描述总因果效应的存在。然而，事实证明，人们可能会想到的语句中大多数是等价的。以下命题的证明见附录 C.4。

命题 6.13（总因果效应） 给定一个 SCM $\mathfrak{C}$，下列语句是等价的：

1）有一个从 X 到 Y 的总因果效应。

2）存在 $x^{\triangle}$和 $x^{\square}$，使得$P_Y^{\mathfrak{C};\,\text{do}\left(X:=x^{\triangle}\right)} \neq P_Y^{\mathfrak{C};\,\text{do}\left(X:=x^{\square}\right)}$。

3）存在 $x^{\triangle}$使得$P_Y^{\mathfrak{C};\,\text{do}\left(X:=x^{\triangle}\right)} \neq P_Y^{\mathfrak{C}}$。

4）在 $P_{X,Y}^{\mathfrak{C};\,\text{do}\left(X:=\tilde{N}_X\right)}$ 中，$X \not\perp\!\!\!\perp Y$，对任何有完全支撑集的分布$\tilde{N}_X$。

毫不奇怪，总因果效应的存在与在相应的图中存在有向路径有关，但不是一对一的。虽然有向路径对于总因果效应是必要的，但是不充分。

命题 6.14（总因果效应的图准则） 考虑 SCM $\mathfrak{C}$，其相应图为 $\mathcal{G}$。

1）如果没有从 X 到 Y 的有向路径，那么没有总因果效应。

2）有时候有一条有向的路径，但没有总因果效应。

证明见附录 C.5。

例 6.15（随机试验） 因果效应的定义通过随机试验来实现。在那些研究中，根据$\tilde{N}_T$随机分派治疗 T 给患者，例如，观察（二元）治愈变量 R。假定 T 取三个可能的值（$T=0$：没有药物；$T=1$：安慰剂；$T=2$：感兴趣的药物），并且 $\tilde{N}_T$ 在这三种可能中随机选择一个：$P(\tilde{N}_T=0)=P(\tilde{N}_T=1)=P(\tilde{N}_T=2)=1/3$。在 SCM 中，随机化通过来自如下分布观测到的数据建模：

$$P_{\mathbf{X}}^{\mathfrak{C};\mathrm{do}(T:=\tilde{N}_T)}$$

式中，$\mathfrak{C}$ 表示没有随机化的原始 SCM。如果仍然找到治疗与康复之间的依赖关系，可以推断，T 对治愈有一个总因果效应。然而，它可能会产生完全独立于药物类型的总因果效应。一个简单的描述如图 6.3 所示。独立于内容服用药物时，患者的心理（P）发生变化，这反过来会影响恢复。假设这个安慰剂和感兴趣的药物的**安慰剂效应**是相同的。也就是说，结构赋值 P 满足

$$f_P(T=0,N_P)\neq f_P(T=1,N_P)=f_P(T=2,N_P)$$

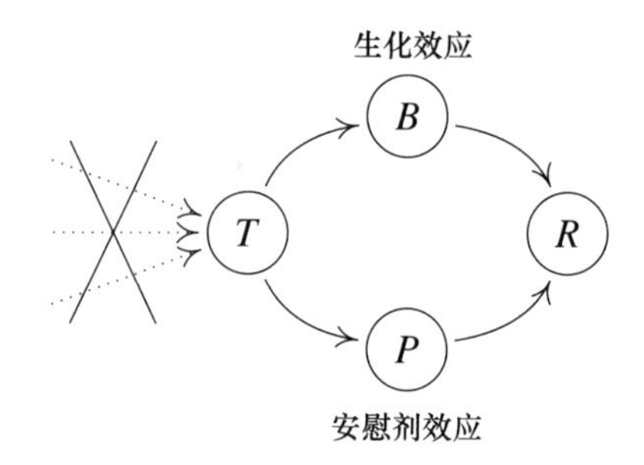

图6.3 随机研究的简化描述。T表示治疗，P和B分别表示患者的心理和一些生化状态，R表示患者是否康复。T 上的随机化消除了 T 上任何其他变量的影响，因此 T 和 R 之间不存在任何隐藏的共同原因。区分两种不同的效应：通过 P 的安慰剂效应和通过 B 的生化效应

在药物研究中，与安慰剂效应相比，人们对生物化学效应更感兴趣。因此，将随机化限制在安慰剂和感兴趣的药物上，即 $P(\tilde{N}_T=0)=0$。如果仍然在治疗 T 和恢复 R 之间看到依赖，这必定是由于生物生化效应引起的。

描述使用随机试验进行因果学习想法的（使用不同的数学语言）是 Peirce（1883）以及 Peirce 和 Jastrow（1885），后来是 Neyman（见 Splawa-Neyman 等人，1990，翻译和编辑原始文章的版本）和 Fisher（1925）。大部分的工作是在农业中的应用。

早期的实例是 James Lind 进行的一项随机试验。18 世纪，英国因坏血病失去的士兵比军事行动更多。维生素 C 及其与坏血病的关系仍不清楚。苏格兰医生 James Lind（1716—1794）在一艘船上担任外科医生并报告如下实验（在 Bhatt 后引用，2010）：

1747 年 5 月 20 日，在海上，登上 Salisbury 号，我选择了 12 位坏血病患者，他们的情况与我所能知道的相似。他们一般都有腐烂的牙龈、斑点和倦怠，膝盖无力……两人被命令每人每天服用 1 夸脱（$0.001136m^3$）的苹果汁。另外两人服用了 25 滴药剂，每天三次……两个人服用两勺醋，每天三次……两个最差的病人被放在海水中……另外两个人每人每天给他们两个橘子和一个柠檬……剩下的两个病人，采取……由医院的外科医生推荐的方法……结果是，最意外的，可见的最好的效果是使用橘子和柠檬的人，其中一人 6 天后开始值班。

读者会注意到，该试验不是完全随机化的，但历史的好奇心弥补了这一点。

例 6.16（肾结石） 表 6.1 显示了一个著名肾结石治愈数据集（Charig 等人，1986）。在 700 名患者中，有一半进行了外科手术（治疗方案 $T = a$，78% 的治愈率），另一半是经皮肾镜取石术（$T = b$，治愈率 83%），手术方式为通过小的穿孔清除肾结石。例如，如果人们除了整体治愈率什么都不知道，并且忽视副作用，如果他们能选择，很多人更喜欢治疗方案 b。更多地观察数据细节，可以将肾结石分为小石头和大石头。人们意识到外科手术在这两个类别中表现得更好。如何处理这个相反的结论？

首先给出一个直观的解释。大石头比小石头更严重（见表 6.1），治疗方案 a 必须处理更多这些困难病例（尽管分配给治疗方案 a 和治疗方案 b 的患者总数相等）。这就是为什么治疗方案 a 在整个组中可能看起来比治疗方案 b 更糟，但是在两组中较好。例如，如果内科医生认为治疗方案 a 比治疗方案 b 好，那么他将困难病例分配给 a 的概率更高，这就产生了分配的不均衡性。

表 6.1 典型的辛普森悖论示例。本表描述了两种肾结石治疗方案的成功率（Bottou 等人，2013；Charig 等人，1986，表 I 和表 II）。尽管治疗方案 b 的整体成功率似乎更好，对于具有小的肾结石和更大的肾结石病人，治疗方案 b 比 a 更差，见例 6.37 和 9.2 节

	总体	小肾结石患者	大肾结石患者
治疗方案 a: 外科手术	78%（273/350）	93%（81/87）	73%（192/263）
治疗方案 b: 经皮肾镜取石术	83%（289/350）	87%（234/270）	69%（55/80）

作为另一种观点，建议使用干预语言形式化人们感兴趣的确切问题。这不是治疗方案 $T = a$ 或治疗方案 $T = b$ 在这项特殊研究中是否更成功，而是当强迫所有患者接受治疗方案 a 或者 b 时，如何比较。或者随机地给患者分配治疗方案，如何比较治愈率。这三个问题都涉及干预分布，它不同于观测分布 $P_{\mathbf{X}}$。特别地，它对应于$P^{\mathfrak{C};do(T:=a)}$、$P^{\mathfrak{C};do(T:=b)}$或$P^{\mathfrak{C};do(T:=\tilde{N}_T)}$。本书会在例 6.37 中计算这些干预分布，将看到相对于治疗方案 b，为什么更倾向治疗方案 a。这个数据集是辛普森悖论（Simpson，1951）的一个著名的例子（见 9.2 节）。事实上，它更不是一个悖论而是混杂影响的结果，也就是隐藏的共同原因。

如果对数据执行显著性检验（例如，使用比例测试或 $\mathcal{X}^2$ 独立性测试），事实证明，在 5% 的显著性水平上，方法的差异并不重要。但是请注意，这不是这个例子的要点。通过将表 6.1 中的每个条目乘以 10，结果就会具有统计意义，这里专注于治愈变量 R 并忽略可能的副作用，这也可能会影响治疗方案的选择。

干预变量 现在描述另一种形式化干预的方法，例如，见 Dawid（2015）或 Pearl（2009，3.2.2 节）。人们增广 SCM $\mathfrak{C}$，因此其 DAG 具有无父节点的节点 I_1，I_2，…，I_d，称为“干预变量”，分别指向 X_1，…，X_d。为简单起见，在这里只讨论单个节点上的干预。每个 I_j 要么为虚值（idle）或 X_j 可能取的值 x_j。那么 $I_j =x_j$ 意味着 X_j 设置为值 x_j，而 I_j = idle 表示 X_j 没有被干预。因此，可以替代结构赋值：

$$X_j := f_j(\boldsymbol{PA}_j, N_j)$$

以

$$X_j := \begin{cases} f_j(\boldsymbol{PA}_j, N_j) & \text{如果 } I_j = \text{idle} \\ I_j & \text{其他} \end{cases}$$

并为 I_1，…，I_d 添加赋值，所有这些仅由噪声变量确定。给 I_j 所有可能值添加非零概率（或概率密度）之后，原始 SCM $\mathfrak{C}$ 的干预概率变为增广 SCM 中通常的条件概率 $\mathfrak{C}^*$：

$$P_Y^{\mathfrak{C};\text{do}\left(X_j:=x_j\right)} = P_{Y \mid I_j=x_j}^{\mathfrak{C}^*}$$

见备注 6.40。此外，变量的干预是否改变某一目标分布的陈述，变成通常意义上条件独立的陈述。

6.4 反事实

反事实的定义和解释在相关文献中受到了很多关注。它们处理以下情况：假设在玩扑克，起手牌有梅花 J 和梅花 3；停止玩，因为估计胜的概率太小，不想损失更多的钱。台面上发了三张牌（"翻牌"），它们是梅花 4、梅花 Q 和梅花 2。这时的反应是一个典型的反事实陈述:"如果留在比赛中，机会会很好。"（同一花色的五张牌是第五高牌手，被称为"同花"，甚至有机会是"同花顺"，这是第二高的牌手）。该声明将观察到的数据（手牌和翻牌）并入模型中，然后分析干预分布（留在游戏中），其中环境的场景不变（相同的牌）。形式上，这对应于更新 SCM（通过条件作用）的噪声分布然后干预。

定义 6.17（反事实） 在节点 $\boldsymbol{X}$ 上考虑一个 SCM $\mathfrak{C} := (\boldsymbol{S}, P_{\boldsymbol{N}})$。给定一些观测 $\boldsymbol{x}$，通过替换噪声变量的分布，定义一个反事实的 SCM：

$$\mathfrak{C}_{\boldsymbol{X}=\boldsymbol{x}} := \left(\boldsymbol{S}, P_{\boldsymbol{N}}^{\mathfrak{C}\mid \boldsymbol{X}=\boldsymbol{x}}\right)$$

式中，$P_{\boldsymbol{N}}^{\mathfrak{C}\mid \boldsymbol{X}=\boldsymbol{x}} := P_{\boldsymbol{N}\mid \boldsymbol{X}=\boldsymbol{x}}$ [⊖]。新的噪声变量集合不再需要联合独立，现在，新的反事实 SCM

⊖ 在连续的情况下，因为条件分布通常只定义为空集，所以该定义会带来度量理论问题。为了使得更容易，把反事实限制在离散情况下，也就是说，当噪声分布有一个概率质量函数时。对于具有连续变量的密度，以 $\boldsymbol{X} \in A$ 且 $P(\boldsymbol{X} \in A) > 0$ 为条件，代替 $\boldsymbol{X}=\boldsymbol{x}$。

中，反事实陈述可以被看作 do 语句。

这一定义可以推广如下：不仅可以观测全变量 $\boldsymbol{X}=\boldsymbol{x}$，还可以仅仅是变量的部分。

例 6.18（计算反事实） 考虑以下 SCM：

$$X := N_X$$
$$Y := X^2 + N_Y$$
$$Z := 2Y + X + N_Z$$

式中，N_X、N_Y、N_Z $\overset{\text{iid}}{\sim}$ U（{–5，–4，⋯，4, 5}），均匀地分布在 –5~5 的整数上。现在假设观察到（X，Y，Z）=（1，2，4）。然后 $P_{\boldsymbol{N}}^{\mathfrak{C}|\boldsymbol{X}=\boldsymbol{x}}$ 将质点放在（N_X，N_Y，N_Z）=（1，1，–1），因为这里的噪声可以从观察结果中唯一重构。因此，[在（X,Y,Z）=（1,2,4）的上下文中] 有一个反事实陈述："若当初 X 取值 2，则 Z 会取值 11"。数学上，这表示 $P_Z^{\mathfrak{C}|\boldsymbol{X}=\boldsymbol{x}\,;\,do(X:=2)}$ 有质点 11。同样，得到 "若当初 X 取值 2，则 Y 会取值 5" "若当初 Y 取值 5，则 Z 会取值 10"。

由于反事实的构建涉及几个步骤，它的记号法看起来相当复杂[⊖]。希望下图能够进一步澄清：

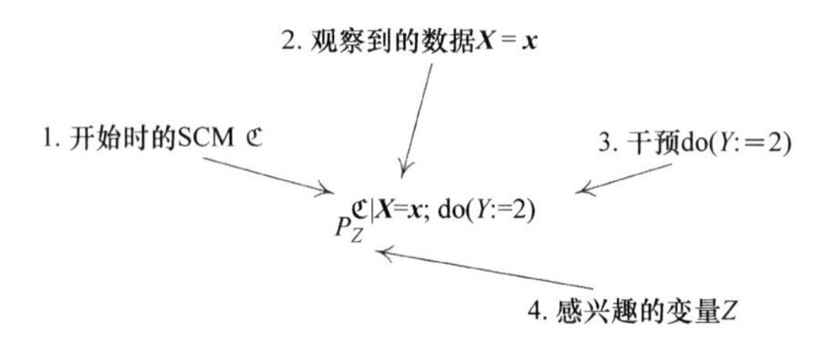

反事实陈述强烈依赖于 SCM 的结构。下面的例子显示了两个 SCM 模型，具有相同的图、观察分布和干预分布，但是引起的反事实陈述不同。随后，我们称这些 SCM "概率上和干预上相同"，而不是 "反事实上相同"（见定义 6.47）。

例 6.19 令 N_1，N_2 ~ Ber（0.5）和 N_3 ~ U（{0,1,2}），三个变量联合独立。也就是说，N_1、N_2 是参数为 0.5 的 Bernoulli 分布，N_3 均匀分布在 {0,1,2} 上。定义两个不同的 SCM。

⊖ Pearl（2009）使用更简单的记号 $Z_y(\boldsymbol{u})$，这里下角 y 指干预 do($Y := y$)，$\boldsymbol{u}$ 表示关于误差项的附加信息，例如，称 $\boldsymbol{u}$ 可能被 $\boldsymbol{X} = \boldsymbol{x}$ 隐含。

首先考虑 $\mathfrak{C}_A$：

$$
\begin{aligned}
X_1 &:= N_1 \\
X_2 &:= N_2 \\
X_3 &:= (1_{N_3>0} \cdot X_1 + 1_{N_3=0} \cdot X_2) \cdot 1_{X_1 \neq X_2} + N_3 \cdot 1_{X_1 = X_2}
\end{aligned}
$$

如果 X_1 和 X_2 有不同的值，根据 N_3，选择 $X_3 = X_1$ 或 $X_3 = X_2$。否则 $X_3 = N_3$。现在，$\mathfrak{C}_B$ 仅在如下情况下与 $\mathfrak{C}_A$ 不同：

$$
\begin{aligned}
X_1 &:= N_1 \\
X_2 &:= N_2 \\
X_3 &:= (1_{N_3>0} \cdot X_1 + 1_{N_3=0} \cdot X_2) \cdot 1_{X_1 \neq X_2} + (2 - N_3) \cdot 1_{X_1 = X_2}
\end{aligned}
$$

两个 SCM 都蕴含相同的观测分布。对于任何可能的干预，它们都蕴含相同的干预分布[⊖]，但是这两种模式在反事实陈述中有所不同。假设已经做了一个观察（X_1, X_2, X_3）=（1,0,0），人们感兴趣的反事实问题是“如果当初 X_1 取值 0，则 X_3 会取值多少？”根据这两个 SCM，有 $N_3 = 0$，因此对于两个 SCM，当 X_1 的反事实改变时（即分别为 0 和 2），对 X_3“预测”不同值。

上面的例子隐含两个方面：①两个 SCM 对应相同的因果图模型（见 6.5.2 节），从这个意义上说，因果图模型不足以预测反事实；②在 6.8 节中，将干预分布与现实世界的随机实验联系起来。对于这个例子，为了区分 $\mathfrak{C}_A$ 和 $\mathfrak{C}_B$，不能使用随机试验或观察数据。因此，如果对反事实陈述感兴趣，需要额外的假设来区分 $\mathfrak{C}_A$ 或 $\mathfrak{C}_B$。

现总结一些反事实的性质。

备注 6.20

1）反事实陈述是不可传递的。在例 6.18 中，给定观察值（X, Y, Z）=（1,2,4），

“如果当初 X 取值 2，则 Y 会取值 5”，

⊖ 在这个例子里，观察分布关于基本图（这里 $X_1 \rightarrow X_3 \leftarrow X_2$）满足因果最小，见定义 6.33。另一个例子见 3.4 节，它不是很复杂，但是违反了因果最小。

“如果当初 Y 取值 5，则 Z 会取值 10”，

并且“如果当初 X 取值 2，则 Z 不会取值 10”。

因此，不能简单地引入新变量 $\tilde{X}$ 和 $\tilde{Y}$，解释“如果当初 X 取值 2，则 Y 会取值 5”，为逻辑蕴含形式“ $\tilde{X}=2 \Rightarrow \tilde{Y}=5$”。在前面的例子中，非传递性是由于从 X 到 Z 的直接连接，也就是说，存在从 X 到 Z 不通过 Y 的路径。在干预分布中存在同样的反例。

2）关于反事实人们通常会想：“我应该乘火车。”“你记得 2000 年 9 月 11 日我们去纽约的航班吗？想象一下，如果我们是在一年后乘飞机！”或者“我们应该在 2014 年 12 月投资 CHF！”这只是一些例子。有趣的是，这有时候会与最优决策有关——基于可利用的信息。假定如果你能预测抛硬币的结果，有人给你 10000 美元。如果你预测正面朝上，结果输了，那么人们可能会想：“我为什么不说‘反面朝上’？”尽管他们没有办法知道结果。Roese（1997）、Byrne（2007）以及其他人提供了反事实思维的心理学含义。讨论反事实陈述是否包含任何有助于在未来做出较好选择的信息是有意义的，但是这超出了本书的范围，另见 Pearl（2009，第 4 章）。

3）不讨论反事实在法律制度中的作用。是否以及如何将反事实作为判决的基础（见例 3.4），是一个有趣的问题。

4）人们思考反事实很长时间了。它是历史学家的一种流行工具。例如，Titus Livius 在公元前 25 年讨论了如果亚历山大大帝没有在亚洲去世并袭击了罗马，将会发生什么事情（Geradin 和 Girgenson，2011）。Paul 写给 Corinthians 的第一封信（7：29~7：31）说：“但我这样说，兄弟们：时间很短，从现在起，有妻子的人可能就好像没有；那些哭泣的人，好像他们没有哭；还有那些庆祝的人，好像他们没有庆祝；那么买了的东西的人，他们好像没有拥有；那些利用世界的人，他们并没有充分利用”。

5）可以将干预陈述想象为数学上构建（随机）实验。反事实陈述，在现实中没有可比较的对应物。有人认为许多反事实陈述不能被证伪，因此这些不应用于科学研究（Popoer，2002）。但是，请注意，有时可以制定可以被证伪的反事实陈述（例如，样本中相应实例的噪声项的实际值在回顾过程中变得明显，见例 3.4）。此外，人们所描述的反事实是假定一

个 SCM 的结果。因此，另一个可证伪的目标也可以是该 SCM，而不是反事实陈述。例如，使用该 SCM 所涉及的科学领域的方法，这或许可行[⊖]。

这些讨论引人深思。例如，这里不会进一步深入讨论反事实陈述的解释以及它们应如何或可以在法庭案例中使用。关于这方面的深入思考超出了作者的专业知识。请参阅 Halpern（2016），他讨论了一些事件是其他一些事件的“实际原因”意味着什么。

6.5 马尔可夫性、忠实性和因果最小性

6.5.1 马尔可夫性

马尔可夫性是一个常用的假设，它是图形模型的基础。当分布关于图满足马尔可夫性时，该图在分布中存在某些独立性，可以利用它来有效地计算或存储数据。马尔可夫性存在于有向图和无向图中，并且这两个类包含不同的独立性（Koller 和 Friedman, 2009）。然而，在因果推理中，人们主要关注有向图。对因果推理的许多介绍都是从假定马尔可夫性开始的。相反，在本书中，假定存在一个潜在的 SCM。将在命题 6.31 中看到，这足以证明马尔可夫性。但先来定义它。

定义 6.21（马尔可夫性） 给定一个 DAG $\mathcal{G}$ 和一个联合分布 $P_{\mathbf{X}}$，这个分布被认为满足：

1）关于 DAG $\mathcal{G}$ 的全局马尔可夫性，如果

$$\boldsymbol{A} \perp\!\!\!\perp_{\mathcal{G}} \boldsymbol{B} | \boldsymbol{C} \Rightarrow \boldsymbol{A} \perp\!\!\!\perp \boldsymbol{B} | \boldsymbol{C}$$

对于所有不相交的顶点集合 $\boldsymbol{A}$、$\boldsymbol{B}$、$\boldsymbol{C}$（符号 $\perp\!\!\!\perp_{\mathcal{G}}$ 表示 d 分离，见定义 6.1）。

2）关于 DAG $\mathcal{G}$ 的局部马尔可夫性，如果给定它的父节点，每个变量与它的非后代节点独立，以及

⊖ 注意，如 3.4 节所述，重新参数化的自由始终存在。

3）关于 DAG 的**马尔可夫因式分解性**，如果

$$p(\boldsymbol{x})=p(x_1,\cdots,x_d)=\prod_{j=1}^{d}p(x_j|\boldsymbol{pa}_j^{\mathcal{G}})$$

对于最后一个性质，必须假设 $P_{\boldsymbol{X}}$ 具有密度 p。乘积中的因数是指描述条件分布$P_{X_j|\boldsymbol{PA}_j^{\mathcal{G}}}$ **因果马尔可夫核**。

事实证明，只要联合分布具有密度[㊀]，这三个定义是等价的。

定理 6.22（马尔可夫性的等价） 如果 $P_{\boldsymbol{X}}$ 具有密度 p，则定义 6.21 中的所有马尔可夫性都是等价的。

例如，该证明可以在 Lauritzen（1996）的定理 3.27 中找到。

例 6.23 分布 P_{X_1,X_2,X_3,X_4} 关于图 6.1 所示的图 $\mathcal{G}$ 具有马尔可夫性，根据 1）或者 2）：

$$X_2 \perp\!\!\!\perp X_3|X_1 \text{ 和 } X_1 \perp\!\!\!\perp X_4|X_2,X_3$$

或者根据 3）：

$$p(x_1,x_2,x_3,x_4)=p(x_3)p(x_1|x_3)p(x_2|x_1)p(x_4|x_2,x_3)$$

将在后面的命题 6.31 中看到一个 SCM 所蕴含的分布关于该 SCM 的图具有马尔可夫性，这些条件确实满足了图 6.1 中左边的 SCM 所蕴含的分布 P_{X_1,X_2,X_3,X_4}，直观地说，$X_2 \perp\!\!\!\perp X_3|X_1$ 是合理的：考虑路径 $X_2 \leftarrow X_1 \leftarrow X_3$，如果已经知道 X_1，那么关于 X_2，X_3 不会提供任何新信息。从这个意义上说，SCM 的图结构在联合分布中留下了一些“痕迹”。

马尔可夫条件将图的可分离性与条件独立性关联起来。然而，不同的图，有可能有相同的条件独立性。

定义 6.24（图的马尔可夫等价性） 用 $\mathcal{M}(\mathcal{G})$ 表示关于 $\mathcal{G}$ 满足马尔可夫性的分布的集合：

㊀ 本书总是考虑与产品度量有关的密度。

$$\mathcal{M}(\mathcal{G})=\{P:P\text{ 满足关于 }\mathcal{G}\text{ 的全局（或局部）马尔可夫性}\}$$

如果 $\mathcal{M}(\mathcal{G}_1)=\mathcal{M}(\mathcal{G}_2)$，则两个 DAG $\mathcal{G}_1$ 和 $\mathcal{G}_2$ 马尔可夫等价。当且仅当 $\mathcal{G}_1$ 和 $\mathcal{G}_2$ 满足相同的 d 分离，马尔可夫性蕴含了相同的条件独立性，就是这种情况。

与某一 DAG 马尔可夫等价的所有 DAG 的集合称为**马尔可夫等价类** $\mathcal{G}$。它可以通过完备的 PDAG 表示，记为 CPDAG($\mathcal{G}$) = (V, $\mathcal{E}$)，它包含边 $(i, j)\in\mathcal{E}$，当且仅当包含马尔可夫等价类中的有一个成员包含该边，如图 6.4 所示。

根据这个定义，确定两个 DAG 是否是马尔可夫等价是一个非平凡的问题。幸运的是，Verma 和 Pearl（1991）提供了一个简洁的描述，另见 Frydenberg（1990）。

引理 6.25（马尔可夫等价的图标准） 两个 DAG $\mathcal{G}_1$ 和 $\mathcal{G}_2$ 是马尔可夫等价，当且仅当它们具有相同的骨架和相同的非正则结构。

这里，如果 $A\rightarrow B\leftarrow C$，且 A 和 C 没有直接连接（见 6.1 节），则 DAG 中的三个节点 A、B 和 C 形成 **v 结构**或**非正则结构**。

图 6.4 显示了两个马尔可夫等价图（中间和左边）的例子。这些图共享相同的骨架，并且它们都只有一个非正则结构：$X\rightarrow Z\leftarrow V$。在相应的 CPDAG 中（见图 6.4 右边），并非所有有向边都是一个非正则结构的一部分。例如，边 $Z\rightarrow Y$ 需要以避免 v 结构 $Y\rightarrow Z\leftarrow V$。此外，$X\rightarrow Y$ 防止了有向循环的存在。

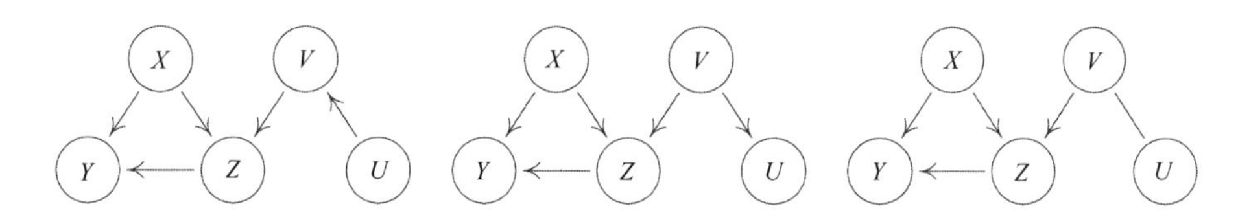

图 6.4　两个马尔可夫等价 DAG（左边）；在相应的马尔可夫等价类中只有两个 DAG，可以通过右边的 CPDAG 表示

现在介绍马尔可夫毯（Markov blanket）概念（Pearl，1988），当试图根据所有其他变量的观测值预测目标变量 Y 的值时，它变得相关。人们可能会想知道什么是最小的一组变量，这些变量的知识会使其余的变量与预测任务无关。

定义 6.26（马尔可夫毯） 考虑一个 DAG $\mathcal{G} = (\boldsymbol{V},\mathcal{E})$ 和一个目标节点 Y。Y 的马尔可夫毯是最小的集合 $\boldsymbol{M}$，满足

$$Y \perp\!\!\!\perp_{\mathcal{G}} \boldsymbol{V} \setminus (\{Y\} \cup \boldsymbol{M}) \text{ 给定} \boldsymbol{M}$$

如果 $P_{\boldsymbol{X}}$ 关于 $\mathcal{G}$ 具有马尔可夫性，则

$$Y \perp\!\!\!\perp \boldsymbol{V} \setminus (\{Y\} \cup \boldsymbol{M}) \text{ 给定} \boldsymbol{M}$$

换句话说，给定 $\boldsymbol{M}$，其他变量不提供关于 Y 的更多信息。在理想化的回归环境中，只需要包含在 $\boldsymbol{M}$ 中的变量来预测 Y。这并不意味着在有限的样本环境中，其他变量是无用的。如果 Y 对其马尔可夫毯 $\boldsymbol{M}$ 的相关性与给定回归方法中使用的先验或函数类不能很好地吻合，那么加入 $\boldsymbol{M}$ 之外的变量可能会提高对 Y 的预测能力。

对于 DAG，人们知道马尔可夫毯看起来是什么样。Y 的马尔可夫毯 $\boldsymbol{M}$ 不仅包含它的父节点，还包含它的子节点，以及子节点的父节点（Pearl，1988）。

命题 6.27（马尔可夫毯） 给定一个 DAG $\mathcal{G}$ 和目标节点 Y。则 Y 的马尔可夫毯 $\boldsymbol{M}$ 包含它的父节点、子节点和子节点的父节点：

$$\boldsymbol{M} = \boldsymbol{PA}_Y \cup \boldsymbol{CH}_Y \cup \boldsymbol{PA}_{\boldsymbol{CH}_Y}$$

到目前为止，已经讨论了分布和图的马尔可夫性。现在，想讨论它的一些因果含义。马尔可夫性可以用来证明 Reichenbach 的共同原因原则（原则 1.1）。回想一下，它指出，当随机变量 X 和 Y 是相关的时，这种相关必定有一个“因果解释”：

1）X（可能间接）导致 Y；

2）Y（可能间接）导致 X；

3）存在（可能间接地）导致 X 和 Y 两者的（可能未观察到的）共同原因 Z。

在这里，我们没有进一步说明“导致（causing）”这个词的含义。下面的命题证明了 Reichenbach 关于“causing”的弱概念原则，即存在一条有向路径。

命题 6.28（Reichenbach 的共同原因原则） 假设任何一对变量 X 和 Y 在如下意义下可以嵌入到一个更大的系统中：在包含 X 和 Y 的随机变量的集合 $\mathbf{X}$ 的图 $\mathcal{G}$ 上存在一个正确的 SCM。Reichenbach 的共同原因原则遵循马尔可夫性。如果 X 和 Y（无条件）相关，则有：

1）一个从 X 到 Y 的有向路径；

2）或者从 Y 到 X 的有向路径；

3）或者存在一个节点 Z，有从 Z 到 X 和 Z 到 Y 的有向路径。

证明： 由于马尔可夫性，相关意味着 $\mathcal{G}$ 中包含 X 和 Y 之间的畅通路径。该路径不能包含冲突，否则它将被空集阻塞。可以得到结论，因为 X 和 Y 之间的路径没有冲突，那么它必定是形式 $X \to \cdots \to Y$、$X \leftarrow \cdots \leftarrow Y$ 或 $X \leftarrow \cdots \leftarrow Z \to \cdots \to Y$。

备注 6.29（选择偏差） 根据 Reichenbach 原则，从两个相关的随机变量开始，得到了一个有效的结论。然而，在实际应用中这可能是因为隐含了第三个变量（选择偏差）。如例 6.30 所示，这可能导致 X 和 Y 之间的依赖关系，尽管这三个条件都不成立（见 1.3 节最后一段的讨论）。

例 6.30（Berkson 悖论） 下面的例子“为什么帅气的男人是这样的性情古怪？”取自 Ellenberg（2014），是 Berkson 悖论的实例（Berkson，1946）。假设男人是否有女朋友（R=1）仅由他们是否英俊（H=1）以及他们是否友善（F=1）来决定。更确切地说，假设正确的 SCM 具有如下形式：

$$
\begin{aligned}
H &:= N_H \\
F &:= N_F \\
R &:= \min(H,F) \oplus N_R
\end{aligned}
$$

式中，N_H、$N_F \overset{\text{iid}}{\sim} \text{Ber}(0.5)$；$N_R \sim \text{Ber}(0.1)$；符号$\oplus$ 表示模 2 加法。在这个模型中，如果一个男人既英俊又友善，那么他非常可能有女朋友。否则，他可能是单身。正如从 SCM 看到的，H 和 F 被假定为独立。但如果考虑没有女朋友的男人，也就是说，条件 R=0，男人是否友好或者英俊变成反相关：如果某人英俊，他可能是不友好的（否则他们有女朋友）。于是有

$$F \not\perp\!\!\!\perp H \mid R=0$$

因此，给定 R，F 与 H 不独立。

正如之前提到的，Pearl（2009）在定理 1.4.1 中表明，由 SCM 产生的 P_X 关于其图 $\mathcal{G}$ 具有马尔可夫性（见 Verma 和 Pearl，1988）。

命题 6.31（SCM 隐含马尔可夫性） 假定 $P_{\mathbf{X}}$ 是由图 $\mathcal{G}$ 的 SCM 产生的。那么，$P_{\mathbf{X}}$ 关于图 $\mathcal{G}$ 具有马尔可夫性。

一个关于因果图的分布是马尔可夫的假设有时被称为因果马尔可夫条件，这需要因果图的概念。对于我们来说，因果图是由潜在 SCM 所产生的。另一方面，因果图模型的概念将它们作为因果推理的起点。

6.5.2 因果图模型

将会看到，有关于观测分布和图结构的知识足以定义干预分布（见 6.6 节）。因此，将一对图和观测分布定义为一个因果图模型，它是由一个图和一个观察分布组成的，这样的分布关于该图具有马尔可夫性（因果马尔可夫条件）。然而，这里有一个微妙的技术。形式上，需要访问所有条件分布。例如，如果 $p(x_2|x_1=3)$ 没有定义，因为 $p(x_1=3)=0$，那么不能定义 $p^{do(X_1:=3)}(x_2)$。这启发了以下定义：

定义 6.32（因果图模型） 随机变量 $\mathbf{X}=(X_1, \cdots, X_d)$ 上的因果图模型包含一个图 $\mathcal{G}$ 和一个函数集 $f_j(x_j, x_{\mathbf{PA}_j^{\mathcal{G}}})$，该函数的积分为 1：

$$\int f_j(x_j, x_{\mathbf{PA}_j^{\mathcal{G}}})\mathrm{d}x_j = 1$$

这些函数在 $\mathbf{X}$ 上产生了一个分布 $P_{\mathbf{X}}$：

$$p(x_1, \cdots, x_d) = \prod_{j=1}^{d} f_j(x_j, x_{\mathbf{PA}_j^{\mathcal{G}}})$$

因此扮演了条件分布的角色：$f_j(x_j, x_{\mathbf{PA}_j^{\mathcal{G}}}) = p(x_j|x_{\mathbf{PA}_j^{\mathcal{G}}})$。根据 6.6 节的式（6.8）和式（6.9），因果图模型可产生干预分布。最一般的形式可以定义为

$$p^{\mathrm{do}\left(X_k:=q(\cdot|x_{\widetilde{\boldsymbol{PA}}_k})\right)}(x_1,\cdots,x_d)=\prod_{j\neq k}f_j(x_j,x_{\boldsymbol{PA}_j^{\mathcal{G}}})\,q(\cdot|x_{\widetilde{\boldsymbol{PA}}_k})$$

式中，$q(\cdot|x_{\widetilde{\boldsymbol{PA}}_k})$ 积分为 1，且新的父节点不能产生一个循环。

如果 $\boldsymbol{X}$ 上的分布 $P_{\boldsymbol{X}}$ 关于图 $\mathcal{G}$ 具有马尔可夫性，并且允许严格的正的连续密度 p，则对（P_X, $\mathcal{G}$）通过 $f_j(x_j,x_{\boldsymbol{PA}_j^{\mathcal{G}}}):=p(x_j|x_{\boldsymbol{PA}_j^{\mathcal{G}}})$ 定义因果图模型。

为什么主要使用 SCM，而不只是用图和马尔可夫条件，也就是说，因果图模型？形式上，SCM 比其对应的图和准则（例如反事实陈述）包含更多的信息。因此，SCM 比干预分布和观测分布包含更多的信息。不过，这一额外信息是否有用还有待商榷。或许更重要的是，限制 SCM 中的函数类可以导致因果结构的可识别性（见 4.1.3 节 ~ 4.1.6 节和 7.1.2 节）。与图相比，这些假设在 SCM 的语言中更容易使用。

6.5.3 忠实性和因果最小性

在前面的内容中，讨论了马尔可夫假设，它使人们能够从图结构中推断出独立性。忠实性使人们从图结构中推断出相关性。

定义 6.33（忠实性和因果最小性） 考虑分布 $P_{\boldsymbol{X}}$ 和 DAG $\mathcal{G}$。

1）$P_{\boldsymbol{X}}$ 对于 DAG $\mathcal{G}$ 具有忠实性，如果

$$\boldsymbol{A}\perp\!\!\!\perp\boldsymbol{B}|\boldsymbol{C}\Rightarrow\boldsymbol{A}\perp\!\!\!\perp_{\mathcal{G}}\boldsymbol{B}|\boldsymbol{C}$$

对于所有的不相交节点集合 $\boldsymbol{A}$、$\boldsymbol{B}$、$\boldsymbol{C}$。

2）一个分布关于 $\mathcal{G}$ 满足因果最小性，如果它关于图 $\mathcal{G}$ 具有马尔可夫性，但不适用于 $\mathcal{G}$ 的任何子图。

注意，条件 1）假设与全局马尔可夫性相反（见定义 6.21）：

$$\boldsymbol{A}\perp\!\!\!\perp_{\mathcal{G}}\boldsymbol{B}|\boldsymbol{C}\Rightarrow\boldsymbol{A}\perp\!\!\!\perp\boldsymbol{B}|\boldsymbol{C}$$

乍看上去，忠实性不是很直观。现在给出一个分布的例子，给定 DAG $\mathcal{G}_1$，它具有马尔可夫性但不具有忠实性。这是通过使两条路径相互抵消，并创建一个非图结构所隐含的独立性来实现的。

例 6.34（违反忠实性） 考虑下图：

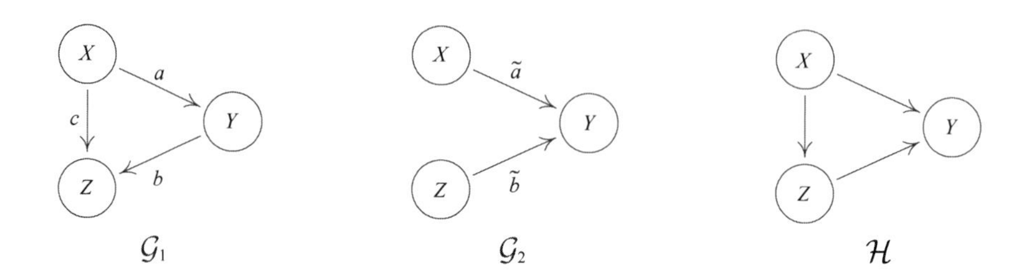

首先看一个线性高斯 SCM，它对应于左边的图 $\mathcal{G}_1$。

$$X := N_X$$

$$Y := aX + N_Y$$

$$Z := bY + cX + N_Z$$

式中，正态分布噪声变量 $N_X \sim \mathcal{N}(0, \sigma_X^2)$、$N_Y \sim \mathcal{N}(0, \sigma_Y^2)$ 和 $N_Z \sim \mathcal{N}(0, \sigma_Z^2)$ 相互独立。图 $\mathcal{G}_1$ 是一个线性高斯 SCM（见定义 6.2）。现在，如果

$$ab + c = 0 \tag{6.6}$$

分布关于 $\mathcal{G}_1$ 不具有忠实性，因为得到 $X \perp\!\!\!\perp Z$，它不被图结构所隐含[⊖]。读者可以很容易地验证，存在 DAG $\mathcal{G}_2$ 的 SCM，它具有相同的分布。

为了在前面的示例中获得额外的独立性，必须“调整”这些系数，使这两条路径相互抵消，见式（6.6）。Spirtes 等人（2000，定理 3.2）展示了线性模型，如果假设这些系数从正密度中随机抽取，那么这种情况出现的概率为零。

例 6.34 的分布对 $\mathcal{G}_2$ 具有忠实性，但对 $\mathcal{G}_1$ 则不具有忠实性。然而，对于这两种模型，

⊖ 更确切地说，它不是三角 - 忠实性（Zhang 和 Spirtes, 2008）。

如果没有任何参数消失，就具有因果最小性：对于 $\mathcal{G}_1$ 或者 $\mathcal{G}_2$ 的真子图，分布不具有马尔可夫性，因为删除任何边，将对应新的（条件）独立，这在分布中不满足。注意，$\mathcal{G}_2$ 不是 $\mathcal{G}_1$ 的真子图。然而，它是 $\mathcal{H}$ 的一个真子图，因此，关于 $\mathcal{H}$ 不满足因果最小性。通常情况下，因果最小性比忠实性弱。

命题 6.35（忠实性隐含因果最小性） 如果 $P_{\boldsymbol{X}}$ 关于 $\mathcal{G}$ 具有马尔可夫性和忠实性，那么它具有因果最小性。

证明 该论证如下：如果 $P_{\boldsymbol{X}}$ 关于 $\mathcal{G}$ 的一个真子图 $\tilde{\mathcal{G}}$ 具有马尔可夫性，存在两个节点在 $\mathcal{G}$ 中直接相连，在 $\tilde{\mathcal{G}}$ 中不是。因此，它们在 $\tilde{\mathcal{G}}$ 中是 d 分离的，在 $\mathcal{G}$ 上不是，见问题 6.62。马尔可夫性隐含了 $P_{\boldsymbol{X}}$ 中的相应独立性，因此，$P_{\boldsymbol{X}}$ 关于 $\mathcal{G}$ 不具有忠实性。

下面的论述等价于因果最小性，希望能进一步帮助理解这个条件。对于 $\mathcal{G}$ 的分布是最小的，当且仅当不存在与它任何一个父节点条件独立的节点，给定它的其他父节点。从某种意义上说，所有的父节点都是“活跃的”。

命题 6.36（因果最小的等价性） 考虑随机矢量 $\boldsymbol{X}=(X_1, \cdots, X_d)$，假定联合分布关于乘积测度有一个密度。假定 $P_{\boldsymbol{X}}$ 关于 $\mathcal{G}$ 具有马尔可夫性。则 $P_{\boldsymbol{X}}$ 关于 $\mathcal{G}$ 满足因果最小性，当且仅当如果 $\forall X_j\ \forall Y \in \boldsymbol{PA}_j^{\mathcal{G}}$，有 $X_j \not\perp\!\!\!\perp Y \mid \boldsymbol{PA}_j^{\mathcal{G}} \setminus \{Y\}$。

证明 见附录 C.6。

已经看到，虽然忠实性是一个强有力的假设，它将条件独立语句与因果语义联系起来，但因果最小性是一个弱得多的条件。假设得到了一个因果图模型，在这个模型中违反了因果最小性。然后，在命题 6.36 的概念中，其中一条边是“不活跃的”。如果去掉这条边，这两个模型就不需要在定义 6.47 的意义上是反事实或干预等价的。然而，如果所有密度都是严格的阳性（或者只允许在 X_k 支持的一个子集上支持 X_k 的干预），那么它们是干预等价的，见问题 6.58。然后，因果最小性可以解释为在描述干预模型时避免冗余的惯例。在大多数模型类中，没有因果最小性，观测数据的可识别性是不可能存在的，例如，我们无法区分 $Y := f(X) + N_Y$ 和 $Y := c + N_Y$，如果仅允许 f 在 X 的支撑集之外与 c 不同，见备注 6.6 和命题 6.49。

6.6 通过协变量调整计算干预分布

本节将使用一个稍微简单但非常强大的不变性论述。给定一个 SCM $\mathfrak{C}$，记$pa(j) := \boldsymbol{PA}_j^{\mathcal{G}}$，于是有

$$p^{\tilde{\mathfrak{C}}}(x_j \mid x_{pa(j)}) = p^{\mathfrak{C}}(x_j \mid x_{pa(j)}) \tag{6.7}$$

对于任何由 $\mathfrak{C}$ 通过干预（一些）X_k 而不是 X_j 构建的 SCM $\tilde{\mathfrak{C}}$，式（6.7）表明，在干预下，因果关系是自治的。因此，这个属性有时被称为“自治”。如果对一个变量进行干预，那么其他机制仍然不变（见图 2.2 的左框）。

从式（6.7）推导出一个以三个不同的名称而闻名的公式：**截断因数分解**（Pearl, 1993）、**G 计算公式**（Robins, 1986）以及**操纵定理**（Spirtes 等人，2000）。它的重要性在于它允许人们计算干预分布，尽管从未见过它的数据。

考虑一个带有结构赋值的 SCM $\mathfrak{C}$：

$$X_j := f_j(X_{pa(j)}, N_j), \qquad j = 1, \cdots, d$$

和密度 $p^{\mathfrak{C}}$。根据马尔可夫性，有[⊖]

$$p^{\mathfrak{C}}(x_1, \cdots, x_d) = \prod_{j=1}^{d} p^{\mathfrak{C}}(x_j \mid x_{pa(j)})$$

现在考虑执行 $(X_k := \tilde{N}_k)$ 后由 $\mathfrak{C}$ 得到的 SCM $\tilde{\mathfrak{C}}$，其中 $\tilde{N}_k$ 考虑密度 $\tilde{p}$。再一次，根据马尔可夫假设：

$$\begin{aligned} p^{\mathfrak{C}; \mathrm{do}\left(X_k := \tilde{N}_k\right)}(x_1, \ldots, x_d) &= \prod_{j \neq k} p^{\mathfrak{C}; \mathrm{do}\left(X_k := \tilde{N}_k\right)}(x_j \mid x_{pa(j)}) \cdot p^{\mathfrak{C}; \mathrm{do}\left(X_k := \tilde{N}_k\right)}(x_k) \\ &= \prod_{j \neq k} p^{\mathfrak{C}}(x_j \mid x_{pa(j)}) \tilde{p}(x_k) \end{aligned} \tag{6.8}$$

⊖ 注意条件 $p^{\mathfrak{C}}(x_j|x_{pa(j)})$ 甚至可以对值 $x_{pa(j)}$ 定义，满足 $p^{\mathfrak{C}}(x_{pa(j)})=0$。

在最后一步中，利用了强大的不变性 [式（6.7）]。式（6.8）允许人们从观测量（右手边）计算干预的表述（左手边）。作为特殊情况，得到

$$p^{\mathfrak{C};\mathrm{do}(X_k:=a)}(x_1,\cdots,x_d)=\begin{cases}\prod\limits_{j\neq k}p^{\mathfrak{C}}(x_j\,|\,x_{pa(j)}) & \text{如果 } x_k=a\\ 0 & \text{其他}\end{cases} \tag{6.9}$$

通常，条件作用和干预 do() 是不同的操作（见例 6.10 后面的讨论）。现在可以证明这些操作对于没有任何父节点的变量是相同的。不失一般性，假设 X_1 是这样一个源节点。然后，有

$$\begin{aligned}p^{\mathfrak{C}}(x_2,\cdots,x_d\,|\,x_1=a)&=\frac{p(x_1=a)\prod_{j=2}^{d}p^{\mathfrak{C}}(x_j\,|\,x_{pa(j)})}{p(x_1=a)}\\&=p^{\mathfrak{C};\mathrm{do}(X_1:=a)}(x_2,\cdots,x_d)\end{aligned} \tag{6.10}$$

式（6.8）和式（6.9）广泛适用，但有时使用起来有点麻烦。现在将学习一些实用的替代方法。因此，回到例 6.16（肾结石），将它一般化。

例 6.37（肾结石，继续） 假设真正的潜在 SCM 如下图：

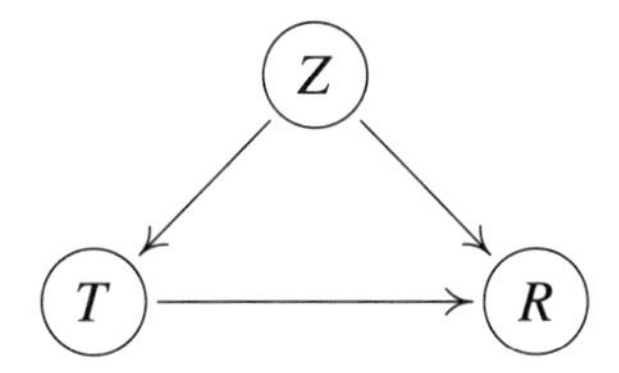

图中，Z 是结石的大小；T 是治疗方案；R 是治愈（所有变量都是二元值）。人们发现，治疗方案和结石的大小对治愈有影响。治疗方案本身也取决于结石的大小：大部分疑难病例采用治疗方案 A。用 $T := A$ 和 $T := B$ 分别替换 T 的结构赋值后，得到 $P^{\mathfrak{C}_A}$ 和 $P^{\mathfrak{C}_B}$。把相应的概率分布记为 $P^{\mathfrak{C}_A}$ 和 $P^{\mathfrak{C}_B}$。假定被诊断为肾结石而不知道它的大小，选择治疗方案应该通过比较

$$\mathbb{E}^{\mathfrak{C}_A}R=P^{\mathfrak{C}_A}(R=1)=P^{\mathfrak{C};\mathrm{do}(T:=A)}(R=1)$$

和

$$\mathbb{E}^{\mathfrak{C}_B}R=P^{\mathfrak{C}_B}(R=1)=P^{\mathfrak{C};\mathrm{do}(T:=B)}(R=1)$$

考虑到已经从 $\mathcal{C}$ 中得到了观测数据，如何估计这些量？考虑以下计算：

$$
\begin{aligned}
P^{\mathcal{C}_A}(R=1) &= \sum_{z=0}^{1} P^{\mathcal{C}_A}(R=1, T=A, Z=z) \\
&= \sum_{z=0}^{1} P^{\mathcal{C}_A}(R=1 \mid T=A, Z=z)\, P^{\mathcal{C}_A}(T=A, Z=z) \\
&= \sum_{z=0}^{1} P^{\mathcal{C}_A}(R=1 \mid T=A, Z=z)\, P^{\mathcal{C}_A}(Z=z) \\
&\overset{(6.7)}{=} \sum_{z=0}^{1} P^{\mathcal{C}}(R=1 \mid T=A, Z=z)\, P^{\mathcal{C}}(Z=z)
\end{aligned}
\tag{6.11}
$$

最后一步包含了关键思想。同样，利用了不变性 [式（6.7）]。可以从表 6.1 中的经验数据中估计 $P^{\mathcal{C}_A}(R=1)$，得到

$$P^{\mathcal{C}_A}(R=1) \approx 0.93 \cdot \frac{357}{700} + 0.73 \cdot \frac{343}{700} = 0.832$$

类似地，得到

$$P^{\mathcal{C}_B}(R=1) \approx 0.87 \cdot \frac{357}{700} + 0.69 \cdot \frac{343}{700} \approx 0.782$$

结论是，人们宁愿采用治疗方案 A（如前所述，忽略了统计显著性的问题，如果需要在 A 和 B 之间做决定，这似乎是合理的）。量

$$P^{\mathcal{C}_A}(R=1) - P^{\mathcal{C}_B}(R=1) \approx 0.832 - 0.782 \tag{6.12}$$

有时被称为二元治疗的**平均因果效应**（ACE）。重要的是要意识到这与简单的条件作用不同：

$$P^{\mathcal{C}}(R=1 \mid T=A) - P^{\mathcal{C}}(R=1 \mid T=B) = 0.78 - 0.83$$

在这个例子中，它甚至与 ACE 的符号相反。

这个三节点的例子很好地说明了干预和条件作用之间的区别。就密度而言，它是

$$p^{\mathcal{C};\,\mathrm{do}(T:=t)}(r)=\sum_{z}p^{\mathcal{C}}(r|z,t)p^{\mathcal{C}}(z)\neq\sum_{z}p^{\mathcal{C}}(r|z,t)p^{\mathcal{C}}(z|t)=p^{\mathcal{C}}(r|t)$$

式（6.11）被称为变量 Z 的“调整”，它表示在实践中经常使用的一个重要概念，在定义 6.38 中正式定义。它又一次允许通过观测量计算干预语句。请注意，调整式（6.11）的推导有时基于截断因数（6.9），但将在命题 6.41 中看到，使用不变性 [式（6.11）] 的替代计算可以很好地用于更复杂的设置。

定义 6.38（有效调整集） 考虑节点 V 上的一个 SCM $\mathcal{C}$，并设 $Y\notin \boldsymbol{PA}_X$（否则，有 $p^{\mathcal{C};\,\mathrm{do}(X:=x)}(y)=p^{\mathcal{C}}(y)$）。称集合 $\boldsymbol{Z}\subseteq\boldsymbol{V}\setminus\{X,Y\}$ 为有序对（X, Y）的一个有效调整集，如果

$$p^{\mathcal{C};\,\mathrm{do}(X:=x)}(y)=\sum_{z}p^{\mathcal{C}}(y\,|\,x,z)\,p^{\mathcal{C}}(z) \tag{6.13}$$

这里，求和（可能积分）在 $\boldsymbol{Z}$ 的范围进行，也就是说，$\boldsymbol{Z}$ 可以取任意值 z。

在例 6.37 中，$\boldsymbol{Z}=\{Z\}$ 是（T, R）的有效调整集。为了计算平均因果效应，调整 Z 是必需的。已经能看到，简单的条件作用会导致错误的结论。换句话说，空集不是一个有效调整集。在这种情况下，可以认为从 T 到 R 的因果效应是混乱的。

定义 6.39（混淆） 考虑节点集 $\boldsymbol{V}$ 上的一个 SCM $\mathcal{C}$，有一条从 X 到 Y 的有向路径，X、$Y\in\boldsymbol{V}$。从 X 到 Y 的因果效应是混淆的，如果满足

$$p^{\mathcal{C};\,\mathrm{do}(X:=x)}(y)\neq p^{\mathcal{C}}(y\,|\,x) \tag{6.14}$$

否则，称因果效应是不混淆的。

有时人们认为，应该使调整集尽可能大，以减少潜在混淆。然而，正如例 6.30 中的 Berkson 悖论（Berkson，1946）所显示的，这并不总是一个好主意。它表明，并非所有的集合都是有效调整集。有时最好不要在调整集中包含一个协变量。现在来分析什么样的集合可以用于调整。使用与例 6.37 相同的思想，并定义（对于任何集合 $\boldsymbol{Z}$）

$$
\begin{aligned}
p^{\mathfrak{C};\mathrm{do}(X:=x)}(y) &= \sum_{z} p^{\mathfrak{C};\mathrm{do}(X:=x)}(y,z) \\
&= \sum_{z} p^{\mathfrak{C};\mathrm{do}(X:=x)}(y|x,z)\, p^{\mathfrak{C};\mathrm{do}(X:=x)}(z)
\end{aligned}
$$

如果有

$$
p^{\mathfrak{C};\mathrm{do}(X:=x)}(y|x,z) = p^{\mathfrak{C}}(y|x,z) \text{ 和 } p^{\mathfrak{C};\mathrm{do}(X:=x)}(z) = p^{\mathfrak{C}}(z) \tag{6.15}
$$

则（和以前一样）$\boldsymbol{Z}$ 是一个有效的调整集。性质 [式（6.15）] 指出，即使在对 X 进行干预之后，条件也是相同的，可以认为它们是不变的。因此，需要解决在干预操作（$X:=x$）下哪些条件保持不变的问题。

备注 6.40（不变条件的特征） 考虑 SCM $\mathfrak{C}$ 的结构赋值

$$
X_j := f_j(\boldsymbol{PA}_j, N_j)
$$

和干预行为 do（$X_K:=x_k$）。类似 Pearl（2009，3.2.2 节），例如，可以构造一个与 $\mathfrak{C}$ 相等的新 SCM $\mathfrak{C}^*$，但多了一个变量 I，来表示干预是否发生，另请参阅 6.3 节中的“干预变量”部分。更确切地说，I 是 X_K 的父节点，并且没有任何其他的邻居。相应的结构赋值为

$$
\begin{aligned}
I &:= N_I \\
X_j &:= f_j(\boldsymbol{PA}_j, N_j) \qquad j \neq k \\
X_k &:= \begin{cases} f_k(\boldsymbol{PA}_k, N_k) & \text{如果 } I=0 \\ x_k & \text{其他} \end{cases}
\end{aligned}
$$

式中，例如，N_I 是一个伯努利分布：$P(I=0)=P(I=1)=0.5$（其他分布也可以）。在此，$I=0$ 对应于观测环境，而 $I=1$ 对应于干预环境。更准确地说，通过式（6.10），可得到

$$
\begin{aligned}
p^{\mathfrak{C}^*}(x_1,\cdots,x_d|I=0) &= p^{\mathfrak{C}^*;\mathrm{do}(I:=0)}(x_1,\cdots,x_d) \\
&= p^{\mathfrak{C}}(x_1,\cdots,x_d)
\end{aligned}
$$

类似的

$$
p^{\mathfrak{C}^*}(x_1,\cdots,x_d|I=1) = p^{\mathfrak{C};\mathrm{do}(X_k:=x_k)}(x_1,\cdots,x_d) \tag{6.16}
$$

对 $\mathfrak{C}^*$ 使用马尔可夫性，对变量 A 和一组变量 $\boldsymbol{B}$，有

$$
\begin{aligned}
A \perp\!\!\!\perp_{\mathcal{G}^*} I \mid \boldsymbol{B} \quad &\Longrightarrow \quad p^{\mathfrak{C}^*}(a \mid \boldsymbol{b}, I=0) = p^{\mathfrak{C}^*}(a \mid \boldsymbol{b}, I=1) \\
&\Longrightarrow \quad p^{\mathfrak{C}}(a \mid \boldsymbol{b}) = p^{\mathfrak{C};\mathrm{do}(X_k:=x_k)}(a \mid \boldsymbol{b})
\end{aligned}
$$

右边表示，条件 A 在 $\boldsymbol{B}$ 给定情况下的分布 $P_{A|\boldsymbol{B}}$ 在 X_K 的干预下保持不变。

现在可以继续之前的讨论。对于集合 $\boldsymbol{Z}$，式（6.15）是成立的，因此可得

$$
Y \perp\!\!\!\perp_{\mathcal{G}^*} I \mid X, \boldsymbol{Z} \qquad \text{和} \qquad \boldsymbol{Z} \perp\!\!\!\perp_{\mathcal{G}^*} I \tag{6.17}
$$

下标 $\mathcal{G}^*$ 表示 d 分离必须在 $\mathcal{G}^*$ 中保持。通过仔细的思考，可以得到下面论述的前两个。

命题 6.41（有效调整集） 考虑 SCM 上的变量 $\boldsymbol{X}$，且 X、$Y \in \boldsymbol{X}$，$Y \notin \boldsymbol{PA}_X$。以下三条论述成立：

1）**“父亲调整”**：

$$
\boldsymbol{Z} := \boldsymbol{PA}_X
$$

是（X，Y）的有效调整集。

2）**“后门标准”**：任何 $\boldsymbol{Z} \subseteq \boldsymbol{X} \setminus \{X, Y\}$，有

- $\boldsymbol{Z}$ 不包含 X 的后代；

- $\boldsymbol{Z}$ 阻止通过后门准则进入 X 的从 X 到 Y 的所有路径（$X \leftarrow \cdots$，见图 6.5）

是（X，Y）的有效调整集。

3）**“通向必要性”**：任何 $\boldsymbol{Z} \subseteq \boldsymbol{X} \setminus \{X, Y\}$，有

- $\boldsymbol{Z}$ 不包含任何从 X 到 Y 的有向路径上节点的后代（除了 X 的后代，它们不在从 X 到 Y 的有向路径上），且

- $\boldsymbol{Z}$ 阻止从 X 到 Y 的所有非有向路径

是（X, Y）的有效调整集。

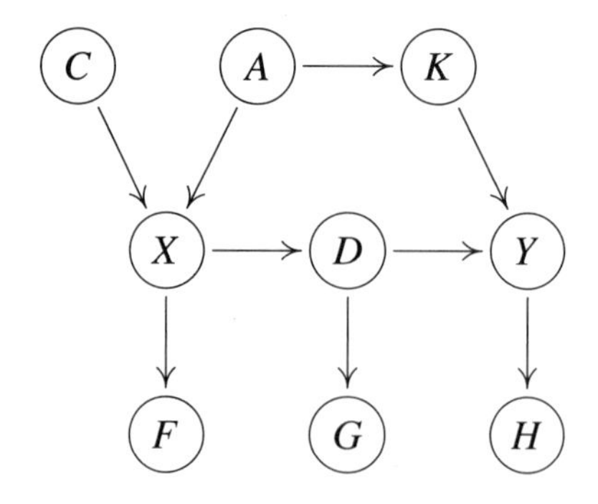

图 6.5　只有路径 $X \leftarrow A \rightarrow K \rightarrow Y$ 是一个从 X 到 Y 的“后门路径”。集合 $\boldsymbol{Z} = \{K\}$ 满足后门准则，见命题 6.41 中的 2）；$\boldsymbol{Z} = \{F, C, K\}$ 是（X, Y）的一个有效调整集，见命题 6.41 中的 3）

只有第三种说法（Shpitser 等人，2010；Perkovic 等人，2015）需要做出一些解释。从一个有效调整集 $\boldsymbol{Z}$，例如，它可以通过后门准则获得。可以将满足 $Z_0 \perp\!\!\!\perp Y \mid X, \boldsymbol{Z}$ 的任何节点 Z_0 添加到 $\boldsymbol{Z}$ 中，因为

$$\begin{aligned}\sum_{\boldsymbol{z}, z_0} p(y \mid x, \boldsymbol{z}, z_0) p(\boldsymbol{z}, z_0) &= \sum_{\boldsymbol{z}} p(y \mid x, \boldsymbol{z}) \sum_{z_0} p(\boldsymbol{z}, z_0) \\ &= \sum_{\boldsymbol{z}} p(y \mid x, \boldsymbol{z}) p(\boldsymbol{z})\end{aligned}$$

事实上，命题 6.41 中的 3）描述了所有有效调整集的特性（Shpitser 等人，2010）。

例 6.42（线性高斯系统中的调整） 考虑变量 $\boldsymbol{V}$ 上的 SCM $\mathfrak{C}$，且 $\{X, Y\}, \boldsymbol{Z} \subseteq \boldsymbol{V}$。有时，人们想用一个实数来表示从 X 到 Y 的因果效应，而不是对所有 x，查找 $p^{\mathfrak{C}; \mathrm{do}(X:=x)}(y)$。例如，已经见到过二元变量 X 的例子 [见式（6.12）]，但是在连续随机变量的情况下怎么做？作为第一个近似，可以看这个分布的期望，然后对 x 取导数：

$$\frac{\partial}{\partial x} \mathbb{E}^{\mathfrak{C}; \mathrm{do}(X:=x)}[Y] \tag{6.18}$$

通常，这仍然是 x 的函数。然而，在线性高斯系统中，这个函数却是常量。假设 $\boldsymbol{Z}$ 是（X, Y）的有效调整集。如果 $\boldsymbol{V}$ 服从高斯分布，则条件 $Y \mid X = x$；$\boldsymbol{Z} = \boldsymbol{z}$ 也服从高斯分布，它的均值为

$$\mathbb{E}[Y \mid X = x, \boldsymbol{Z} = \boldsymbol{z}] = ax + \boldsymbol{b}^t \boldsymbol{z} \tag{6.19}$$

对于某个 a 和 $\boldsymbol{b}$。根据式（6.13）（见问题 6.63）有

$$\frac{\partial}{\partial x}\mathbb{E}^{\mathfrak{C};\mathrm{do}(X:=x)}[Y]=a \tag{6.20}$$

有两种不同的方式可以获得式（6.19）中 a 的值：①可以使用路径系数的方法，如果恰好从 X 到 Y 只有一条有向路径，则 a 等于路径系数的乘积。如果没有有向路径，那么 $a=0$；如果有不同的路径，可以使用 Wright 公式（Wright，1934）计算 a。②可以直接计算条件均值 [见式（6.19）]。如果没有给出联合分布，而是它的样本，可以估计 a[见式（6.20）]，通过在 X 和 $\boldsymbol{Z}$ 上对 Y 进行回归，然后读出 X 的回归系数（另见代码片段 6.43）。

代码片段 6.43 以下代码从一个 SCM 生成大小为 $n=100$ i.i.d. 样本，该 SCM 结构如图 6.5 所示，系数请参阅代码。由于已知潜在的 SCM，因此式（6.20）的真值可以通过路径 $X\to D\to Y$ 上的路径系数相乘得到，在这里的例子中，它等于（–2）·（–1）= 2（见代码中的第 8 行和第 10 行）。现在可以模拟结构赋值的确切形式，也就是说，这组系数未知，但给出了 SCM 的数据样本和图结构（见图 6.5）。然后，可以通过在 X 和调整集 $\boldsymbol{Z}$ 对 Y 进行回归，来估计式（6.20）的值。如果 $\boldsymbol{Z}$ 是一个有效的调整集，可以得到一个无偏估计量。在下面例子中，调整集 $\boldsymbol{Z}=0$ 导致了一个有偏差的估计量（见第 15 行），只有调整集 $\boldsymbol{Z}=\{K\}$ 和 $\boldsymbol{Z}=\{F,C,K\}$ 是有效的（分别见第 19 行 和第 23 行）。

```
1  # 由SCM所产生的分布生成一个样本
2  set.seed(1)
3  C <- rnorm(200)
4  A <- 0.8*rnorm(200)
5  K <- A + 0.1*rnorm(200)
6  X <- C - 2*A + 0.2*rnorm(200)
7  F <- 3*X1 + 0.8*rnorm(200)
8  D <- -2*X + 0.5*rnorm(200)
9  G <- D + 0.5*rnorm(200)
10 Y <- 2*K - D + 0.2*rnorm(200)
11 H <- 0.5*Y + 0.1*rnorm(200)
12 #
13 lm(Y~X)$系数
14 # (拦截)---------X
15 # 0.06749284 1.27928304
16 # (拦截)---------X
17 lm(Y~X+K)$系数
18 # (拦截)---------X----------K
19 # 0.04550703 2.04636297 2.11418904
20 #
21 lm(Y~X+F+C+K)$系数
22 # (拦截)-------------X-------------F------------C-----------K
23 # 0.0469181355 2.0883959189 -0.0009372108 -0.0481055755 2.1971051785
```

现在简要讨论倾向评分匹配（Rosenbaum 和 Rubin，1983）。下面的备注重复了 Pearl（2009,11.3.5 节）给出的论点。

备注 6.44（倾向评分匹配） 考虑变量 $\boldsymbol{X} = (X, Y, \boldsymbol{Z})$ 且 $\boldsymbol{Z} = (Z_1, Z_2, Z_3)$ 和下图上的 SCM：

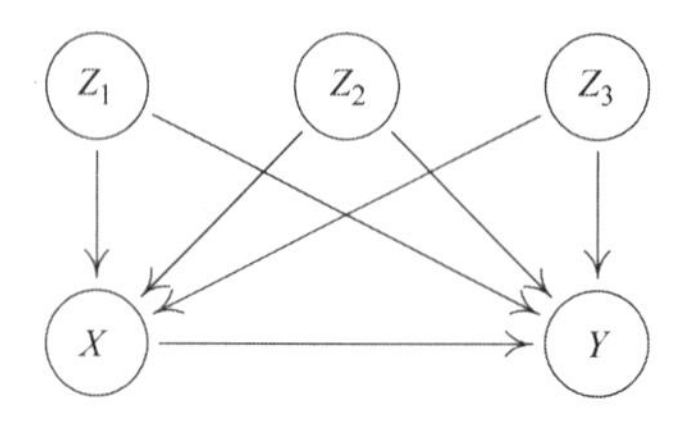

可以发现集合 $\{Z_1, Z_2, Z_3\}$ 是一个有效调整集，例如通过父亲调整，见命题 6.41。

那么

$$p^{\mathfrak{C};\,\mathrm{do}(X:=x)}(y) = \sum_{z_1,z_2,z_3} p^{\mathfrak{C}}(y\,|\,x,z_1,z_2,z_3)\,p^{\mathfrak{C}}(z_1,z_2,z_3) \tag{6.21}$$

然而，有时 X 的值并不直接依赖于 $\boldsymbol{Z}$，而只能通过一个（实值的）**倾向得分** $L:=L(\boldsymbol{Z})=L(Z_1,Z_2,Z_3)$。这意味着“$X \perp\!\!\!\perp \boldsymbol{Z}\,|\,L(\boldsymbol{Z})$”或者更正式地说，对于所有的 $\boldsymbol{z}$、x 和 $\ell = L(\boldsymbol{z})$ 有

$$p(\boldsymbol{z}\,|\,\ell,x) = p(\boldsymbol{z}\,|\,\ell)$$

例如，如果 X 是二元的，是治疗或不治疗二元选择，例如可以选择 $L(\boldsymbol{z})=p(x=1\,|\,\boldsymbol{Z}=\boldsymbol{z})$。根据式（6.21），有

$$\begin{aligned} p^{\mathfrak{C};\,\mathrm{do}(X:=x)}(y) &= \sum_{\boldsymbol{z}} p^{\mathfrak{C}}(y\,|\,x,\boldsymbol{z})\,p^{\mathfrak{C}}(\boldsymbol{z}) = \sum_{\boldsymbol{z}}\sum_{\ell} p^{\mathfrak{C}}(y\,|\,x,\boldsymbol{z})\,p^{\mathfrak{C}}(\ell)p^{\mathfrak{C}}(\boldsymbol{z}\,|\,\ell) \\ &= \sum_{\boldsymbol{z}}\sum_{\ell} p^{\mathfrak{C}}(y\,|\,\ell,x,\boldsymbol{z})\,p^{\mathfrak{C}}(\ell)p^{\mathfrak{C}}(\boldsymbol{z}\,|\,\ell,x) \\ &= \sum_{\ell} p^{\mathfrak{C}}(y\,|\,\ell,x)\,p^{\mathfrak{C}}(\ell) \end{aligned} \tag{6.22}$$

在群体设定中，于预分布的计算式（6.21）和 式（6.22）都是正确的。这也指出，对于式（6.22）的有限数据，将导致比式（6.21）更好的估计值：尽管需要估计函数 L，作为

结果条件的$p^{\mathfrak{C}}(y|x,\ell)$可能比$p^{\mathfrak{C}}(y|x,z)$有更低的维数。实践中，通常用 ℓ 的“相似”值匹配实现，来计算式（6.22）。重要的实用细节包括函数 L 的估计和匹配过程。当然，这个方法适用于任何个数的协变量。

从这个意义上讲，倾向评分匹配是一个获得统计性能的好的、有用的技巧。这与考虑的群体无关。

6.7 do-calculus

再次考虑变量 $\boldsymbol{V}$ 上的 SCM。可以用除调整公式（6.13）之外的其他方式计算干预分布 $p^{\mathfrak{C};\,\mathrm{do}(X:=x)}$。因此，如果一个干预分布$p^{\mathfrak{C};\,\mathrm{do}(X:=x)}(y)$可以通过观测分布和图来计算，则称它是可识别的。例如，如果有一个关于（X, Y）有效的调整集，$p^{\mathfrak{C};\,\mathrm{do}(X:=x)}(y)$一定是可识别的。Pearl（2009，定理 3.4.1）建立了所谓的 do-calculus 三条规则。给定一个图 $\mathcal{G}$ 和不相交的子集 $\boldsymbol{X}$、$\boldsymbol{Y}$、$\boldsymbol{Z}$ 和 $\boldsymbol{W}$，于是有

1）“观测值的插入 / 删除”：

$$p^{\mathfrak{C};\,\mathrm{do}(\boldsymbol{X}:=\boldsymbol{x})}(\boldsymbol{y}\,|\,\boldsymbol{z},\boldsymbol{w}) = p^{\mathfrak{C};\,\mathrm{do}(\boldsymbol{X}:=\boldsymbol{x})}(\boldsymbol{y}\,|\,\boldsymbol{w})$$

如果图中 $\boldsymbol{X}$ 的入边已经被删除，给定 $\boldsymbol{X}$ 和 $\boldsymbol{W}$，$\boldsymbol{Y}d$ 分离 $\boldsymbol{Z}$。

2）“干预 / 观测的交换”：

$$p^{\mathfrak{C};\,\mathrm{do}(\boldsymbol{X}:=\boldsymbol{x},\boldsymbol{Z}=\boldsymbol{z})}(\boldsymbol{y}\,|\,\boldsymbol{w}) = p^{\mathfrak{C};\,\mathrm{do}(\boldsymbol{X}:=\boldsymbol{x})}(\boldsymbol{y}\,|\,\boldsymbol{z},\boldsymbol{w})$$

如果图中 $\boldsymbol{X}$ 的入边和 $\boldsymbol{Z}$ 的出边已经被删除，给定 $\boldsymbol{X}$ 和 $\boldsymbol{W}$，$\boldsymbol{Y}d$ 分离 $\boldsymbol{Z}$。

3）“干预的插入 / 删除”：

$$p^{\mathfrak{C};\,\mathrm{do}(\boldsymbol{X}:=\boldsymbol{x},\boldsymbol{Z}=\boldsymbol{z})}(\boldsymbol{y}\,|\,\boldsymbol{w}) = p^{\mathfrak{C};\,\mathrm{do}(\boldsymbol{X}:=\boldsymbol{x})}(\boldsymbol{y}\,|\,\boldsymbol{w})$$

如果图中 $\boldsymbol{X}$ 的入边和 $\boldsymbol{Z}$（$\boldsymbol{W}$）的出边已经被删除，给定 $\boldsymbol{X}$ 和 $\boldsymbol{W}$,$\boldsymbol{Y}d$ 分离 $\boldsymbol{Z}$。这里,$\boldsymbol{Z}$（$\boldsymbol{W}$）

是 $\mathbf{Z}$ 中节点的子集，它们不是 $\mathbf{W}$ 中任何节点的祖先，$\mathbf{W}$ 在将图 $\mathcal{G}$ 所有到 $\mathbf{X}$ 的边删除后得到的图中。

定理 6.45（do-calculus） 下面的陈述可以证明成立。

• 规则完备（Huang 和 Valtorta，2006；Shpitser 和 Pearl，2006），也就是说，所有可识别的干预分布可以通过迭代上述三条规则来计算。

• 事实上，Tian（2002）提出的算法可以保证（Huang 和 Valtorta，2006；Shpitser 和 Pearl，2006）找到所有可识别的干预分布。

• 基于所谓的对冲（Huang 和 Valtorta，2006），对于干预分布的可识别性（Shpitser 和 Pearl，2006，推论 3），有一个必要和充分的图准则。

作为 do-calculus 积分的一个必然结果，我们得到前门调整（见问题 6.65）。

例 6.46（前门调整） 假定 $\mathfrak{C}$ 是一个 SCM，它相应的图为

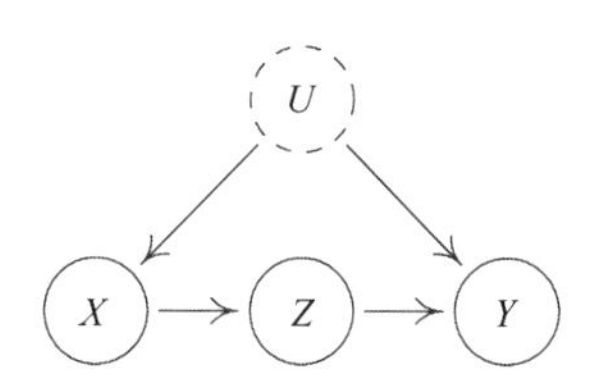

如果没有观察到 U，就不能使用后门标准。实际上，没有有效的调整集。但是，如果 $p^{\mathfrak{C}}(x,z)>0$，do-calculus 提供了

$$p^{\mathfrak{C};\,\mathrm{do}(X:=x)}(y) = \sum_{z} p^{\mathfrak{C}}(z\,|\,x) \sum_{\tilde{x}} p^{\mathfrak{C}}(y\,|\,\tilde{x},z)\, p^{\mathfrak{C}}(\tilde{x}) \tag{6.23}$$

在这里观察除了 X 和 Y 的 Z 这一事实揭示的因果信息很好地表明，通过观察传递从 X 到 Y “信号” 的 “信道”（这里是 Z），也可以探索因果关系。

Bareinboim 和 Pearl（2014）考虑了可运输性问题。他们也对干预分布感兴趣，但是他们允许包括已经在 SCM 中获得的知识（即观察分布和干预分布）的可能性，这些知识与目

标 SCM 在一些结构赋值上一致，与其他的不同。

6.8 因果模型的等价性和可证伪性

到目前为止，SCM 是数学对象。为了将它们与现实联系起来，我们将它们视为数据生成过程的模型。不过，它可能是一类复杂的模型，而不是仅仅对一个联合分布建模（例如，可以用泊松过程对物理过程进行建模），现在可以同时在观测和扰动状态下，对一个系统进行建模。正如已经看到，甚至有可能将 SCM 视为反事实陈述的模型。

更正式地，考虑随机变量的向量 $\boldsymbol{X}=(X_1,\cdots,X_d)$。$\boldsymbol{X}$ 的**概率模型**预测观测分布 $P_{\boldsymbol{X}}$。称这种模型为**干预模型**，如果它还能预测干预分布，其中某个变量 X_j 设置为（独立）变量$\tilde{N}_j$。最后，**反事实模型**还预测反事实陈述的结果。例如，传统的机器学习方法，建立概率模型；因果图模型（定义 6.32）可以用作干预模型，SCM 可以用作反事实模型。如果它们相应的预测一致（Bongers 等人，2016），称两个模型等价。

定义 6.47（因果模型的等价性） 称两个模型

{概率 / 干预 / 反事实}等价

如果它们蕴含相同{观测分布 / 观测分布 & 干预分布 / 观测分布 & 干预分布 & 反事实分布}。

显然，干预等价的概念只适用于干预和反事实模型。命题 7.1 意味着对于每一个概率模型，都有一个观测等价的 SCM。

如果 $\boldsymbol{X}$ 有个一个严格的正密度，命题 6.48 说明可以限制干预在单个节点上的概念，也就是说，将变量 X_j 设置为变量$\tilde{N}_j$的干预，其中$\tilde{N}_j$的分布有完全支撑集。如果两个模型在干预的子类上达成一致，那么它们在所有其他干预上也会达成一致。其基本原理是，对单个节点的干预与随机实验的标准版本相对应。

对于给定的数据生成过程，如果相应的分布与来自生成过程的观测数据不一致，现在可以**证伪**一个概率模型或者干预模型。也就是说，如果干预模型正确预测观测分布，但不能预测前述随机实验中发生的情况，那么该模型仍然被认为是伪的。这个概念包含了假设：关于随机实验应该是什么样子是一致的。当不清楚如何随机化实际涉及的变量（或对其进行干预）时，应该小心写下 SCM。可证伪的概念进一步要求（统计）显著性的概念，这里不讨论。这里不包括反事实模型，因为它们通常很难证伪。有时，可以构建被证明的反事实模型，例如，参阅例 3.4，或者（Shpitser 和 Pearl ,2008a）。然而，例 6.19 显示了两个 SCM，它们蕴含相同的观察和干预分布，但蕴含不同的反事实陈述。

上述子类干预的限制（单个变量设置为噪声变量）具有实际意义。为了检测模型的有效性，必须将随机实验的结果与模型的预测进行比较。对于更复杂的干预措施，现实中的相应实验似乎更复杂。现在需要说明的是，在某种意义上，限制干预的类型不失一般性。以下命题指出，如果因果模型在所有单节点干预上一致，则它们干预等价。证明见附录 C.7。

命题 6.48（干预等价） 假设两个 SCM（或因果图模型）$\mathfrak{C}_1$ 和 $\mathfrak{C}_2$ 产生严格正的连续条件密度 $p(x_j|x_{pa(j)})$，其中 $pa(j) := \boldsymbol{PA}_{X_j}$，并且满足因果最小性。进一步假设它们蕴含相同的干预分布，其中某个变量 X_j 被设为变量$\tilde{N}_j$，并有完全支撑集：

$$P_X^{\mathfrak{C}_1;\mathrm{do}(X_j:=\tilde{N}_j)} = P_X^{\mathfrak{C}_2;\mathrm{do}(X_j:=\tilde{N}_j)}$$

$\forall j \, \forall \tilde{N}_j$，其中$\tilde{N}_j$有完全支撑集。

那么，$\mathfrak{C}_1$ 和 $\mathfrak{C}_2$ 是干预等价的，也就是说，它们在任何可能的干预上一致，包括原子干预或改变父节点集的干预（不包括创建一个循环）。

如果密度不严格为正，则不一定是这种情况。然后可能需要考虑同时干预多个节点（例如，双敲除基因实验）；见问题 6.59。

而且，我们现在能证明 SCM 的结构最小性（见备注 6.6）。如果 SCM 的结构赋值函数不依赖于其中一个输入，我们可以选择一个稀疏表示。下面命题形式化在什么意义下这些表述等价。

命题 6.49（反事实等价） 考虑两个共享相同噪声分布 P_N，且仅在第 k 个结构赋值不同的 SCM $\mathfrak{C}$ 和 $\mathfrak{C}^*$：

$$f_k(\boldsymbol{pa}_k, n_k) = f_k^*(\boldsymbol{pa}_k^*, n_k), \qquad \forall \boldsymbol{pa}_k, \forall n_k, p(n_k) > 0 \tag{6.24}$$

且 $\boldsymbol{PA}^*_k \subsetneq \boldsymbol{PA}_k$。那么，这两个 SCM 反事实是等价的。

证明见附录 C.8。

6.9 潜在结果

现在介绍另一种不基于 SCM 的因果推理方法。该框架通常被称为潜在结果或 Rubin 因果模型，并在社会科学中被广泛使用。这些想法可以追溯到 Neyman（1923）和 Fisher（1925），他们主要讨论随机实验。Rubin（1974）将观点扩展到观察性研究。Rubin（2005）、Morgan 和 Winship（2007）以及 Imbens 和 Rubin（2015）提供了更详细的介绍。

6.9.1 定义与实例

为了解释潜在结果，回顾例 3.4（眼科医生）并在此框架中对其重新进行形式化表示。现在从一组 n 个患者（或单位）$u = 1, \cdots, n$ 开始，而不是随机变量，其中每一个都可能接受或不接受治疗。为每个患者 u 分配两个**潜在结果**：如果他接受治疗 $T = 1$，$B_u(t = 1)$ 表示患者失明（$B = 1$）或者得到治愈（$B = 0$）。类似地，$B_u(t = 0)$ 表示相应未经治疗的情况（$T = 0$）。假定这两种潜在的结果是确定的。对于每个患者，治疗要么有所帮助，要么没有帮助：不涉及随机性。如果 $B_u(t = 1) = 0$ 且 $B_u(t = 0) = 1$，那么认为治疗对个体 u 有积极影响。

然而，实际中，无法检测这些条件。“因果推理的根本问题”（Holland，1986）指出，对于每个个体可以观察到 $B_u(t = 1)$ 或 $B_u(t = 0)$，而不可能同时观察到它们。原因在于，在选择治疗一个人后，不能回到过去并且撤销治疗。这甚至会出现另外一个反面。如果决定不给予治疗，仍然可以在晚些时候应用治疗，但这不能作为变量 $B_u(t = 1)$ 的结果解释。例如，患者可能在此期间自己康复。因此，只能观察到其中一种潜在的结果。未观察到的量成为反事实。

表 6.2 显示了前述例子的一个（假设的）数据集。实际上，数据点根据例 3.4 中描述的模型进行采样。为了证明表 6.2 中的表述，通常隐含地假定**稳定个体治疗价值假设**（SUTVA）（Rubin，2005）。它指出这些个体不会产生干预（例如，一个个体的潜在结果不取决于任何其他个体接受的治疗）（Cox，1958），此外，它要求潜在的结果不取决于接受治疗的方式或原因。将在 6.9.2 节看到当由 SCM 生成数据时，SUTVA 是满意的（如本例所做的那样）。

表 6.2　例 3.4 的潜在结果。对于每个患者（或个体），只观察两种潜在结果中的一种。观察到的信息有灰色背景。治疗 T 对几乎所有患者都有帮助。仅在 200 例中的 2 例中，治疗会伤害患者并使得变盲 $B=1$。尽管在大多数情况下分配治疗（$T=1$）是一个好主意，但对于患者 $u=120$，这确实是错误的决定

个体 u	治疗 T	潜在结果 $B_u(t=0)$	潜在结果 $B_u(t=1)$	个体水平因果效应 $B_u(t=1)-B_u(t=0)$
1	1	1	0	-1
2	0	1	0	-1
3	1	1	0	-1
⋮				
43	1	1	0	-1
44	0	0	1	1
45	0	1	0	-1
⋮				
119	1	1	0	-1
120	1	0	1	1
121	0	1	0	-1
⋮				
200	0	1	0	-1

潜在的结果告诉人们治疗对个体的影响。将**单位层面的因果效应**定义为 $B_u(t=1)-B_u(t=0)$。平均因果效应定义为

$$CE=\frac{1}{n}\sum_{u=1}^{n}B_u(t=1)-B_u(t=0) \tag{6.25}$$

“因果推理的根本问题”阻止人们直接计算式（6.25）。假设在一个完全随机的实验中，个体 $u\in U_0\subset\{1,\cdots,n\}$ 不接受治疗 $T=0$，个体 $u\in U_1=U_0^C$ 接受治疗 $T=1$。Neyman（1923）表明

$$\widehat{CE} := \frac{1}{\#U_0}\sum_{u\in U_0} B_u(t=1) - \frac{1}{\#U_1}\sum_{u\in U_1} B_u(t=0) \tag{6.26}$$

是式（6.25）的无偏估计量。在这里，$\widehat{CE}$中的随机性来自随机分配，这些随机分配决定了观察到的个体的两种潜在结果中的哪一种。结果本身被认为是隐藏的，而不是随机的。请注意，式（6.26）仅包含观测量，因此可以在研究执行后计算。

关于这两种方法中的哪一种更适合于实际应用有广泛的争论（Pearl，1995；Imbens 和 Rubin，1995；Rubin，2004；Lauritzen，2004）。这里不打算积极参与这个讨论，而是提到以下三个结果：①描述如何将潜在结果表示为反事实（Pearl，2009，3.6.3 节）；②两个框架之间存在逻辑等价性（Galles 和 Pearl，1998; Halpern，2000）；③这里评论了最近提出的一个框架（Richardson 和 Robins，2013），它使两个世界更加接近。

6.9.2 潜在的结果与结构因果模型之间的关系

在 SCM 中，可以用反事实的语言来表示潜在的结果（见 6.4 节）。在上面的案例中，SCM $\mathfrak{C}$ 满足 $T = N_T$和$B = T \cdot N_B +(1-T)\cdot(1-N_B)$，因此，可以用$N_B$和$N_T$来表示特定的病人。在表 6.2 中，43 号病人用 N_T=1 和 N_B=0 表示，而 44 号病人满足 $N_T = 0, N_B = 1$。这两项 $t = 0$ 和 $t = 1$ 对应于 T 上的干预，可以总结如下：

$$\underbrace{B_u(t=\tilde{t})}_{\text{潜在结果}} \qquad = \qquad \underbrace{B \text{ 在 SCM } \mathfrak{C}|\boldsymbol{N}=\boldsymbol{n}_u;\, \text{do}\,(T:=\tilde{t}) \text{ 中}}_{\text{反事实 SCM}} \tag{6.27}$$

式中，$\boldsymbol{n}_u$ 为个体 u 的特征 [（Pearl, 2009，式（3.51）]。因为在反事实的 SCM 中，所有的噪声项都是确定性的，B 的分布也是退化的，B 是确定性的（根据需要）。在表 6.2 的例子中，使用了伯努利分布的 N_T ~Ber（0.6）和 N_B~Ber（0.01），抽样了 200 个 i.i.d. 个体。在这种情况下，SUTVA 是满意的。这一假设意味着个体不相互干扰，模块性（对 T 的干预只改变 T 的结构赋值）表明，采用的处理方式不会影响结果。

现在讨论一个结果，在一定意义上，式（6.27）中的两种表示等价。为此，主要采用 Pearl（2009, 7.3.1 节）和 Halpern（2000）的论述。主要论证基于以下步骤：

1）定义属性（公理）:（C0）~（C5）和（MP）（Halpern, 2000，第 3 节）。例如，属性（C4）表示

$$T_u(t=\tilde{t}, w=\tilde{w})=t$$

它假定个体 u 设置变量 T 为 t 是有效的。

2）这些公理在两种表述中都满足（公正）。

3）可以看出，这些性质对于反事实 SCM 是完备的。任何反事实的陈述都来自于其中一个公理。

4）可以得出结论：任何适用于反事实的标准定理都适用于现实潜在结果的世界，反之亦然。[1] 同样，根据 3)，任何满足三个公理的数据集（见表 6.2）都可以用反事实 SCM 建模。[2]

然而，两个世界的语言是不同的。即使定理在两个框架下都成立。一些定理在某一个世界中可能会“更容易”证明。类似地，任何在定理中出现的假设，会对基本的数据生成过程施加限制。根据不同的应用，一个形式化描述可以简化对这些限制的评估。在平均因果效应为零，但个体的因果效应是非零的环境中，似乎更容易获得潜在的结果。另一方面，为了探索随机变量间因果关系的假设，SCM 的图形化描述可能是有益的。

Richardson 和 Robins（2013）提出了**单一世界干预图**。这些图允许变量设置为某一值，从而建立相应的反事实变量。这些改变使得相关的变量和反事实变量条件独立。因此，这些图是将图假设转化为反事实描述的工具，它在潜在结果分析中经常用到。

6.10 单一对象的广义结构因果模型

到目前为止，已经研究了随机变量 $X_1, \cdots, X_d$ 的因果关系，只专注于数据为来自 $P_{\mathbf{X}}$ 的

---

[1] 严格地说，“反之亦然”要求潜在的结果框架不能比提到的公理假设更多。

[2] 如果没有 SCM 可能生成此数据集，这将意味着来自 SCM 的反事实将满足三个公理所不隐含的另一个属性，即不能生成该数据集的属性。

iid 观测。现在考虑因果 DAG 的节点集 $\boldsymbol{v}=\{x_1, \cdots, x_d\}$。该因果 DAG 由形式化观测的任何数学对象组成。例如，在观察了不同的作者所写的文本 $x_1, \cdots, x_d$ 的相似性之后，可能会对一个作者被那一个作者影响的因果关系感兴趣。根据 Steudel 等人（2010）的研究，现在描述，给定适当的信息概念，而不涉及统计抽样，在什么意义下潜在的 DAG 蕴含条件独立。为此，假定得到了一些信息函数

$$R: 2^V \to \mathbb{R}_0^+$$

在节点的集合不可能比其超集包含更多信息的意义下，该函数是单调的。因此，对于任意两个节点的集合 $\boldsymbol{x}, \boldsymbol{y} \subseteq \boldsymbol{v}$，表达式$R(\boldsymbol{x}, \boldsymbol{y})-R(\boldsymbol{y})$是非负的，可以被解释为度量 $\boldsymbol{x}$ 关于 $\boldsymbol{y}$ 的条件信息。而且，假设 R 是这样的，对于任意三个互不相交的节点集合 $\boldsymbol{x}$、$\boldsymbol{y}$、$\boldsymbol{z}$：

$$I(\boldsymbol{x}:\boldsymbol{y} \mid \boldsymbol{z}):=R(\boldsymbol{x}, \boldsymbol{z})+R(\boldsymbol{y}, \boldsymbol{z})-R(\boldsymbol{x}, \boldsymbol{y}, \boldsymbol{z})-R(\boldsymbol{z}) \tag{6.28}$$

上述的表达式非负，这就是当且仅当 R 是子模块（见 9.5.2 节）时的情况。因此，可以将式（6.28）解释为给定 $\boldsymbol{z}$，$\boldsymbol{x}$ 和 $\boldsymbol{y}$ 之间的广义条件互信息。因为 $R(\boldsymbol{x}, \boldsymbol{z})-R(\boldsymbol{z})$ 是度量在给定 $\boldsymbol{z}$ 时 $\boldsymbol{x}$ 的信息，而 $R(\boldsymbol{x}, \boldsymbol{y}, \boldsymbol{z})-R(\boldsymbol{y}, \boldsymbol{z})$ 是度量在给定 $\boldsymbol{y}$ 和 $\boldsymbol{z}$ 时 $\boldsymbol{x}$ 的信息。同样，随机变量之间的条件互信息也可以写成香农熵的差（Cover 和 Thomas, 1991）。如果式（6.28）消失，称给定 $\boldsymbol{z}$ 时 $\boldsymbol{x}$ 和 $\boldsymbol{y}$ 条件独立。

为了定义广义的 SCM，将对每个观测到的节点 x_j 引入未观测到的噪声对象 n_j，并给出以下论述。

原则 6.50（没有附加信息） 当一个节点 x_j 包含它的父节点 $\boldsymbol{pa}_j$ 和未观测节点 n_j 时，它不包含任何额外的信息，也就是说

$$R(x_j, \boldsymbol{pa}_j, n_j)=R(\boldsymbol{pa}_j, n_j)$$

这推广了一个假设：每个随机变量 X_j 由它的父节点和噪声变量决定，对于离散随机变量，等于说 X_j、$\boldsymbol{PA}_j$ 和 N_j 的香农熵等于 $\boldsymbol{PA}_j$ 和 N_j 的香农熵。

SCM 的第二个关键假设是噪声项的统计独立性。这个假设的推广为原则 6.51。

原则 6.51（未观测对象的独立性） 未观察到的节点 n_j 不包含彼此的信息，即

$$R(n_1,\cdots,n_d)=\sum_{j=1}^{d}R(n_j)$$

Steudel 等人（2010）证明了下述定理。

定理 6.52（广义因果马尔可夫条件） 如果原则 6.50 和原则 6.51 满足，那么对任何三个满足 $\boldsymbol{x}$ 和 $\boldsymbol{y}$ 被 $\boldsymbol{z}$ d 分离的点集，都有给定 $\boldsymbol{z}$ 时 $\boldsymbol{x}$ 和 $\boldsymbol{y}$ 条件独立。

为了将这些概念应用到文本示例中，将文本看作其有意义的单词的集合，信息 R 为不同单词的个数。假设 d 个文本 $x_1, \cdots, x_d$ 的影响由下面的简化机制给出：x_j 的作者从 x_j 的双亲文本中提取了一些单词，并根据他自己的思想添加了一些单词。这些额外的单词由 n_j 给出。然后，根据 n_j 的定义满足原则 6.50。根据原则 6.51，不同作者添加的词被认为是不同的。如果两个文本共有的单词都出现在第三个文本，那么给定第三个文本，这两个文本条件独立。这个例子表明，合理的条件独立可以定义在比随机变量更广泛的对象上。为了确保因果马尔可夫条件满足特定的独立概念，基于原则 6.50 和原则 6.51，潜在的信息度量必须适合于各类因果机制。

Janzing 和 Schölkopf（2010）使用 Kolmogorov 复杂性 K 对某个固定的图灵机 T 量化了二进制字符串之间的信息，见 4.1.9 节。函数 K 在数量级 $\mathcal{O}(1)$ 上近似子模块，也就是说，错误不会随着被考虑的字符串的大小而增长。然后，Janzing 和 Schölkopf（2010）定义了一个“因果关系的算法模型”，其中 T 根据其双亲和一个噪声字符串 n_j 计算 x_j，这确保了原则 6.50。每个 n_j 也可以被解释为根据双亲计算 x_j 的程序，也就是说，从其直接原因生成 x_j 的机制。与原则 2.1 相比[⊖]，原则 6.51 相当于独立性机制。应用定理 6.52 到 $R=K$，可得到“算法的马尔可夫条件”（Janzing 和 Schölkopf, 2010）：当 $\boldsymbol{z}$ d 分离 $\boldsymbol{x}$ 和 $\boldsymbol{y}$ 时，知道 $\boldsymbol{y}$ 不会允许 $\boldsymbol{x}$ 关于图灵机的更短描述，这里图灵机把 $\boldsymbol{z}$ 作为自由背景信息。

在更高的层次上，这描述了因果推理的一个深层问题：如果相关性度量对考虑的观测

⊖ 这样，图 2.2 的第二分支和第三分支可以被看作一致。字符串 n_j 编码机制（即在图灵机上运行的程序），同时也是统计环境中噪声项的模拟。

类别和潜在因果机制是恰当的，声明“观测之间的相关性只有在它们是因果关系时才发生（原则 1.1 的概括）”才成立。例如，一个孩子的高度在过去的十年里增加了，而且，与此同时，一些股票的价值增加了，无法推断它们之间有因果联系，因为增长是许多时间序列共享的属性，但是它们没有因果联系。只有当两个时间序列共享更复杂的不同增长（和 / 或减少）模式时，才会询问相似性背后的共同原因。由于时间序列的非平稳性普遍存在，发现信息测量将是有趣的，因为它使人们相信相关预示着因果关系（如果时间序列是通过对大型数据库搜索发现的，可以充分考虑多个测试问题）。从更实用的机器学习角度来说，这引导人们构造合适的特征，在特征空间中相似的特征表明了因果关系。

6.11 条件算法独立性

6.10 节表明因果结构不仅意味着统计（条件）独立，而且对其他（非统计的）信息度量也具有独立性。已经了解到，马尔可夫条件也可以阐述为算法的信息。算法马尔可夫条件的最基本的含义与算法相关的 Reichenbach 原理的类似：两个对象有一个共同的原因，或者当其中一个影响到另一个时，两个对象仅在算法上依赖（Janzing 和 Schölkopf, 2010）。否则，它们由空集 d 分离，因此它们相互独立。同样地，d 个对象 $x_1, \cdots, x_d$ 因果无关，则联合算法独立。可以用下式来表示：

$$K(x_1,\ldots,x_d) \stackrel{+}{=} \sum_{j=1}^{d} K(x_j) \tag{6.29}$$

可以把式（6.29）左右两边的区别称为多信息（与统计信息理论中相应的术语类似）。联合独立性可用公式表示为

$$I(x_1, x_2, \cdots, x_d) \stackrel{+}{=} 0 \tag{6.30}$$

那么，联合独立性也意味着每个子集的独立性。例如，如果 x_1 和 x_2 的联合描述，比 x_1 和 x_2 的单独描述短，那么 $x_1, \cdots, x_d$ 的联合描述自动短于所有 x_j 的单独描述，因此式（6.30）意味着

$$I(x_1 : x_2) \stackrel{+}{=} 0$$

如果假设因果图模型中条件分布[1] $P_{X_j|\boldsymbol{PA}_j}$ “自然独立选择”，那么就得出结论，它们联合算法独立（Janzing 和 Scholköpf, 2010；Lemeire 和 Janzing；2013），它描述了原则 4.13 的多变量版本。

原则 6.53[条件算法独立性（AIC）] 由定义 6.21 第 3）条中的因果贝叶斯网络中的马尔可夫核描述的因果条件分布在算法上是独立的，即

$$I(P_{X_1|\boldsymbol{PA}_1}, P_{X_2|\boldsymbol{PA}_2}, \cdots, P_{X_d|\boldsymbol{PA}_d}) \stackrel{+}{=} 0 \quad (6.31)$$

或者等效地

$$K(P_{X_1, \cdots, X_d}) \stackrel{+}{=} \sum_{j=1}^{d} K(P_{X_j|\boldsymbol{PA}_j}) \quad (6.32)$$

请注意，原则 6.53 不能与 6.10 节中讨论的算法马尔可夫条件混淆。虽然后者指的是 n 个单一对象之间的因果关系，而不涉及统计抽样，但前者仍然假设具有 n 个随机变量的传统的 i.i.d. 环境，只给出一个附加的推理原则。

对于二元变量情况，式（6.31）和式（6.32）的等价性是直接的，因为描述联合分布等同于描述所有的因果马尔可夫核。换句话说，AIC 表明，联合分布的最短描述由因果马尔可夫核的单独描述给出。

因果关系的忠实性和 AIC 在本质上是相关的，并且常常产生相似的结论。为了讨论相似点和不同点，回顾一下例 6.34。参数 a 描述了 $P_{Y|X}$，参数（b, c）描述了条件分布 $P_{Z|X, Y}$，于是有

$$I(P_{Y|X} : P_{Z|X,Y}) \stackrel{+}{\geqslant} I(a : (b,c)) \quad (6.33)$$

这是因为两个对象之间的算法互信息不能通过限制对某些方面的关注而增加，例如，Janzing

[1] 与前面类似，用符号 $P_{Y|\boldsymbol{X}}$ 表示条件分布的集合（$P_{Y|\boldsymbol{X}=\boldsymbol{x}}$）$_{\boldsymbol{x}}$ 的简写。

和 Schölkopf（2010，引理 6）。“非一般”独立性 $X \perp\!\!\!\perp Z$ 成立，当线性模型的结构系数满足

$$a \cdot b + c = 0 \tag{6.34}$$

则 $K(a|b, c) \stackrel{+}{=} 0$，因为 a 可以通过长度为 $\mathcal{O}(1)$ 的程序从 b，c 中计算出来。因此

$$I(a:(b,c)) \stackrel{+}{=} K(a) - K(a|(b,c)^*) \stackrel{+}{=} K(a)$$

得到结论：当 $K(a)$ 明显大于 0 时，AIC 不成立。对于一般实数 a, K（a）以期望（相对）的精度对数增长。然后 AIC 拒绝了相应的因果 DAG，因为式（6.34）被认为是一个不太可能的巧合。

必须解释“当 $K(a)$ 明显大于 0 时”的含义，因为它相当于 AIC 与忠实性之间的区别：例如，假设 $b = c$ 和 $a = -1$。则式（6.34）成立，但是当 b 和 c 已知时，a 的描述不会变短，因为 $K(a)$ 已经可以忽略了。因此 AIC 并没有被违背，尽管式（6.34）似乎表明对参数进行了微调。继 Lemeire 和 Janzing（2013）之后，现在讨论为什么将这种调节作为 AIC 的特征而不是一个缺陷。其想法是结构系数 ±1（达到一定的精度）在自然界中发生的频率要比一些更一般的值（如 2.36724）更频繁。例如，花费一些钱 S，会使得可用资金量 A 减少 S。S 和 A 之间的因果关系可以利用结构系数 −1 描述[㊀]。隐含地，AIC 和这里的论点是基于一个先验，该先验认为具有短描述长度的值更有可能 [与 Solomonoff 的归纳推理理论一致（Solomonoff, 1964）]。

AIC 的另一个特点是它也拒绝几乎取消不同的路径：例如，假设 a 非常接近 $-c/b$。在这种情况下估计 $I(a:(b, c))$，观察

$$I(a:(b,c)) \stackrel{+}{\geqslant} I(a:(c/b))$$

两个彼此接近的整数 n 和 m 的算法互信息典型值是 $\log n/|m-n|$，因为在 m 已知的情况下描述 n 需要 $\log|n-m|$bits，否则它需要的是 $\log n$ bits。在任意精细的离散化之后，可以用

㊀ 这个例子表明，结构系数如此简单，往往是人们如何定义变量的结果，而不是作为“自然”属性的结果。一般来说，人们可能想知道，在多大程度上定义了变量，从而产生了简单的因果关系。

整数表示 a 和 c/b，然后将 $\log[a/(a+c/b)]$ 作为 $P_{Y|X}$ 和 $P_{Z|X,Y}$ 之间的算法互信息进行粗略估计。

6.12 问题

问题 6.54（DAG） 表 B.1 指出，对于三个节点有 25 个 DAG，为什么呢?

问题 6.55（多元 SCM） 考虑以下 SCM$\mathfrak{C}$：

$$
\begin{aligned}
V &:= N_V \\
W &:= -2V + 3Y + 5Z + N_W \\
X &:= 2V + N_X \\
Y &:= -X + N_Y \\
Z &:= \alpha X + N_Z
\end{aligned}
$$

式中，N_V、N_W、N_X、N_Y、$N_Z \overset{\text{iid}}{\sim} \mathcal{N}(0,1)$。

a）绘制 SCM 对应的图。

b）设置 α=2，并模拟联合分布的 200 个 i.i.d. 数据点；绘制 X 和 W 的值，使分布的 $P_{X,W}^{\mathfrak{C}}$ 可视化。

c）再次，设置 $\alpha=2$，并从干预分布

$$P_{X,W}^{\mathfrak{C};\,\mathrm{do}(X:=3)}$$

中取样 200 个 i.i.d. 数据点，这里对 Z 进行了干预，绘制样本点，并与 b）中的图进行对比。

d）一个从一个节点到另一个节点的有向路径并不一定意味着前一个节点对后者有因果影响。选择 α 的值，并证明对于这个值 X，对 W 没有因果影响。

e）对于任何给定的 α，计算

$$\frac{\partial}{\partial x}\mathbb{E}^{\mathfrak{C};\,\mathrm{do}(X:=x)}[W]$$

问题 6.56（干预） 考虑 SCM：

$$X := N_X$$
$$Y := (X-4)^2 + N_Y$$
$$Z := X^2 + Y^2 + N_Z$$

式中，N_X、N_Y、$N_Z \overset{\text{iid}}{\sim} \mathcal{N}(0,1)$。可以对 X 或 Y 进行干预。哪个硬干预能产生 Z 的最小期望值？

问题 6.57（最小性） 在备注 6.6 中指出，因果最小性（定义 6.33）意味着结构最小性。

a）说服自己，这是命题 6.49 所显示的。

b）举一个 SCM 的例子，满足结构最小性，但不满足因果最小性。

问题 6.58（因果最小性） 考虑一个因果图模型，其分布具有严格正的连续密度，且违反了因果最小性。根据命题 6.36，可以从图中去除一个"非活跃"的边，从而得到一个新的因果图模型。证明这两种模型具有干预等价性。

问题 6.59（干预等价） 考虑两个 SCM $\mathfrak{C}_1$ 和 $\mathfrak{C}_2$ 形式如下：

$$X := N_X$$

$$Y := X + N_Y$$

$$Z := f_j(X, Y) + N_Z$$

式中，N_X、N_Y、$N_Z \overset{\text{iid}}{\sim} \mathcal{U}(-1,1)$，一个 −1~1 的连续均匀分布，选择函数 f_1 和 f_2，使得 $\mathfrak{C}_1$ 和 $\mathfrak{C}_2$ 在观测上等价，并对所有单个节点的干预达成一致，但对多节点的同时干预无法达成一致。这个问题表明，如果密度不严格为正，命题 6.48 不需要为真。

问题 6.60（循环 SCM） 证明：当矩阵 $\boldsymbol{B}$ 的特征值的绝对值严格小于 1 时（也就是说，$\boldsymbol{B}$ 的谱半径严格小于 1），$(\boldsymbol{I}-\boldsymbol{B})$ 可逆。

问题 6.61（循环 SCM） 考虑备注 6.5 中描述的赋值 $\boldsymbol{X} := \boldsymbol{B}\boldsymbol{X} + \boldsymbol{N}$。证明：如果 $\boldsymbol{B}$ 的谱半径严格小于 1，式（6.3）中 $\boldsymbol{X}^t := \boldsymbol{B}\boldsymbol{X}^{t-1} + \boldsymbol{N}$ 定义的 $\boldsymbol{X}^t$ 收敛到式（6.2）定义的 $\boldsymbol{X} := (\boldsymbol{I}-\boldsymbol{B})^{-1}\boldsymbol{N}$。

问题 6.62（*d* 分离） 证明在一个没有直接连接边缘的 DAG $\mathcal{G}_1$ 中，可以 *d* 分离任何两个节点。用这个命题来证明命题 6.35。

问题 6.63（协变量调整） 假设 $\boldsymbol{Z}$ 是一个从 $\boldsymbol{X}$ 到 Y 的因果效应的有效调整集，并且（Y, $\boldsymbol{X}$, $\boldsymbol{Z}$）具有高斯分布（零平均）：

$$\mathbb{E}[Y|X=x, \boldsymbol{Z}=\boldsymbol{z}]=ax+\boldsymbol{b}^t\boldsymbol{z}$$

证明

$$\frac{\partial}{\partial x}\mathbb{E}^{\mathfrak{C};\mathrm{do}(X:=x)}[Y] = a$$

换句话说，用式（6.19）和式（6.13）证明式（6.20）。这个结果允许通过在 X 和 $\boldsymbol{Z}$ 上回归 Y 来一致估计因果效应 a。

问题 6.64（协变量调整） 用式（6.17）证明父亲调整和后门准则命题 6.41 中的 1）和 2）。

问题 6.65（协变量调整） 证明前门标准 [式（6.23）]。可从

$$p^{\mathfrak{C};\mathrm{do}(X:=x)}(y)=\sum_z p^{\mathfrak{C};\mathrm{do}(X:=x)}(y\,|\,z,x)p^{\mathfrak{C};\mathrm{do}(X:=x)}(z)$$

开始，然后使用积分（见 6.7 节）中的规则 2 和规则 3。

第 7 章 学习多变量因果模型

与第 4 章类似，现在转向学习因果模型的问题。7.1 节（“结构可识别性”）中，首先讨论不同的假设下，（部分）图结构可以通过联合分布恢复。前面讨论过的二元变量环境中的一些结构可以延续下来。与二元变量的情况一样，可识别性假设没有完整的特征描述，未来的研究可能揭示出有希望的替代方法。7.2 节中，接着介绍一些方法和算法，例如基于独立和基于分数的方法，这些方法从一个有限的数据集来估计图（“结构识别”）。

与二元变量环境类似，再次面临 SCM 的类太过灵活这样的问题。给定随机变量 $\mathbf{X}=(X_1, \cdots, X_d)$ 上的分布 $P_{\mathbf{X}}$，不同的 SCM 是否都会蕴含这一分布？这个问题用以下命题来回答：确实，通常对于许多不同的图结构，存在一个产生分布 $P_{\mathbf{X}}$ 的 SCM[⊖]。

命题 7.1（图结构的非唯一性） 考虑随机变量 $\mathbf{X}=(X_1, \cdots, X_d)$ 上的分布 $P_{\mathbf{X}}$，它关于 Lebesgue 测度有一个密度，且关于 $\mathcal{G}$ 是马尔可夫的。则存在一个关于图 $\mathcal{G}$ 的 SCM $\mathfrak{C}=(\mathbf{S}, P_{\mathbf{N}})$，蕴含分布 $P_{\mathbf{X}}$。

证明： 见附录 C.9。

特别是，给定任何一个完全的 DAG，可以找到一个相应的 SCM，它蕴含其分布。因此，与二元变量情况类似，显然需要进一步的假设来获得可识别性的结果。7.1 节讨论其中的一些假设。

⊖ 与命题 7.1 类似的论述见文献 Druzdzel 和 Simon（1993）；Druzdzel 和 van Leijen（2001）。

7.1 结构可识别性

7.1.1 忠实性

如果分布 $P_{\mathbf{X}}$ 对于潜在的 DAG $\mathcal{G}^0$ 是马尔可夫的并且是忠实的，那么在图 $\mathcal{G}^0$ 中的 d 分离表述和分布中相应的条件独立表述之间有一个一对一的对应关系。因此，$\mathcal{G}^0$ 的正确的马尔可夫等价类之外的所有图都可以被拒绝，因为它们强加了一个 d 分离集，与 $P_{\mathbf{X}}$ 中的条件独立的集合不相等。由于马尔可夫条件和忠实性只对联合分布中的条件独立进行了限制，也很明显无法区分两个马尔可夫等价图，也就是说，无法区分蕴含完全相同的条件独立集的两个图（例如见图 6.4）。总的来说，在马尔可夫条件和忠实性的基础上，由 CPDAG（$\mathcal{G}^0$）表示的 $\mathcal{G}^0$ 的马尔可夫等价类，可从 $P_{\mathbf{X}}$ 中识别（例如，Spirtes 等人，2000）。

引理 7.2（马尔可夫等价类的可识别性） 假定 $P_{\mathbf{X}}$ 关于 $\mathcal{G}^0$ 是马尔可夫的、忠实的，则对于每个图 $\mathcal{G} \in \text{CPDAG}(\mathcal{G}^0)$，可以找到一个蕴含 $P_{\mathbf{X}}$ 的 SCM。此外，对于任何 $\mathcal{G} \notin \text{CPDAG}(\mathcal{G}^0)$，$P_{\mathbf{X}}$ 关于 $\mathcal{G}$ 不具有马尔可夫性和忠实性。

证明：第一个陈述可以由命题 7.1 直接得到，第二个陈述则是从马尔可夫等价的定义而来，见定义 6.24。

基于独立的方法（或基于约束的方法）假设分布对于潜在的图是马尔可夫的、忠实的，然后估计正确的马尔可夫等价类，参见 7.2.1 节。

已经在例 6.42 中看到，对于高斯分布，因果效应可以用一个数值来概括，见式（6.20）。如果不是正确的图，只知道该图的马尔可夫等价类，那么这个量就不再是可识别的了。然而，有可能提供界（Maathuis 等人，2009）。

7.1.2 加性噪声模型

命题 7.1 表明，一个给定的分布可以由几个具有不同图的 SCM 蕴含。然而，对于许多这种图结构，结构赋值函数 f_j 相当复杂。事实证明，如果不允许任意复杂的函数，也就是说，如果限制了函数类，就得到了非平凡的可标识性结果。正如已在第4章中看到的，将在以下7.1.4节和7.1.5节中假定噪声是以加性的方式产生的。

定义 7.3（ANM） 称一个SCM$\mathfrak{C}$为加性噪声模型（ANM），如果结构赋值为如下形式：

$$X_j := f_j(\boldsymbol{PA}_j) + N_j \qquad j = 1, \cdots, d \tag{7.1}$$

也就是说，如果噪声是加性的。为了简单起见，进一步假设函数f_j可导，噪声变量N_j具有严格正密度。[⊖]

下面可识别性的结果假设了因果最小性（定义6.33）。对于ANM，这意味着每个函数f_j在任何一个参数上都不是常数。从直觉上讲，要求函数应该真的“依赖于”它的参数。附录C.10中提供了以下命题的证明。

命题 7.4（因果最小性和ANM） 考虑由模型[式（7.1）]产生的分布，并假设函数f_j在任何参数上都不是常数，即对所有j和$i \in \boldsymbol{PA}_j$，存在变量$\boldsymbol{PA}_j \backslash \{i\}$的某个值$\boldsymbol{pa}_{j,-i}$，以及某个$x_i \neq x_i'$使得

$$f_j(\boldsymbol{pa}_{j,-i}, x_i) \neq f_j(\boldsymbol{pa}_{j,-i}, x_i')$$

那么，联合分布关于相应的图满足因果最小性。反之，如果存在节点j和i使得对于所有的$\boldsymbol{pa}_{j,-i}$的函数$f_j(\boldsymbol{pa}_{j,-i}, \cdot)$是常数，则违反了因果最小性。

在备注6.6中指出，可以限制函数在其中一个参数上不是常数，见命题6.49。现在已经看到，对于完全支持噪声的ANM，这个限制意味着因果最小。

给定式（7.1）中描述的限定类的SCM，是否获得了完整的结构可标识性？同样，答案是否定的。定理4.2和问题7.13表明，例如，如果分布是由线性高斯SCM产生的，不一定能够恢复正确的图。然而，事实证明，这一情况在以下的描述中是例外的。对于几乎所有函数和分布的其他组合，我们可以得到可标识性。所有无法确认的情况都有特征（Zhang和Hyvärinen，2009；Peters等人，2014）。图4.2右图显示了另一个与线性高斯情况不同的无法识别

[⊖] 举例来说：这两个条件保证X_1，⋯，X_d上的联合分布是严格正密度。

的例子。其细节可在（Peters 等人，2014, 例 25）中找到。表 7.1 显示了一些已知的可识别性结果。

表 7.1　高斯噪声的一些已知可识别性结果的摘要信息，以及非高斯噪声的可辨识性结果，但它们更具专业性

结构配置类型		条件函数	DAG 识别	参见
（通用）SCM:	$X_j := f_j(X_{PA_j}, N_j)$	—	✗	命题 7.1
ANM:	$X_j := f_j(X_{PA_j}) + N_j$	非线性	✓	定理 7.7 1）
CAM:	$X_j := \sum_{k \in PA_j} f_{jk}(X_k) + N_j$	非线性	✓	定理 7.7 2）
线性高斯	$X_j := \sum_{k \in PA_j} \beta_{jk} X_k + N_j$	线性	✗	问题 7.13
等误差方差的线性高斯：	$X_j := \sum_{k \in PA_j} \beta_{jk} X_k + N_j$	线性	✓	命题 7.5

这里再次提到，在 ANM 框架中有几个扩展。例如，Zhang 和 Hyvä rinen（2009）允许变量的后非线性变换，Peters 等人（2011a）考虑离散变量的 ANM。

一般来说，非线性的 ANM 在边缘化下是不会闭合的。也就是说，如果 $P_{X,Y,Z}$ 允许从 X 到 Y 和从 Y 到 Z 的 ANM，则 $P_{X,Z}$ 不一定允许从 X 到 Z 的 ANM。这可能限制了 ANM 在实际中的适用性，因为人们可能无法在因果路径上观察中间变量。对于物理实验来说，人们可以认为每一种影响都是通过无限多个中间变量传播的。因此，没有直接或间接影响的绝对概念（相反，它必须总是相对于观察到的集合）。从这个意义上说，ANM 只能被看作一个很好的近似。

在下面的三节中，将更详细地研究三个具体的可识别的例子：误差方差相等的线性高斯情况（见 7.1.3 节）、线性非高斯情况（见 7.1.4 节）以及非线性高斯情况（见 7.1.5 节）。虽然有更普遍的结果（Peters 等人，2014），但我们集中讨论这三个例子，因为对它们来说，精确的条件可以很容易陈述。这里忽略了证明，集中精力在陈述上。大部分的证明可以基于 Peters 等人（2011b）所建立的技术。它们允许将第 4 章建立的许多二元变量可识别性的结果应用于多变量环境。

7.1.3　具有等误差方差的线性高斯模型

这是另一个线性高斯 SEM 的偏离，它使得图可以被识别。Peters 和 Bühlmann（2014）

表明，限制噪声变量具有相同的方差就足以恢复图结构。

命题 7.5（具有等误差方差的可识别性） 考虑一个图 $\mathcal{G}_0$ 的 SCM 和分配：

$$X_j := \sum_{k \in \boldsymbol{PA}_j^{\mathcal{G}_0}} \beta_{jk} X_k + N_j, \qquad j = 1, \cdots, d$$

所有的 N_j 都是 i.i.d 的高斯分布。特别地，噪声方差 σ^2 不依赖于 j。此外，对于每一个 $j \in \{1, \cdots, p\}$，要求 $\beta_{jk} \neq 0$ 对于所有的 $k \in \boldsymbol{PA}_j^{\mathcal{G}_0}$ 成立。则图 $\mathcal{G}_0$ 可以从联合分布中识别出来。

为了估计系数 β_{jk}（即图结构），Peters 和 Bühlmann（2014）建议使用基于贝叶斯信息准则（BIC）的惩罚最大似然分数，见 7.2.2 节，以及 DAG 空间中的贪婪搜索算法。调整变量会改变误差项的方差。因此，在许多应用中，模型 [式（7.2）] 不能被合理地应用。BIC 允许人们将该方法的分数与使用更多参数且没有误差方差相等假设的线性高斯 SEM 的分数进行比较。

7.1.4 线性非高斯无环模型

Shimizu 等人（2006）使用独立成分分析（ICA）（Comon，1994，定理 11）证明了下面的论述，它本身就是用 Darmois-Skitovič 定理证明的。

定理 7.6（LiNGAM 的可识别性） 考虑一个图 $\mathcal{G}_0$ 的 SCM 及其赋值：

$$X_j := \sum_{k \in \boldsymbol{PA}_j^{\mathcal{G}_0}} \beta_{jk} X_k + N_j \qquad j = 1, \cdots, d \tag{7.2}$$

所有的 N_j 都是联合独立的非高斯分布，且具有严格的正密度[⊖]。另外，对于每个 $j \in \{1, \cdots, p\}$，要求 $\beta_{jk} \neq 0$ 对于所有 $k \in \boldsymbol{PA}_j^{\mathcal{G}_0}$ 成立，则图 $\mathcal{G}_0$ 可以从联合分布中识别出来。

作者称这种模式为“LiNGAM”。前面 4.1.3 节已经提到过，在 Peters 等人（定理 28，

⊖ 例如：严格正密度的条件可以被削弱（见 ICA 证明的细节），但必须假设噪声变量是非退化的。

2014）的研究中，有一个定理 7.6 的另一种证明：将二元变量可识别性结果（如定理 4.2）扩展到多变量情况。这个技巧也适用于非线性加性模型（通过扩展定理 4.5）。

7.1.5 非线性高斯加性噪声模型

已经看到，如果函数是线性的，并且噪声变量是非高斯的，那么 ANM 的图结构就可以被识别出来。或者，也可以利用非线性。如果噪声为高斯噪声，结果很容易论述。

定理 7.7（非线性高斯 ANM 的可识别性）

1）假定 $P_{\mathbf{X}}=P_{X_1,\cdots,X_d}$ 由如下 SCM 产生：

$$X_j := f_j(\boldsymbol{PA}_j)+N_j$$

式中，噪声变量为正态分布，$N_j\sim\mathcal{N}(0,\sigma_j^2)$。三阶可导函数 f_j 在如下意义的任何成分上是非线性的：记 X_j 的父节点集 $\boldsymbol{PA}_j$ 为 $X_{k_1},\cdots,X_{k_\ell}$。则对于所有 a 和一些 $x_{k_1},\cdots,x_{k_{a-1}},x_{k_{a+1}},\cdots,x_{k_\ell}\in\mathbb{R}^{\ell-1}$，假定函数 $f_j(x_{k_1},\cdots,x_{k_{a-1}},x_{k_{a+1}},\cdots,x_{k_\ell})$ 是非线性的。

2）作为一个特例，$P_{\mathbf{X}}=P_{X_1,\cdots,X_d}$ 由如下 SCM 产生：

$$X_j := \sum_{k\in\boldsymbol{PA}_j} f_{j,k}(X_k)+N_j \tag{7.3}$$

式中，噪声为正态分布，$N_j\sim\mathcal{N}(0,\sigma_j^2)$；$f_{j,k}$ 为三次可微的非线性函数。这种模型被称为因果加性模型（CAM）。

在这两种情况下，可以从分布 $P_{\mathbf{X}}$ 中识别出对应的图 $\mathcal{G}_0$。如果源节点（即没有父节点）的噪声分布允许在实线 $\mathbb{R}$ 上得到完全支持的非高斯密度，则该语句仍然是正确的（证明仍然相同）。

此处证明省略，该观点可在 Peters 等人（2014）的推论 31 中找到。

7.1.6 观测数据和实验数据

在 6.3 节中可以看到，当潜在的分布发生变化时，了解因果关系可以帮助改进预测结果。现在，转变这个想法，展示如何在不同的环境中观察系统来学习因果关系。过程如下，从不同的环境 $e\in\mathcal{E}$ 中观察数据。相应的模型读取：

$$\boldsymbol{X}^e=(X^e{}_1,\cdots,\ X^e{}_d)\sim P^e$$

式中，每个变量 X^e_j 表示相同的（物理）数量，在环境 $e\in\mathcal{E}$ 中测量。将在不同的情况下讨论变量 X_j，这里有点滥用符号。

已知干预目标 第一种方法假设不同的环境来自不同的干预设置。如果干预目标 $\mathcal{I}^e\subseteq\{1,\cdots,d\}$已知，人们已经提出了几种方法。例如，Tian 和 Pearl（2001）、Hauser 和 Bühlmann（2012）分别假设了忠实性、考虑机制变化和随机干预。他们定义和描述了图的干预等价类的特征，也就是可以解释给定分布的图的类。例如，对于机制更改，可以将一个干预节点包含到模型中，它的孩子节点是受干预的变量。这样就增加了 v 结构的数量。如果它们有相同的骨架和 v 结构，而且干预的节点有相同的父节点，则两个图干预等价（Tian 和 Pearl, 2001，定理 2）。Eberhardt 等人（2010）即使在存在循环的情况下，也允许进行硬性和随机的干预。

Hyttinen 等人（2012）分析了使图成为可识别的干预条件。Eberhardt 等人（2005）以及 Hauser 和 Bühlmann（2014）研究了在最坏的情况下，需要进行多少干预实验来识别图。

不同的环境 现在转到一个稍微不同的环境，在这个环境中，不试图学习整个因果结构。相反，考虑一个目标变量 Y 和 d 个可能的预测 $\boldsymbol{X}$，学习哪个预测是 $\boldsymbol{Y}$ 的因果父节点。$\boldsymbol{X}$ 和 $\boldsymbol{Y}$ 都是在不同的环境 $e\in\mathcal{E}$（可能是未知目标的干预设置）中观察。也就是说，有

$$(\boldsymbol{X}^e,Y^e)\sim \boldsymbol{P}_{\boldsymbol{X}^e,Y^e}=:P^e$$

式中，$e\in\mathcal{E}$。主要假设是存在一组未知的 $\boldsymbol{PA}_Y\subseteq\{1,\cdots,d\}$（可认为是 Y 的直接原因），Y 关于 $\boldsymbol{PA}_Y$ 的条件分布在所有环境下都是不变的，也就是说，对于所有的 $e,f\in\mathcal{E}$，都有

$$P_{Y^e\mid \boldsymbol{PA}^e_Y}=P_{Y^f\mid \boldsymbol{PA}^f_Y}$$

如果分布由潜在的 SCM 产生，不同的环境对应不同的干预分布，而 Y 没有被干预，那么这个假设成立（Peters 等人，2016）。例如见代码片段 7.11。可以认为，这种设置更加通用，环境不需要对应于干预，甚至不需要潜在的 SCM。人们可以考虑导致“不变的预测”的所有变量的集合 $S \subseteq \{1,\cdots,d\}$ 的集合 $\mathcal{S}$，即对所有 $e,f \in \mathcal{E}$，$S \in \mathcal{S}$，我们有

$$P_{Y^e \mid S^e} = P_{Y^f \mid S^f} \tag{7.4}$$

式中，$Y^e|S^e$ 是 $Y^e|\boldsymbol{X}^e_S$ 的简化。不难发现（见问题 7.15），所有这些集合 $S \in \mathcal{S}$ 中出现的变量必须是 Y 的直接原因：

$$\bigcap_{S \in \mathcal{S}} S \subseteq \boldsymbol{PA}_Y \tag{7.5}$$

这里将空索引集的交集定义为空集。Peters 等人（2016）将式（7.5）的左边看作 $\boldsymbol{PA}_Y$ 的估计。式（7.5）保证该方法中输出变量都是 $\boldsymbol{PA}_Y$ 中的变量。在 SCM 和干预的特殊情况下，可以进一步得到双亲集合变得可识别的充分条件（Peters 等人，2016），换句话说，式（7.5）是一个等式。有趣的是，在 7.2.5 节中介绍的方法可以知道数据是否来自这样一个可识别的情况，它不需要假设。

Tian 和 Pearl（2001）还论述了未知干预目标的可识别性问题。他们没有指定目标变量，只关注边缘分布而不是条件分布的变化。

7.2 结构识别方法

已经看到一些导致因果结构的（部分）可识别性的假设。本节的目的是展示如何利用这些假设从有限的数据中提供潜在图的估计器（两个示例见图 7.1）。这里提供了方法的概述，并试图将重点放在想法上。这里有大量的方法，我们相信未来的研究需要证明哪些方法在实践中是最有用的。不过，这里试图强调一些方法的潜在问题和最关键的假设。虽然一些论文研究了所提出方法的一致性，但这里忽略大部分这样的结果，仅提供一些想法。算法实现的微妙之处也不会被讨论，我们愿意为感兴趣的读者推荐一些参考资料。Kalisch

等人（2012）提供了基于 R 语言（R Core Team, 2016）的软件包 pcalg，它不仅提供了 PC 算法（见 7.2.1 节），也提供了许多描述的方法。

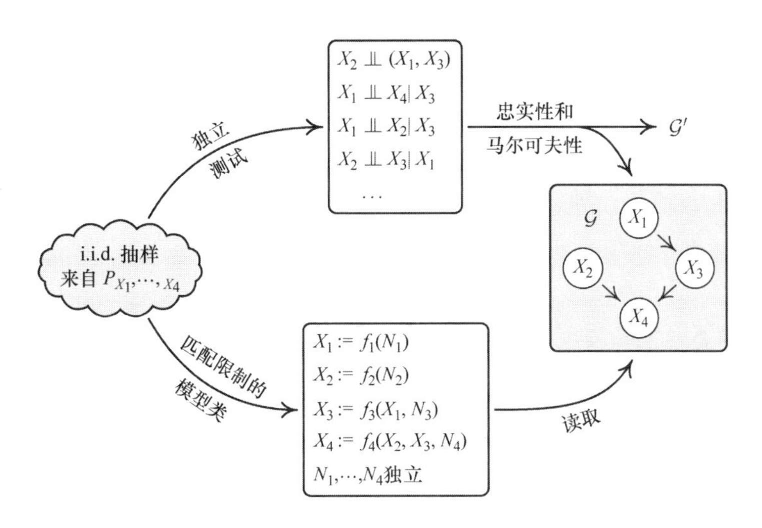

图 7.1　两种识别因果结构的方法。基于独立的方法测试数据中的条件独立，这些性质通过马尔可夫条件和忠实性与图关联。通常，图并不是唯一可识别的，因此，该方法可以输出不同的图 $\mathcal{G}$ 和 $\mathcal{G}'$。或者，可以限制模型类，直接匹配 SCM（底部）

在提供关于现有方法的更多细节之前，先增加两个注释：①虽然有几个模拟研究可以利用，一个很少受到关注的主题是损失函数的问题：给定真正潜在的因果结构，如何评价一个估计的因果图的好坏？在实践中，人们经常使用结构 Hamming 距离的变体（Acid 和 de Campos, 2003;Tsamardinos 等人，2006），它计算错误边的数量。作为替代，Peters 和 Bühlmann（2015）建议基于其预测干预分布的能力来评估图。②下面提供的一些方法假设结构赋值（6.1）和相应的函数 f_j 是简单的。通常，这些方法不仅提供因果结构的估计，而且也提供了赋值的估计，这些通常也可以用来计算残差。原则上，在这个模型下，可以测试相互独立噪声变量的强假设（定义 3.1），例如，应用一个相互独立性测试（Pfister 等人，2017）。有关这一程序的统计细节，请参阅 4.2.1 节。

7.2.1　基于独立的方法

基于独立的方法，如归纳因果（IC）算法、SGS（以发明者 Spirtes、Glymour 和

Scheines 名字命名）和 PC 算法假设分布对潜在的 DAG 是忠实的。这使得马尔可夫等价类，也就是相应的 CPDAG 可识别（见 7.1.1 节）。在图中 d 分离和 $P_{\mathbf{X}}$ 中的条件独立之间存在一一对应关系。因此，任何对 d 分离论述的询问都可以通过检查相应的条件独立性测试来回答。首先假设，先知提供了对条件独立问题的正确答案，然后在“条件独立性测试”段落中讨论了一些有限的样本问题。

估计骨架 大多数基于独立性的方法首先估计骨架，也就是无向边，然后尽可能多地确定边的方向。对于骨架搜索，下面的引理是有用的（Verma 和 Pearl, 1991, 引理 1）。

引理 7.8 以下两个陈述成立：

1）在 DAG（$\mathbf{X}, \mathcal{E}$）中的两个节点，当且仅当它们不能被任何一个子集 $S \subseteq \mathbf{V} \setminus \{X, Y\}$ d 分离时，则它们是相邻的。

2）如果在 DAG（$\mathbf{X}, \mathcal{E}$）中的两个节点 X、Y 不相邻，则它们由 $\mathbf{PA}_X$ 或 $\mathbf{PA}_Y$ d 分离。

根据引理 7.8 1)，如果两个变量总是相互依赖，不管它们是否以其他变量为条件，那么这两个变量必须是相邻的。**IC 算法**（Pearl, 2009）和 **SGS 算法**（Spirtes 等人，2000）用到了这一结果。对于每一对节点（X, Y），这些方法搜索所有可能的不包含 X 和 Y 的变量集合 $\mathbf{A} \subseteq \mathbf{X} \setminus \{X, Y\}$，检查给定 $\mathbf{A}$，X 和 Y 是否 d 分离。经过所有测试后，X 和 Y 是相邻的，当且仅当不存在 $\mathbf{A}$ 能 d 分离 X 和 Y。

搜索所有可能的子集 $\mathbf{A}$ 似乎不是最佳的，特别是如果图是稀疏的。**PC 算法**（Spirtes 等人，2000）从一个完全连通的无向图开始，逐步增大条件集合 $\mathbf{A}$ 的大小，从 $\#\mathbf{A} = 0$ 开始。在迭代 k 中，它考虑集合 $\mathbf{A}$，其大小为 $\#\mathbf{A} = k$，使用以下技巧：检测 X 和 Y 是否可以被 d 分离，只需通过集合 $\mathbf{A}$。这里 $\mathbf{A}$ 是 X 的邻接点或 Y 邻接点的子集。这个想法是基于引理 7.8 2）的，并且明显地改进了计算时间，特别是对于稀疏图来说。

边的方向 根据引理 6.25，建议应该能够在图中确定非正则结构（或 v 结构）的方向。如果两个节点在得到的骨架中没有直接连接，那么一定存在一个集合，d 分离这些节点。假设骨架中包含 X-Z-Y 的结构，X 和 Y 之间没有直接的边；更进一步，集合 $\mathbf{A}$ 能够 d 分离 X 和 Y。结构 X-Z-Y 是一个非正则结构，因此其方向为 $X \to Z \leftarrow Y$ 当且仅当 $Z \notin \mathbf{A}$。在确定非正则结构的方向后，也许可以为边标定方向以避免环。有一套这样的标定方向的规则已经被证明是完备的，并被称为 Meek 方向规则（Meek, 1995）。

可满足性方法 刚刚描述的图方法的替代方案是将因果学习作为可满足性（SAT）问题（Triantafillou 等人，2010）。首先，将图关系形式化为布尔变量，如 A := “存在从 X 到 Y 的直接边”。然后，非平凡部分是将独立性语句（仍假定它们由一个独立性先知提供），正如 d 分离陈述一样，转化为包含布尔变量和操作 “and” 与 “or” 的公式。然后，SAT 问题询问是否我们能为每个布尔变量赋值 “true” 还是 “false”，使整个公式为真。 SAT 求解器不仅检查是否属于这种情况，而且还向人们提供是否使整个公式都为真的赋值信息，某些变量总是分配给相同的值。例如，d 分离陈述可以被对应于不同赋值的不同图结构来满足，但是如果在所有这样的赋值中，来自上面的布尔变量 A 都取值 “真”，可以推断在潜在图中，X 必须是 Y 的一个父节点。尽管已知布尔 SAT 问题是 NP 完全问题（Cook, 1971；Levin，1973），有启发式算法可以解决涉及数百万个变量大问题的实例。因果学习中的 SAT 方法允许人们查询关于祖先关系的特定语句，而不是估计完整的图。它们让人们纳入不同类型的先验知识，此外，如果认为某些（统计）结果彼此矛盾，可以增加独立性约束。这些方法已扩展到循环、隐藏变量和重叠数据集（Hyttinen 等人，2013；Triantafillou 和 Tsamardinos, 2015）。

条件独立性测试 在前面三段中，假设存在一个独立性先知，告诉人们分布中是否存在特定的（条件的）独立性。然而，在实践中，必须从有限的数据中推断出这一陈述。这带来了两个主要挑战：①所有因果发现方法都是基于条件独立性测试，从依赖性和独立性两方面得出结论。然而，在实践中，人们通常使用统计显著性检验，这些检验本质上是不对称的。因此，人们通常会忘记显著性等级的原始含义，并将其视为调整参数。此外，由于有限的样本，测试结果甚至可能相互矛盾，也就说，不存在图结构包含推断条件独立的确切集合。②尽管最近有一些基于核的测试（Fukumizu 等人，2008；Tillman 等人，2009；Zhang 等人，2011），但非参数条件独立性测试在有限量的数据上执行起来非常困难。因此，往往将自己限制在一个可能的依赖关系的子类中，其中一些现在来简要回顾一下。

如果假设变量遵循高斯分布，可以测试消失**偏相关**，见附录 A.1 和附录 A.2。在忠实性的情况下，潜在DAG的马尔可夫等价类变得可以识别（引理7.2），事实上，在高斯环境中，具有消失偏相关检验的 PC 算法为正确的 CPDAG 提供了一致的估计（Kalisch 和 Bühlmann, 2007）。此外，假设一个称为强忠实性的条件（Zhang 和 Spirtes, 2003；Uhler 等人，2013）甚至产生统一的一致性（Kalisch 和 Bühlmann, 2007），见 Robins 等人（2003）的讨论。

非参数条件独立性测试在理论和实践中是一个难题。注意，对于非高斯分布，消失偏相关既不是条件独立的必要条件，也不是条件独立的充分条件，正如下面这个例子所显示的。

例 7.9（条件独立性和偏相关）

1）如果分布 $P_{X,Y,Z}$ 蕴含于 SCM：

$$Z := N_Z, \quad X := Z^2 + N_X, \quad Y := Z^2 + N_Y$$

式中，N_X、N_Y、$N_Z \overset{\text{iid}}{\sim} \mathcal{N}(0,1)$，满足

$$X \perp\!\!\!\perp Y \mid Z \quad 和 \quad \rho_{X,Y|Z} \neq 0$$

偏相关系数 $\rho_{X,Y|Z}$ 等于 $X - \alpha Z$ 和 $Y - \beta Z$ 的相关性。其中 α 和 β 是在 Z 上回归 X 和 Y 时的回归系数。在这个例子中，$\alpha = \beta = 0$，因为 X 和 Y 不与 Z 相关。

2）如果分布 $P_{X,Y,Z}$ 蕴含于 SCM：

$$Z := N_Z, \quad X := Z + N_X, \quad Y := Z + N_Y$$

式中，$(N_X, N_Y) \perp\!\!\!\perp N_Z$；（$N_X$，$N_Y$）是不相关的，但不是独立，满足

$$X \not\perp\!\!\!\perp Y \mid Z \quad 和 \quad \rho_{X,Y|Z} = 0$$

因为在这里，$\rho_{X,\,Y|Z}$ 是 N_X 和 N_Y 之间的相关性。

以下用于测试给定 Z，X 和 Y 是否条件无关的过程提供了**偏相关的自然非线性扩展**（Ramsey，2014）：①（非线性）在 Z 上回归 X 并测试残差是否独立于 Y；②（非线性）在 Z 上回归 Y 并测试残差是否独立于 X；③如果上述独立性中有一个满足，可以推断 $X \perp\!\!\!\perp Y \mid Z$。

在加性模型中，这似乎是正确的测试，见 7.1.2 节。例如，对于三个变量，有以下结果。

命题 7.10 考虑由 ANM（定义 7.3）产生的分布 $P_{X,Y,Z}$，所有变量具有严格的正密度。如果 X 和 Y 在给定 Z 的情况下是 d 分离的，那么刚刚描述的过程输出相应的在 $X-\mathbb{E}[X \mid Z]$ 独立于 Y 或 $Y-\mathbb{E}[Y \mid Z]$ 独立于 X 的意义上的条件独立性。

证明 假设 $X:=h(Z)+N_X$ 且 $Y:=f(Z)+N_Y$，其中 Z、N_X 和 N_Y 相互独立。那么，$X-\mathbb{E}[X \mid Z]=N_X$ 与 Y 独立。该声明适用于类似其他可能的结构，例如 $X \rightarrow Z \rightarrow Y$ 或 $X \leftarrow Z \leftarrow Y$。

命题表明（在总体意义上）所描述的测试适用于具有三个变量的 ANM。考虑到 4 个变量 X、Y、Z、V，可能已经导致了问题。显然，图 $X \leftarrow Z \rightarrow W \rightarrow Y$ 和 $X \rightarrow Z \rightarrow W \rightarrow Y$ 是马尔可夫等价的。但是虽然第一张图的测试输出为 $X \perp\!\!\!\perp Y \mid Z$，第二张图没有这样的保证。因此，上述对可用于构造可行的条件独立性测试的随机变量之间的相关模型的限制，导致马尔可夫等价类图的不对称处理。许多其他类型的条件独立性测试方法，具有类似的影响。这种不对称并不一定是缺点，因为正如所看到的那样，限制的函数类可能导致马尔可夫等价类内的可识别性（见 7.1 节）。但这肯定需要考虑。

7.2.2 基于分数的方法

在前面的内容中，直接使用了独立性陈述来推断图的结构。或者，可以测试不同的图结构匹配数据的能力。其基本原理是，编码错误的条件独立性的图结构会产生不好的模型匹配。尽管基于分数的因果学习方法可以追溯到更早，但我们主要参考 Geiger 和 Heckerman（1994a）、Heckerman 等人（1999）、Chickering（2002）及其中的参考文献。最大 - 最小爬山算法（Tsamardinos 等人，2006）结合了基于分数和独立性的方法。

最佳评分图 给定来自变量向量 $\boldsymbol{X}$ 的数据 $\mathcal{D}=(\boldsymbol{X}^1, \cdots, \boldsymbol{X}^n)$，即样本包含 n 个 i.i.d. 观察，这个想法是为每一个图 $\mathcal{G}$ 分配一个分数 $S(\mathcal{D},\mathcal{G})$。然后在 DAG 空间搜索分数最高的图

$$\hat{\mathcal{G}}:=\underset{\boldsymbol{X}\text{ 上的}\mathcal{G}\text{ DAG}}{\operatorname{argmax}} S(\mathcal{D},\mathcal{G}) \tag{7.6}$$

有几种可能性来定义评分函数 S。通常假定参数模型（例如，线性高斯方程或多项分布），这将引入一组参数 $\theta \in \Theta$。

（惩罚）似然分数 对于每个图，可以考虑 θ 的最大似然估计量 $\hat{\theta}$，然后通过贝叶斯信息准则（BIC）定义分数函数

$$S(\mathcal{D},\mathcal{G}) = \log p(\mathcal{D}|\hat{\theta},\mathcal{G}) - \frac{\#\text{参数}}{2}\log n \tag{7.7}$$

式中，$\log p(\mathcal{D}|\hat{\theta},\mathcal{G})$ 是对数似然；n 是样本数。输出最大（惩罚）似然的估计器通常是一致的。这来自 BIC（Haughton，1988）的一致性和模型类的可识别性。然而，为了保证收敛速度，人们通常依赖于“可识别程度”（Bühlmann 等人，2014）。在实践中，在所有可能的图中找到最佳评分图可能是不可行的，因此需要图空间上的搜索技术（例如，参见“贪婪搜索方法”相关内容）。与 BIC 不同的正式化也是可能的。例如，Roos 等人 [2008] 基于最小描述长度原则的得分（Grünwald,2007）。利用 Haughton（1988）的工作，Chickering（2002）讨论了 BIC 方法如何与接下来讨论的贝叶斯公式相关联。

贝叶斯评分函数 在 DAG 和参数上定义了先验 $p_{\text{pr}}(\mathcal{G})$ 和 $p_{\text{pr}}(\theta)$，并将对数后验作为得分函数（注意，$p(\mathcal{D})$ 在所有的 DAG 中是不变的）：

$$S(\mathcal{D},\mathcal{G}) := \log p(\mathcal{G}|\mathcal{D}) \propto \log p_{\text{pr}}(\mathcal{G}) + \log p(\mathcal{D}|\mathcal{G})$$

式中，$p(\mathcal{D}|\mathcal{G})$ 是边缘似然：

$$p(\mathcal{D}|\mathcal{G}) = \int_{\theta\in\Theta} p(\mathcal{D}|\mathcal{G},\theta)\, p_{\text{pr}}(\theta|\mathcal{G})\,\mathrm{d}\theta$$

这里，来自于式（7.6）的估计量 $\hat{\mathcal{G}}$ 是后验分布的模，通常称为最大后验概率（MAP）估计量。人们可能更感兴趣 DAG 上完整的后验分布，而不是 MAP 估计量。原则上，输出更多的信息是可能的。例如，可以对所有图进行平均以获得特定边存在的后验概率。

作为一个例子，考虑只有有限多个值的随机变量。对于给定的结构 $\mathcal{G}$，可以假设对于每个父节点结构，随机变量 X_j 服从多项分布。如果假定参数（以及参数独立性和模块的条件）

的先验为 Dirichlet 分布，可以得到贝叶斯 Dirichlet 得分（Geiger 和 Heckerman, 1994b）。

在参数模型的情况下，如果对于每个参数 θ_1 存在对应的参数 θ_2，使得从 $\mathcal{G}_1$ 与 θ_1 获得的分布与从 θ_2 和 $\mathcal{G}_2$ 获得的分布相同，称两个图 $\mathcal{G}_1$ 和 $\mathcal{G}_2$ **分布等价**，反之亦然。可以证明（见问题 7.12）在线性高斯情况下，例如，当且仅当两个图马尔可夫等价时，两个图是分布等价。因此有人认为对于马尔可夫等价图，$p(\mathcal{D}|\mathcal{G}_1)$ 和 $p(\mathcal{D}|\mathcal{G}_2)$ 应该是相同的。贝叶斯 Dirichlet 分数适用于这个属性，它通常被称为贝叶斯 Dirichlet 等价（BDe）得分（Geiger 和 Heckerman, 1994b）。Buntine（1991）提出了这一得分具有更少超参数的特定版本。

贪婪搜索方法　所有 DAG 的搜索空间在变量数量上呈指数增长（Chickering,2002）,2、3、4 和 10 变量的 DAG 数量分别为 3、25、543 和 4175098976430598143，见表 B.1。因此，通过搜索所有图来计算式（7.6）的解通常是不可行的。相反，贪婪搜索算法可以用来求解式（7.6）：每一步都有一个候选图和一组相邻图。对于所有这些相邻图，计算得分并将最佳评分图作为新的候选图。如果没有一个相邻图获得更好的分数，则搜索过程终止（不知道是否只获得局部最优）。很明显，因此必须定义一个邻域关系。例如，从图 $\mathcal{G}$ 开始，能够定义所有可以通过去除、添加或倒转一个边来获得的图作为 $\mathcal{G}$ 的相邻图。

在线性高斯 SCM 情况下，不能区分马尔可夫等价图。事实证明，将搜索空间更改为马尔可夫等价类而不是 DAG 是有益的。贪婪等价搜索（GES）（Chickering，2002）优化了 BIC 准则 [式（7.7）]，它从空图开始。它由两个阶段组成：在第一个阶段，添加边直到达到局部最大值；在第二个阶段，除去边直到达到局部最大值，然后将其作为算法的输出。

直接方法　一般来说，找到最佳评分 DAG 是 NP 问题（Chickering, 1996），但仍然有许多有趣的研究试图扩大直接方法。这里，“直接”是指给定有限的数据集，找到（其中之一）最佳评分图。贪婪搜索方法通常是启发式的，并且（如果有）只有在无限数据的极限情况下有保证。

一种研究基于动态规划（Silander 和 Myllymak，2006；Koivisto 和 Sood，2004；Koivisto，2006）。这些方法利用了实践中使用的许多分数的可分解性：由于马尔可夫因数分解，对 $\mathcal{D}=(\boldsymbol{X}^1,\cdots,\boldsymbol{X}_n)$，有

$$\log p(\mathcal{D}|\hat{\theta},\mathcal{G}) = \sum_{j=1}^{d}\sum_{i=1}^{n}\log p(X_j^i \mid X^i_{\boldsymbol{PA}_j^{\mathcal{G}}},\hat{\theta})$$

这是 d 个“局部”分数的总和。基于动态规划的方法利用了这种可分解性，尽管算法复杂性呈指数级，但它们可以找到≥ 30 个变量的最佳评分图，即使不限制父节点的个数。考虑到这个变量数量上庞大的不同 DAG，这是一个了不起的结果（见表 B.1）。

整数线性规划（ILP）框架不仅假设可分解性，而且假设评分函数对马尔可夫等价图给出相同的分数。然后这个想法就是将图结构表示为向量，这样评分函数在这个向量表示中变成仿射函数。Studený 和 Haws（2014）描述了 Hemmecke 等人（2012）如何基于他们的特征表示。而 Jaakkola 等人（2010）和 Cussens（2011）使用（指数级长）0-1 编码来表示节点间的双亲关系，减少搜索空间（De Campos 和 Ji，2011）。将问题描述为 ILP 问题后，问题仍然是 NP 困难，但现在可以使用 ILP 的现成方法。限制父节点的数量会导致进一步的进展，例如，在“家谱学习”中，每个节点至多有两个父节点（Sheehan 等人，2014）。

7.2.3 加性噪声模型

ANM 可以通过基于分数的方法学习，并结合贪婪搜索技术。这已经被提出用于具有相同误差方差线性高斯模型（7.1.3 节）或非线性高斯 ANM（7.1.5 节）（Peters 和 Bühlmann，2014；Bühlmann 等人，2014）。例如，在非线性高斯情况下，可以采用类似于二元情况的方法，见式（4.18）和式（4.19）。对于一个给定的图结构 $\mathcal{G}$，在其父节点集上回归每个变量，得到分数

$$\log p(\mathcal{D}|\mathcal{G}) = \sum_{j=1}^{d} -\log\widehat{\operatorname{var}}[R_j]$$

式中，$\widehat{\operatorname{var}}[R_j]$ 是残差 R_j 的经验方差，通过对变量 X_j 在其父节点集上回归得到。直观地说，模型越匹配数据，残差的方差越小，分数越高。形式上，该过程是最大似然的例子，可以证明是一致的（Bühlmann 等人，2014）。从计算方面讲，可以再次利用分数在不同节点上分解的属性：当计算相邻图的分数时，仅改变一个变量的父节点集，只需要更新相应的被加数。例如，如果噪声不能被假定为具有高斯分布，那么可以估计噪声分布（Nowzohour 和 Bühlmann, 2016）并获得类似熵的分数。

或者，可以使用独立性测试以迭代的方式估计结构。Mooij 等人（2009）和 Peters 等人（2014）提出了随后独立性测试（RESIT）回归，该方法基于噪声变量与之前的所有变量的独立性。对于线性非高斯模型（见 7.1.4 节），Shimizu 等人（2006）提供了一种基于独立成分分析（ICA）（Comon, 1994;Hyvärinen 等人,2001）的实用方法，可应用于有限的数据。后来，Shimizu 等人（2011）提出了这种方法的改进版本。

7.2.4 已知因果次序

通常找到潜在因果模型的因果次序是很困难的（见附录 B）。然而，给定因果次序，估计图变成“经典”的变量选择问题。例如，假设

$$\begin{aligned}X &:= N_X\\ Y &:= f(X, N_Y)\\ Z &:= g(X, Y, N_Z)\end{aligned}$$

式中，f、g、N_X、N_Y、N_Z 未知。决定 f 是否依赖于 X，g 是否依赖于 X 和 / 或 Y（见备注 6.6 中的结构极小化假设），是“传统”统计学中深入研究的显著性问题。有标准方法可以使用，特别是如果进一步进行结构的假设，如线性（Hastie 等人，2009；Bühlmann 和 van de Geer, 2011）。（Teyssier 和 Koller, 2005;Shojaie 和 Michailidis, 2010）之前进行了这一观察，已经提出，不是搜索有向无环图的空间，而是首先对因果次序进行搜索，然后执行变量选择是有益的（例如，Teyssier 和 Koller，2005；Bühlmann 等人，2014）。

7.2.5 观测数据与实验数据

7.1.6 节描述了观察不同条件（“环境”）下的系统时，因果结构如何变成可以识别。现在讨论如何在实践中利用这些结果，也就是说，仅给出有限的多个数据。因此假设对于每一个环境 $e \in \mathcal{E}$，得到一个样本 $\boldsymbol{X}^e_{n_e}$。也就是说，对于每个环境，观察到 n^e 个 i.i.d. 数据点。

已知干预目标 在这里，每个环境对应于一个交互式实验，并且有额外的干预目标 $\mathcal{I}^e \subseteq \{1, \cdots, p\}$ 的知识。Cooper 和 Yoo（1999）将干预效应作为机制改变，纳入贝叶斯框架。

为了完美干预，Hauser 和 Bühlmann（2015）考虑线性高斯 SCM，并提出贪婪干预等价搜索（GIES），这是在 7.2.2 节中简要地描述过的 GES 算法的一个改进版本。

有时，不能在每个实验中测量所有变量（这甚至可以是所有实验都是观察的情况），但是想要从可用数据中组合信息。这个问题已经通过基于 SAT 的方法来解决，见文献（Triantafillou 和 Tsamardinos, 2015；Tillman 和 Eberhardt, 2014）。

未知干预目标 Eaton 和 Murphy（2007）没有假定不同的干预目标已知。相反，他们对每个环境 $e \in \mathcal{E}$引入一个干预节点 I_e。该节点没有入边，见“干预变量”，对于每个数据点只有一个干预节点是活动的。然后，将标准方法应用于 $d+\#\mathcal{E}$变量的放大模型，满足干预节点没有任何父节点的约束。

Tian 和 Pearl（2001）提出测试边缘分布是否在不同的环境中改变，并使用这些信息来推断部分图结构。他们甚至将这种方法与基于独立性的方法相结合。

不同环境 在 7.1.6 节中已经考虑了在集合 $\boldsymbol{X}$ 的 d 个预测器中，估计目标变量 Y 的因果父节点。因此，将集合$\mathcal{S}$定义为所有集合$S \subseteq \{1, \cdots, d\}$ 的集合。满足不变的预测，也就是说，$P_{Y^e|S^e}$在所有环境 $e \in \mathcal{E}$ 中仍然保持不变。实际中，可以测试在水平 α 上的不变预测，收集通过测试的所有集合 S，作为$\mathcal{S}$的估计$\hat{\mathcal{S}}$，因为真正的父节点集合 $\boldsymbol{PA}_Y \subseteq \boldsymbol{X}$ 以较高概率（$1-\alpha$）为$\hat{\mathcal{S}}$中的一个元素。可以以较高概率（$1-\alpha$）得到覆盖陈述：

$$\bigcap_{S \in \hat{\mathcal{S}}} S \subseteq \boldsymbol{PA}_Y \tag{7.8}$$

式（7.8）的左手边是一个称为“不变因果预测”（Peters 等人, 2016）方法的输出。代码片段 7.11 显示了一个较小的例子，其中环境对应于不同干预的示例（该方法不需要）。为了在式（7.8）的意义上获得正确的覆盖，只需要对 Y 关于 $\boldsymbol{PA}_Y$ 的条件分布建模。特别是 d 个预测器 X 的分布可以是任意的。这与 Eaton 和 Murphy（2007）提出的方法不同，见“未知干预目标”部分，当然它试图估计完整的因果结构。

代码片段 7.11 下面的代码展示了一个因果系统在两个环境中的例子。在真正的潜在结构中，可以认为 X_1 和 X_2 是 Y 的原因，Y 又是 X_3 的原因。在汇集数据的线性模型（第 13 行）

中，所有变量 X_1、X_2 和 X_3 都是高度显著的，因为它们都是 Y 的好的预测。然而，这样的模型具有不变性。在这两种环境中，从 X_1、X_2、X_3 的回归 Y 分别得到系数为 –0.15、1.09、–0.39 和 –0.32、1.62、–0.54。不变因果预测的方法只输出 Y 的因果父节点，即 X_1 和 X_2。在这个例子中，$\{1, 2\}$ 是唯一一个产生不变模型的集合，也就是 $\hat{S} = \{\{1,2\}\}$。

```
library(InvariantCausalPrediction)
#
# 由两个环境产生数据
env <- c(rep(1,400),rep(2,700))
n <- length(env)
set.seed(1)
X1 <- rnorm(n)
X2 <- 1*X1 + c(rep(0.1,400), rep(1.0,700))*rnorm(n)
Y <- -0.7*X1 + 0.6*X2 + 0.1*rnorm(n)
X3 <- c(rep(-2,400),rep(-1,700))*Y + 2.5*X2 + 0.1*rnorm(n)
#
summary(lm(Y~-1+X1+X2+X3))
# 系数
# ----估计Std.Error t.val. Pr(>|t|)的值
# X1 -0.396212 0.008667 -45.71 <2e-16 ***
# X2 +1.381497 0.021377 +64.63 <2e-16 ***
# X3 -0.410647 0.011152 -36.82 <2e-16 ***
#
ICP(cbind(X1,X2,X3),Y,env)
# 低bd 高bd p值
# X1 -0.71 -0.68 3.7e-06 ***
# X2 +0.59 +0.61 0.0092 **
# X3 -0.00 +0.00 0.2972
```

7.3 问题

问题 7.12（高斯 SCM） 证明对线性高斯 SCM，两个图 $\mathcal{G}_1$ 和 $\mathcal{G}_2$ 分布等价，当且仅当它们马尔可夫等价。

问题 7.13（高斯 SCM） 考虑 $\mathbf{X} = (X_1, \cdots, X_d)$ 的分布 $P_{\mathbf{X}}$。密度 p 由线性高斯 SCM$\mathfrak{C}$ 产生。证明对于任何使得 $P_{\mathbf{X}}$ 相对于 $\mathcal{G}$ 具有马尔可夫性的 DAG $\mathcal{G}$，存在相应的线性 SCM$\mathfrak{C}_{\mathcal{G}}$，蕴含分布 $P_{\mathbf{X}}$。

问题 7.14（ANM） 证明 $\mathbf{X} = (X_1, \cdots, X_d)$ 上的 ANM，其可微函数 f_j 和噪声变量具有严格正密度，在 X 上蕴含的分布也具有严格正密度（见定义 7.3）。

问题 7.15（不变因果预测） 证明式（7.5）。

第 8 章 与机器学习的联系 2

如第 5 章所述，统计模型下的因果结构对机器学习任务具有强烈的影响，例如半监督学习或域适应。现在重新讨论这个一般性的话题，重点讨论多变量情况。从一个机器学习方法开始，该方法给定因果结构，使用机器学习对系统误差建模。然后对强化学习（在计算广告中的应用）进行一些思考，最后对域适应进行讨论。

8.1 半同胞回归

该方法利用给定的因果结构，如图 8.1 所示，来减少预测任务中的系统噪声。目标是重建未观察到的信号 Q。Schölkopf 等人（2015）建议，可以通过去除所有的能被其他测量 X 解释的信息来去噪信号 Y，其中 X 和 Y 受相同的噪声源干扰。这里，X 是独立于 Q 的一些信号 R 的测量。直观地说，Y 中的所有可以由 X 解释的都必定是由系统噪声 N 引起的，因此应该被去除。更确切地说，考虑

$$\hat{Q} := Y - \mathbb{E}[Y \mid X]$$

作为 Q 的估计。这里 $\mathbb{E}[Y|X]$ 是 Y 在其半同胞 X 上的回归（注意 X 和 Y 共享父节点 N，见图 8.1）。

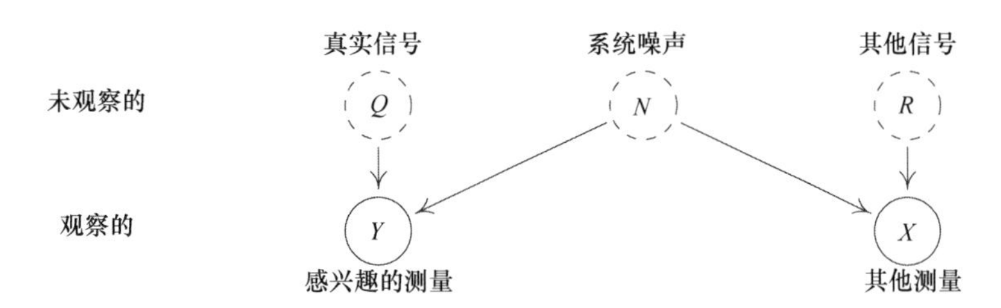

图 8.1　适用于系外行星搜索问题的因果结构。感兴趣的潜在信号 Q 只能被测量为噪声版本 Y。如果相同的噪声源也破坏了与 Q 无关的其他信号的测量，则这些测量可用于去噪。在这里的例子中，望远镜 N 构成系统噪声，影响独立光变曲线的测量 X 和 Y

可以看到，对于满足 $Q \perp\!\!\!\perp X$ 的任意随机变量 Q、X、Y，有（Schölkopf等人,2016，命题1）

$$\mathbb{E}\left[\left(Q-E[Q]-\hat{Q}\right)^2\right] \leqslant \mathbb{E}\left[\left(Q-E[Q]-\left(Y-E[Y]\right)\right)^2\right]$$

也就是说，这个方法永远不会比测量 Y 更糟。而且如果系统噪声为加性噪声，即 $Y=Q+f(N)$，对一些（未知）函数 f，有（Schölkopf 等人，2016，命题 3）

$$\mathbb{E}\left[\left(Q-E[Q]-\hat{Q}\right)^2\right]=\mathbb{E}\left[\operatorname{var}\left[f(N)|X\right]\right] \tag{8.1}$$

如果对一些（未知）函数ψ，有$f(N)=\psi(X)$，则式（8.1）的右边消失，从而 $\hat{Q}$ 恢复 Q，最多有一个加性偏移。关于其他充分条件，见 Schölkopf 等人（2016）。

考虑一个寻找外行星的例子。于 2009 年发射的开普勒空间观测站，在寻找系外行星时观测到银河的一小部分，监视大约150000颗恒星的亮度㊀。这些恒星被一个具有合适轨道的行星包围，以允许部分遮挡。恒星呈现周期降低光强度的光变曲线，见图 8.2。这些测量值被望远镜的系统噪声破坏了，这使得来自可能的行星信号难以探测。

幸运的是望远镜不仅仅测量一个恒星，它可以同时测量许多恒星。这些恒星可以假设是因果的，因此统计上是独立的，因为它们是光年相隔。因此，图 8.1 中描述的因果结构非常适合这个问题，可以应用半同胞。这个简单的方法出人意料得好（Schölkopf 等人，2015）。

相关的方法被用于其他应用领域，不用参考因果建模（Gagnon-Bartsch 和 Speed，2012；Jacob 等人，2016）。考虑问题的因果结构（见图 8.1）立即启发了本节提出的方法，

㊀ https://en.wikipedia.org/wiki/Kepler_(spacecraft),accessed 13.07.2016。

并导致证明这一方法的理论结果。

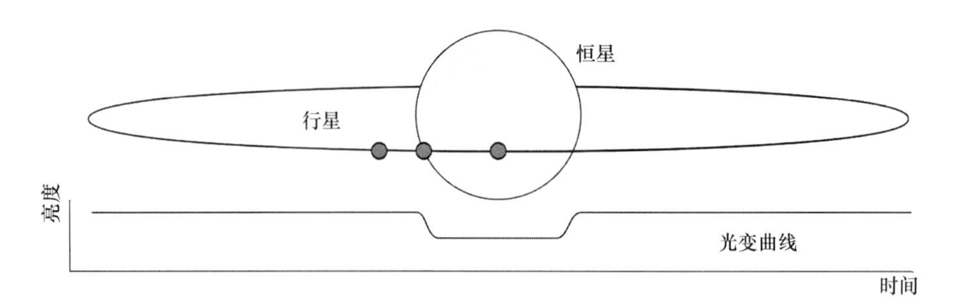

图 8.2 每当行星遮挡恒星的一部分时，光强度就会降低。如果行星绕恒星运行，这种现象就会周期性地发生（图片由 Nikola Smolenski 提供，https://en.wiki pedia.org/wiki/File:Planetary_transit.svg,[CC BY-SA3.0]）

8.2 因果推断与场景强化学习

现在从因果的观点描述强化学习中的一类问题。粗略地说，在强化学习中，智能体被嵌入在一个世界中，并在一组不同的动作之间进行选择。根据世界的现状，这些行动会带来一些回报，并改变世界的状态。智能体的目标是最大化预期累积奖赏，详见 8.2.2 节。首先介绍应用在机器学习和统计不同环境中的逆概率加权的概念，然后将其与情景强化学习相联系。建立这个联系是关联因果关系和强化学习的第一个小步骤。因果观点使人们能够直接利用因果结构的条件独立性。这里简单地提到两个应用（21 点和广告的放置）并展示它们如何受益于因果知识。这种因果形式很自然地导致了这些方法的改进，但是当然可以在没有因果语言的情况下形式化这些问题和相应的算法。这一部分并没有证明强化学习得益于因果关系。相反，人们认为这是在这两个领域之间建立一个正式联系的步骤，这可能会在未来导致一个卓有成效的研究，见（Bareinboim 等人，2015）。更具体地说，在强化学习不同任务间传递知识时，人们相信因果关系可以发挥作用（例如，当计算机游戏进展到下一级或改变乒乓球对手时），然而，人们不知道任何这样的结果。

8.2.1 逆概率加权

逆概率加权是一种众所周知的技术，用于从一个服从不同分布的样本中估计一个分布的性质。因此，它自然与因果推理有关。例如考虑肾结石的例子。这里定义了二元变量结石大小 S、治疗 T 和治愈 R。在一个假设的研究中，每个人进行了治疗 A，它服从一个不同的分布。在获得观测数据后，感兴趣的是预期治愈率$\tilde{\mathbb{E}}[R]$。形式上，考虑一个结构因果模型 $\mathfrak{C}$，变量 $\boldsymbol{X}=(X_1,\cdots,X_d)$ 上的潜在分布 $P_{\boldsymbol{X}}^{\mathfrak{C}}$。人们经常从观测分布 $P_{\boldsymbol{X}}^{\mathfrak{C}}$ 中观察到一个样本，但人们对某个干预分布$P_{\boldsymbol{X}}^{\tilde{\mathfrak{C}}}$感兴趣。这里，新的 SCM $\tilde{\mathfrak{C}}$是通过在原来的 $\mathfrak{C}$ 上对节点 X_k 进行干预来构造的，即

$$\operatorname{do}\left(X_k := \tilde{f}(X_{\widetilde{\boldsymbol{PA}}_k,\tilde{N}_k})\right)$$

见 6.3 节。特别是，可能需要估计新分布$P_{\boldsymbol{X}}^{\tilde{\mathfrak{C}}}$某一属性（肾结石例子中是$\tilde{\mathbb{E}}[R]$）：

$$\tilde{\mathbb{E}}\,\ell(\boldsymbol{X}) := \mathbb{E}_{P_{\boldsymbol{X}}^{\tilde{\mathfrak{C}}}}\ell(\boldsymbol{X})$$

如果密度存在，在 6.3 节中已经看到，$\mathfrak{C}$ 和$\tilde{\mathfrak{C}}$的密度以类似的方式因式分解：

$$p(x_1,\cdots,x_d) := p^{\mathfrak{C}}(x_1,\cdots,x_d) = \prod_{j=1}^{d} p^{\mathfrak{C}}(x_j\,|\,x_{pa(j)})$$
$$\tilde{p}(x_1,\cdots,x_d) := p^{\tilde{\mathfrak{C}}}(x_1,\cdots,x_d) = \prod_{j\neq k} p^{\mathfrak{C}}(x_j\,|\,x_{pa(j)})\,\tilde{p}(x_k\,|\,x_{\widetilde{pa}(k)})$$

除干预变量项，分解是一致的。因此有

$$\begin{aligned}\xi := \tilde{\mathbb{E}}\,\ell(\boldsymbol{X}) &= \int \ell(\boldsymbol{x})\,\tilde{p}(\boldsymbol{x})\,\mathrm{d}\boldsymbol{x} = \int \ell(\boldsymbol{x})\,\frac{\tilde{p}(\boldsymbol{x})}{p(\boldsymbol{x})}\,p(\boldsymbol{x})\,\mathrm{d}\boldsymbol{x}\\ &= \int \ell(\boldsymbol{x})\,\frac{\tilde{p}(x_k\,|\,x_{\widetilde{pa}(k)})}{p(x_k\,|\,x_{pa(k)})}\,p(\boldsymbol{x})\mathrm{d}\boldsymbol{x}\end{aligned}$$

（为简单起见，在整章中假设密度是严格正的）给定来自分布 $P_{\boldsymbol{X}}^{\mathfrak{C}}$ 的样本 $\boldsymbol{X}^1,\cdots,\boldsymbol{X}^n$，可以构造估计量

$$\hat{\xi}_n := \frac{1}{n}\sum_{i=1}^{n}\ell(\boldsymbol{X}^i)\,\frac{\tilde{p}(X_k^i\,|\boldsymbol{X}^i_{\widetilde{pa}(k)})}{p(X_k^i\,|\boldsymbol{X}^i_{pa(k)})} = \frac{1}{n}\sum_{i=1}^{n}\ell(\boldsymbol{X}^i)\,w_i \qquad (8.2)$$

对于$\xi=\tilde{\mathbb{E}}\,\ell(\boldsymbol{X})$，通过重新加权观测值；这里，权重 w_i 被定义为条件密度的比率。在$P_{\boldsymbol{X}}^{\tilde{\mathfrak{C}}}$下有很高可能性的数据点（它们可能是从新的感兴趣的分布中提取出的）获得了较大的权重，对$\hat{\xi}_n$的估计贡献比小权重的贡献更大。这类估计出现在以下几个方面。

1）假设 $\boldsymbol{X}$=（Y，Z）只包含一个目标变量 Y 和一个因果协变量 Z，即 $Z \to Y$，考虑 Z 中的一种干预，以及函数$\ell(\boldsymbol{X}) = \ell((Z,Y)) = Y$，则估计量 [式（8.2）] 简化为

$$\hat{\xi}_n := \frac{1}{n}\sum_{i=1}^{n} Y^i \frac{\tilde{p}(Z^i)}{p(Z^i)} \tag{8.3}$$

它被称为 **Horvitz-Thompson 估计量**（Horvitz 和 Thompson，1952）。这一情况对应于假设协变量偏移（例如 Shimodaira，2000；Quionero-Candela 等人，2009；Ben-David 等人，2010），另见 5.2 节和 8.3 节。估计量 [式（8.3）] 是加权似然估计量的示例。

2）对于 $\boldsymbol{X}$=Z，可以利用从 p 中采样的数据估计 $\tilde{p}$ 下的期望$\tilde{\mathbb{E}}$ [ℓ（Z）]。因此，式（8.2）简化为

$$\hat{\xi}_n := \frac{1}{n}\sum_{i=1}^{n} \ell(Z^i) \frac{\tilde{p}(Z^i)}{p(Z^i)}$$

该式称为**重要性采样**（MacKay，2002，29.2 节）。如果只知道 p 和 $\tilde{p}$ 最多到常数，则可以适用这个公式。

3）将在场景强化学习的背景下使用式（8.2）。下面将更详细地描述此应用。

8.2.2 场景强化学习

强化学习（Sutton 和 Barto，2015）模拟智能体在世界中的行动。例如，根据世界状态 S_t 和行动 A_t，世界状态根据**马尔可夫决策过程**变化（Bellman，1957）。也就是说，进入一个新状态的概率$P(S_{t+1} = s)$仅取决于当前状态 S_t 和行动 A_t。此外，智能体将获得一些奖赏 R_{t+1}，它依赖于 S_t、A_t 和 S_{t+1}。所有奖赏的总和有时被称为回报，将其写成 $Y:=\sum_t R_t$。回报 Y 的方式依赖于状态，行动对于试图改进**策略**$(a,s) \mapsto \pi(a|s) := P(A_t = a|S_t = s)$的智能体是未知的。也就是说，选择行动的条件依赖于世界状态的观察部分。在**场景强化学习**中，状态在有限的动作之后被重置（见图 8.3）。在 8.2.3 节中，考虑了 21 点例子。在图 8.3 的例子中，重新洗牌后，玩游戏的人做出 K=3 次决策，之后重新洗牌。然后，新的一轮开始了。

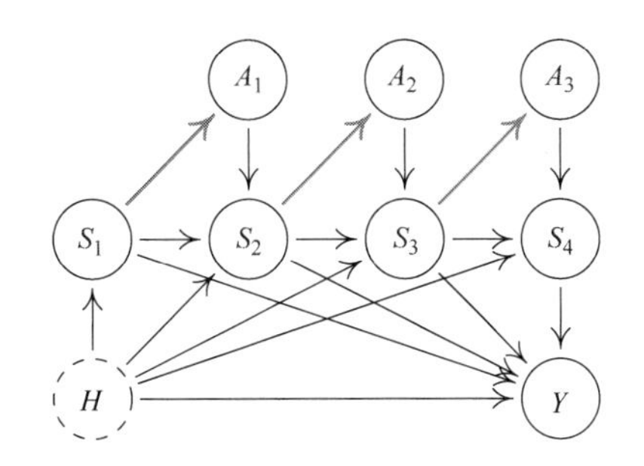

图 8.3　一个场景强化学习问题。行动变量 A_i 影响系统下一状态 S_{i+1}。变量 Y 描述一个场景后获得的回报或输出。这个回报 Y 也可能依赖于动作（为清晰而省略边）；它通常被建模为在每个决策之后收到的（可能加权的）奖赏总和，见 8.2.3 节。整个系统可以被一个未观察到的变量 H 混淆。浅色线边表示玩家可以影响的条件，也就是策略。式（8.4）在策略$\tilde{\pi}$下，从使用策略π获得的数据，估计结果的期望$\tilde{\mathbb{E}}[Y]$。当动作 A 到 H 和 / 或 Y 有附加边时，方程仍然成立

假设在一定的策略$(a,s)\mapsto\pi(a\,|\,s)$下玩 n 个游戏，每个游戏都是一个场景。这个函数 π 不依赖于迄今使用的“移动”次数，而仅仅取决于状态值。只要该策略对任何动作指派正概率，式（8.2）允许估计不同策略$(a,s)\mapsto\tilde{\pi}(a\,|\,s)$的性能：

$$\hat{\xi}_{n,\mathrm{ERL}}:=\frac{1}{n}\sum_{i=1}^{n}Y^{i}\,\frac{\prod_{j=1}^{K}\tilde{\pi}(A_j^i\,|\,S_j^i)}{\prod_{j=1}^{K}\pi(A_j^i\,|\,S_j^i)}\tag{8.4}$$

这可以看作一种非政策评估的蒙特卡洛方法（Sutton 和 Barto,2015,5.5 节）。在实践中，估计量 [式（8.4）] 通常具有较大的方差，在连续环境中方差甚至可能是无限的。有人建议重新加权（Sutton 和 Barto, 2015）或忽略 5 个最大权重（Bottou 等人, 2013），以抵消偏差。Bottou 等人（2013）在参数化密度的情况下，另外计算置信区间和梯度。如果想要寻找最优策略，后者是很重要的。

现在简要讨论两个例子，它们利用因果结构提高学习过程的统计性能。这里认为它们是值得令人关注的例子，它们给了人们关于强化学习与因果关系的一些启示。

8.2.3　21 点（Blackjack）中的状态简化

在 8.2.2 节中提出的方法可以用来学习如何玩 21 点（纸牌游戏）。假装玩家进入牌场并

开始玩 21 点，既不知道目标，也不知道最优策略。相反，他采用了随机策略。在游戏的每一点上，玩家都会被问到他想要采取哪一种合法行动。游戏结束后，发牌人会告诉赢了或者输了多少钱。过一段时间，玩家可能会更新他的策略，这种策略被证明是正确的，并继续比赛。从数学的角度来看，21 点问题解决了。Baldwin 等人发现了最优策略（1956）（适用于无限多平台），并导致对一个赌 1 欧元的玩家期望 $\mathbb{E}[Y]\approx-0.006$ 欧元。

因果关系如何发挥作用？假设玩家不知道 21 点的精确规则，然而，他可能知道，胜负仅取决于牌面值，而不是他们的花色，也就是说，规则不区分梅花皇后和红心皇后。玩家可以立即得出结论，最优策略不取决于花色。这在搜索最优策略时有一个明显的优势：相关状态空间的数量减少，因此可能的策略空间明显减少。图 8.4 描述了这个论点：变量 S_t 包含所有信息，而变量 F_t 不包含花色。例如：

$$S_3=(\text{玩家：}\heartsuit K,\spadesuit 5,\diamondsuit 4\text{；发牌人：}\diamondsuit K)$$
$$F_3=(\text{玩家：}\ K,\ 5,\ 4\text{；发牌人：}\ K)$$

因为最终结果 Y 只依赖于（F_1，$\cdots$，F_4），而不依赖于“完全状态”（S_1，$\cdots$，S_4），所以可以选择操作依赖于变量 F。类似地，人们可以利用牌的次序也不重要这一信息。更正式地说，有以下结果：

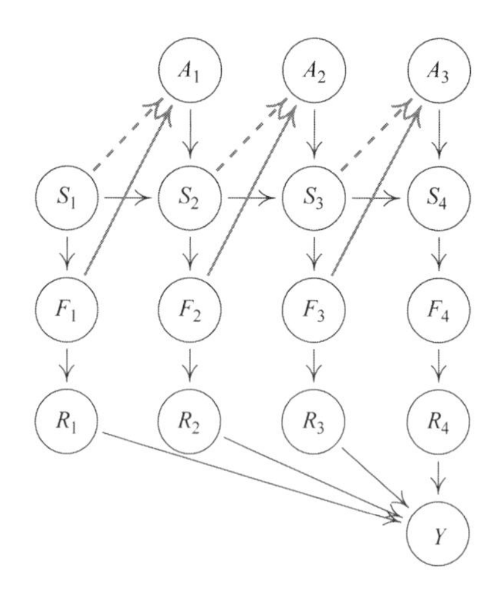

图 8.4　在这里，存在变量 $F_1,\cdots,F_4$，其中包含使式（8.5）和式（8.6）成立关于状态 S_1，$\cdots$，S_4 的所有相关信息。式（8.6）没有表示在图中。然后，只要 A_j 的动作依赖于 F_{j-1}（浅色、实线）而不是 S_{j-1}（浅色、虚线）就足够了。在 21 点的例子中，S_j 对发牌人的手和玩家的手进行编码，包括花色。而 F_j 编码的是相同的信息，除了花色（花色对 21 点的结果没有影响）。因为 F_j 的取值比 S_j 少，所以最优策略是易学的

命题 8.1（状态简化） 假设人们感兴趣的是回报 $Y:=\sum_j R_j$，并且所有变量都是离散的。假设有一个函数 f，对于所有 j 和 $F_j:=f(S_j)$，有

$$R_j \perp\!\!\!\perp S_j \mid F_j, A_j \tag{8.5}$$

在以下意义上，全状态与状态的变化无关：对于所有 s_j 和所有 s_{j-1}，s_{j-1}° 存在 $f(s_{j-1})=f(s_{j-1}^{\circ})$，则

$$p(f(s_j)\mid s_{j-1})=p(f(s_j)\mid s_{j-1}^{\circ}) \tag{8.6}$$

那么最优策略 $(a,s)\mapsto\pi_{\text{opt}}(a\mid s)$ 只依赖于 F_j 而不是 S_j。存在

$$\pi_{\text{opt}}\in\underset{\pi}{\operatorname{argmax}}\,\mathbb{E}[Y]$$

使得

$$\pi_{\text{opt}}(a_j\mid s_{j-1})=\pi_{\text{opt}}(a_j\mid s_{j-1}^{\circ}) \quad \forall s_{j-1},s_{j-1}^{\circ}: f(s_{j-1})=f(s_{j-1}^{\circ})$$

如果 F_j 比 S_j 取更少的值，则此结果尤其有用。证明见附录 C.11。在 21 点例子中，式（8.6）指出，抽取另一个国王只取决于之前抽牌的数值（特别是国王的数量），而不是他们的花色。

8.2.4 改进广告布置的加权

Bottou 等人（2013）在最优广告布置中使用了一个相关论点。请考虑以下系统的简单描述。一家公司，称之为发行人，运行一个搜索引擎，并可能希望在搜索结果上方的空间显示广告，即所谓的主流。只有当用户点击广告时，发行人才能从相应的公司收到钱。在显示广告之前，发布者将设置主流保留区 A，这是一个确定在主流中显示多少广告的实值参数。在大多数系统中，主流广告 F 在 0~4 变化，即 $F\in\{0,1,2,3,4\}$。主流保留区 A 通常取决于许多变量（例如，搜索查询、查询的日期和时间、位置），称之为状态 S。例如，如果搜索查询表明用户打算购买新鞋，与用户在教堂寻找下一次礼拜的时间相比，人们可

能希望显示更多的广告。可以将系统建模为场景强化学习，其长度为 1[⊖]，回报 Y 等于每个场景的点击次数，其值要么为 0，要么为 1。如何选择主流保留区 A 的问题，对应于寻找最优策略$(a,s) \mapsto \pi_{\text{opt}}(a|s)$。图 8.5 显示了简化问题的图。状态 S 包含关于发行人可用的用户信息。隐藏变量 H 包含未知的用户信息（例如，他的意图），动作 A 是主流保留，Y 是一个人是否点击其中一个广告的事件。最后，F 是离散变量，表示显示了多少个广告。评估新的策略$(a,s) \mapsto \tilde{p}(a\,|\,s)$对应于应用式（8.4）：

$$\hat{\xi}_{n,\text{ERL}} := \frac{1}{n}\sum_{i=1}^{n} Y^i \,\frac{\tilde{p}(A^i\,|\,S^i)}{p(A^i\,|\,S^i)}$$

（在这里，为了方便起见，写作$p(a\,|\,s)$而不是$\pi(a\,|\,s)$）现在可以从以下关键洞察中受益。一个人是否点击一个广告取决于主行保留 A，但仅取决于 F 的值。用户从未看到实际值参数 A 的值。当考虑系统的因果结构时，这是一个微不足道的观察（见图 8.5）。利用这一事实，可以使用不同的估计量

$$\frac{1}{n}\sum_{i=1}^{n} Y^i \,\frac{\tilde{p}(F^i\,|\,S^i)}{p(F^i\,|\,S^i)}$$

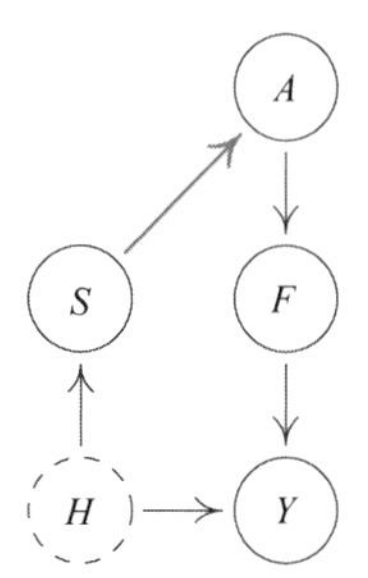

图 8.5　广告投放示例。目标变量 Y 指示用户是否已点击所显示的广告之一。H（未知）和 S（已知）是状态变量，行动 A 对应于主流保留区，是决定主流显示多少广告的一个实值参数。F 是一个离散变量，表示放置在主流中的广告（已知）数量。尽管条件$p(a\,|\,s)$是随机的，但可以使用$p(f\,|\,s)$进行再加权（见命题 8.2）

见命题 8.2。并且由于 F 是取值在 0~4 的离散变量，通常导致权重更高的性能。在实践中，

⊖　在现实中，系统通常更复杂。例如，在类似拍卖的过程中，广告商对某些搜索查询进行出价，然后影响一次点击的价格。

修改可以显著减小置信区间（Bottou 等人，2013，5.1 节）。与 8.1 节一样，可以利用对因果结构的知识改进统计性能。更正式一点，过程由以下命题证明：

命题 8.2（改进加权） 假设 $\boldsymbol{X}$=（A，F，H，S，Y）上有一个密度 p，它为图 8.5 所示图结构的 SCM$\mathfrak{C}$ 所蕴含。进一步假定密度 $\tilde{p}$ 由 SCM$\tilde{\mathfrak{C}}$ 所蕴含，它对应于 do（$A := \tilde{f}(S, \tilde{N}_A)$）的干预 A。如果 $p(f\,|\,s) = 0$，则 $\tilde{p}(f\,|\,s) = 0$ 成立，并且如果 $p(a\,|\,s) = 0$，则 $\tilde{p}(a\,|\,s) = 0$ 成立。于是有

$$\tilde{\mathbb{E}}Y = \int y\,\frac{\tilde{p}(a\,|\,s)}{p(a\,|\,s)}\,p(\boldsymbol{x})\,\mathrm{d}\boldsymbol{x} = \int y\,\frac{\tilde{p}(f\,|\,s)}{p(f\,|\,s)}\,p(\boldsymbol{x})\,\mathrm{d}\boldsymbol{x}$$

证明见附录 C.12。一般来说，非零密度的条件是必要的：如果有一组 a 和 s 值（具有非零的 Lebesgue 测度）属于 $\tilde{p}$ 的支撑集，并且对 Y 的期望有贡献，则在该区域采样数据的概率 p 非零。

8.3 域适应

域适应是另一个与因果关系自然相关的机器学习问题（Schölkopf 等人，2012）。在这里，将域适应与所谓的不变预测联系起来，见 7.2.5 节。这里没有声称这种联系以其目前的形式产生了重大的改进，但人们相信，它可以证明对发展一种新的方法是有用的。

假定在不同域 $e \in \mathcal{E} = \{1, \cdots, D\}$ 中，获得了来自不同目标变量 Y^e 和 d 个可能预测变量 X^e=(X_1^e, ⋯, X_d^e) 的数据，并对预测 Y 感兴趣。为了适应广泛使用的表示法，使用术语“域”或“任务”。表 8.1 描述了在这里考虑的域适应中三个问题的分类。

表 8.1 在域泛化中，测试数据来自一个看不见的领域，而在多任务学习中，测试域中的一些数据是可用的

方法	训练数据	测试域
域泛化	$(\boldsymbol{X}^1, Y^1), \cdots, (\boldsymbol{X}^D, Y^D)$	$T := D+1$
多任务学习	$(\boldsymbol{X}^1, Y^1), \cdots, (\boldsymbol{X}^D, Y^D)$	$T \in \{1, \cdots, D\}$
非对称多任务学习	$(\boldsymbol{X}^1, Y^1), \cdots, (\boldsymbol{X}^D, Y^D)$	$T := D$

这里主要假设存在一个集合 $S^* \subseteq \{1, \cdots, d\}$，使得对所有域 $e \in \mathcal{E}$（包括测试域），条

件分布 $Y^e|X^e_{S^*}$是相同的，也就是说，对于所有 e，$f\in\mathcal{E}$和所有的 x_{S^*}：

$$Y^e|X^e_{S^*}=x_{S^*}\text{和}Y^f|X^f_{S^*}=x_{S^*} \tag{8.7}$$

有相同的分布。

在 7.1.6 节和 7.2.5 节中，考虑了类似的设置，在那里使用“环境”一词而不是“域”，称属性 [式（8.7）] 为“不变预测”。这里认为，如果有一个基本的 SCM，并且环境对应于目标 Y 以外的节点上的干预，则对于 $S^*=\boldsymbol{PA}_Y$，满足属性 [式（8.7）]（见 2.2 节中 Simon 的不变性标准的讨论）。但是，对于除了其因果父节点以外的其他节点集合，式（8.17）也可能成立。由于目标是预测，最感兴趣的是满足式（8.7）的集合 S^* 和尽可能准确预测 Y。现在假定给定那样一个集合 S^*（稍后将返回此问题），指出假设式（8.7）如何与域适应关联。

在协变量偏移的环境中（例如 Shimodaira，2000；Quionero-Candela 等人，2009；Ben-David 等人，2010），人们通常假定条件 $Y^e|X^e=x$ 对所有任务 e 保持不变。假设式（8.7）表示协变量对于变量的某些子集 S^* 保持不变，从而构成协变量偏移假设的推广。

对于域冷化，如果集合 S^* 已知，对该子集 S^* 的协变量偏移，可以使用传统的方法。例如，如果输入空间中数据支撑区域重叠（或系统是线性系统），在测试域中，可以使用估计量$f_{S^*}(X^T_{S^*})$，其中$f_{S^*}(x):=\mathbb{E}\left[Y^1|X^1_{S^*}=x\right]$。可以证明这种方法在对抗性环境中是最优的。这里除了要求条件分布 [式（8.7）] 具有域不变，测试域中的分布可能与训练域任意不同（Rojas-Carulla 等人，2016，定理 1）。在多任务学习中，如何利用这样一组 S^* 的知识就不那么明显了。在实践中，需要将任务池中获得的信息结合起来，在 S^* 上回归 Y 时分别考虑测试任务所获得的知识（Rojas-Carulla 等人，2016）。

如果集合 S^* 未知，再次建议在可利用的域中寻找满足式（8.7）的集合 S。在学习因果预测量时，人们更喜欢保守，因此因果不变预测方法（Peters 等人，2016）输出所有满足式（8.7）集合 S 的交集，见式（7.5）。在这里，我们对预测感兴趣。在所有导致不变性预测的集合中，选择导致最好预测性能的集合 S，这通常是其中一个较大的集合。如果有满足式（8.7）的不同已知集合 S，可以采样同样的方法。如果数据由一个 SCM 产生，域对应于不同的干预，在无限数据的极限情况下，满足式（8.7），且具有最好预测能力的集合 S 是马尔

可夫毯 Y 的子集（见问题 8.5）。

8.4 问题

问题 8.3（半同胞回归） 考虑图 8.1 中的 DAG。X 除了提供 Y，还提供关于 Q 的额外信息，这一事实源于因果忠实性，为什么？

问题 8.4（逆概率加权） 考虑 SCM$\mathfrak{C}$:

$$Z := N_Z$$
$$Y := Z^2 + N_Y$$

式中，N_Y、$N_Z \overset{\text{iid}}{\sim} \mathcal{N}$（0，1）；一个干预版本$\tilde{\mathfrak{C}}$：

$$\text{do}\left(Z := \tilde{N}_Z\right)$$

式中，$\tilde{N}_Z \sim \mathcal{N}$（2，1）。

1）（可选）计算 $\mathbb{E}[Y] := \mathbb{E}_{P^{\mathfrak{C}}}[Y]$ 和$\tilde{\mathbb{E}}[Y] := \mathbb{E}_{P^{\tilde{\mathfrak{C}}}}[Y]$。

2）从 SCM$\mathfrak{C}$ 中抽取 n=200 个 i.i.d. 数据点，执行式（8.3）以估计$\tilde{\mathbb{E}}[Y]$。

3）在 n=5~50000 增加样本数 n 时，计算上述估计和出现在式（8.3）中权值的经验方差，能得到什么结论？

问题 8.5（不变预测器） 这里想证明 8.3 节中最后一句话。考虑变量 Y、E 和 X_1，…，X_d 上的一个 DAG，其中 E（对于“环境”）不是 Y 父节点，自身也没有任何父节点。用 M 表示 Y 的马尔可夫毯，证明了对任意集合 $S \subseteq \{X_1, \cdots, X_d\}$，具有

$$Y \perp\!\!\!\perp E \mid S$$

还存在另一个集合 $S_{\text{new}} \subseteq M$，满足

$$Y \perp\!\!\!\perp E \mid S_{\text{new}} \quad 和 \quad Y \perp\!\!\!\perp (S \setminus S_{\text{new}}) \mid S_{\text{new}}$$

第 9 章 隐藏变量

到目前为止，假设所有来自模型的变量都被测量了（除了噪声）。因为在实践中，人们选择了一组随机变量，所以需要定义一个“因果相关”变量的概念。因此，在 9.1 节中，引入术语“因果充足性”和“干预充分性”。但是即使不考虑精确定义的细节，很明显，在很多实际应用中，许多因果相关的变量是观测不到的。Simpson 悖论（见 9.2 节）描述了如何忽略隐藏的混杂会导致错误的因果结论。在线性环境中，通常被称为工具变量的结构可以使对应于因果效应（见例 6.42）回归系数可识别（见 9.3 节）。为带有隐藏变量，特别是那些编码了条件独立结构 SCM 找到好的图表示，是一个活跃的研究领域。将在 9.4 节介绍一些解决方案。最后，隐藏变量会导致在观测分布中出现超越条件独立的约束（见 9.5 节）。这里简要讨论这些约束是如何被用于结构学习，但是没有提供任何方法的细节。关于隐藏变量更多历史上的说明见 Spirtes 等人的工作（2000）。

9.1 干预充分性

变量集 $\mathbf{X}$ 通常称为**因果充分**，如果没有隐藏的共同原因$C \notin \mathbf{X}$，它是 $\mathbf{X}$ 中不止一个变量的原因（Spirtes, 2010）。虽然这个定义与“相关”变量集合的直观含义相匹配，但是它使用了“共同原因”的概念，因此应该在更大的变量集$\tilde{\mathbf{X}} \supseteq \mathbf{X}$（可能想要定义因果充分）去理解。在与这个较大的集合$\tilde{\mathbf{X}}$对应的结构因果模型中，如果有一条从不包括 Y 和 X，分别从 C

到 X 和 Y 的有向路径，则 C 是 X 和 Y 的**共同原因**。共同原因也被称为**混杂因子**，这里交替使用这些术语。

将因果充分性进行小的修改，称为干预充分，这是一种基于 SCM 的可证伪性概念，见 6.8 节。

定义 9.1（干预充分性） 称一个变量集合 $\boldsymbol{X}$ 具有干预充分性，如果存在一个 $\boldsymbol{X}$ 上的 SCM，它不能被篡改成一个干预模型。也就是说，它产生的观察和干预分布与人们在实践中观察到的一致。

作者相信这个概念具有直观的吸引力，因为从计算观察和干预分布的角度看，它描述了一组变量是否足够大以执行因果推理。

两个变量如果存在隐藏的共同原因，考虑两个变量通常是不充分的，这应该是很直观的。根据定义，这两个变量不是因果充分，在 9.2 节中的 Simpson 悖论（见例 6.37）表明：总的来说，这两个变量也不是干预充分的。事实上，Simpson 悖论将这一说法推到了极端：两个观测变量上的一个 SCM，忽略混杂，不仅导致错误的干预分布，甚至能改变了因果效应的正负符号：一种治疗方法尽管有害但看起来有益，见式（9.2）。

然而，有时，即使存在隐藏的混杂，仍然可以计算正确的干预分布。下面例子中的变量干预充分但不是因果充分。

例 9.2　考虑以下 SCM：

$$
\begin{aligned}
Z &:= N_Z \\
X &:= \boldsymbol{1}_{Z \geqslant 2} + N_X \\
Y &:= Z \bmod 2 + X + N_Y
\end{aligned}
$$

式中，$N_Z \sim \mathcal{U}(\{0,1,2,3\})$是$\{0,1,2,3\}$上的均匀分布；$N_X$、$N_Y \overset{\text{iid}}{\sim} \mathcal{N}(0,1)$，如图 9.1 左图所示。虽然 X 和 Y 显然因果不充分[㊀]，但可以说明，它们干预充分。因为混杂因子 Z 由两个独立的部分组成：$Z_1 := \boldsymbol{1}_{Z \geqslant 2}$ 是 Z 的二进制表示的第一个部分，$Z_2 := Z \bmod 2$ 是第二个部分。在

㊀ 这里，隐藏的共同原因 Z 不仅指向 X 和 Y，而且它们有一个总的因果效应，见定义 6.12。

这个意义上，可以将混杂因子分离成独立变量 Z_1 和 Z_2，Z_1 影响 X，Z_2 影响 Y，如图 9.1 所示。

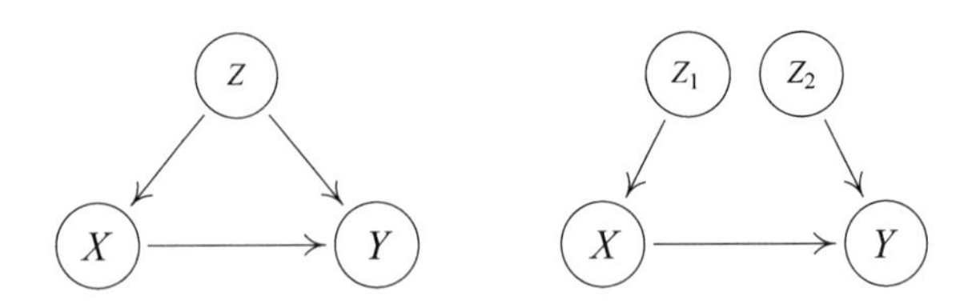

图 9.1　两个图表示例 9.2 中描述模型的干预等价 SCM。虽然第二个表示使得 X 和 Y 因果充分，但是 X 和 Y 是独立于表示的干预充分

一般来说，因果充分和干预充分有以下关系（证明见附录 C.13）：

命题 9.3 （干预充分和因果充分） 假定 $\mathfrak{C}$ 是变量 $\mathbf{X}$ 上的 SCM，不能被篡改为干预模型。

1）如果一个子集 $\mathbf{O} \subseteq \mathbf{X}$ 因果充分，则干预充分。

2）通常情况下，反过来不成立。也就是说，存在干预充分集 $\mathbf{O} \subseteq \mathbf{X}$ 的例子，不具有因果充分。

此外，例 9.2 表明，这里不存在确定变量集干预充分的唯一图准则。对于许多具有类似于图 9.1 左图的结构的 SCM 来说，$\mathbf{X}$ 和 $\mathbf{Y}$ 干预不充分。然而，下面的备注表明，省略“中间”变量保留了干预充分。

备注 9.4　有以下三个结论：

1）假定存在 X、Y、Z 上的 SCM，图结构为 $X \rightarrow Y \rightarrow Z$，且 $X \not\perp\!\!\!\perp Z$，产生正确的干预。由于 X、Z 上的 SCM 满足 $X \rightarrow Z$，X 和 Z 干预充分。

2）假定存在 X、Y、Z 上的 SCM，产生正确的干预，其图为 $X \rightarrow Y \rightarrow Z$，附加地 $X \rightarrow Z$，进一步假定 $P^{\mathfrak{C}}_{X,Y,Z}$ 关于图是忠实的。见 3)，同样地，由于 X、Z 上的 SCM 满足 $X \rightarrow Z$，X 和 Z 干预充分。

3）如果条件与 2）类似，不同之处为

$$P^{\mathfrak{C}}_{Z|X=x} = P^{\mathfrak{C};\mathrm{do}(X:=x)}_{Z} = P^{\mathfrak{C}}_{Z}$$

对于所有的 x（特别是，$P^{\mathfrak{C}}_{X,Y,Z}$ 关于图是不忠实的）。则由于 X 和 Z 上的 SCM 为空图，X 和 Z 干预充分。注意，反事实可能没有正确表示。

这些结论的证明留给读者（见问题 9.10）。

每当在观测变量上发现一个 SCM，它与原始的在所有变量上的 SCM 干预等价，我们可能会把前者称为一个被边缘化的 SCM。已经看到，这里没有唯一的图准则决定一个被边缘化的 SCM 的结构。相反，需要一些关于因果机制的信息，也就是特殊形式的赋值。Bongers 等人（2016）更详细地研究了 **SCM 的边缘化**问题。关键的想法是从最初的 SCM 开始，只考虑观测变量的结构赋值。然后，当它们出现在右边时，就会不断地插入隐藏变量的赋值。这就产生了一个具有多变量、可能依赖噪声变量的 SCM。在某些情况下，可以选择具有单无噪声变量的干预等价 SCM。

9.2 Simpson 悖论

例 6.16 中的肾结石数据集是众所周知的，因为如下原因：

$$\begin{aligned} & P^{\mathfrak{C}}(R=1 \mid T=A) < P^{\mathfrak{C}}(R=1 \mid T=B) \\ \text{但是} \quad & P^{\mathfrak{C};\mathrm{do}(T:=A)}(R=1) > P^{\mathfrak{C};\mathrm{do}(T:=B)}(R=1) \end{aligned} \tag{9.1}$$

见例 6.37。假设没有测量变量 Z（结石的大小），而且甚至不知道它的存在。那么可以假设 $T \to R$ 是正确的图。如果用 $\tilde{\mathfrak{C}}$ 表示这个（错误的）SCM，可以将式（9.1）重写为

$$\begin{aligned} & P^{\tilde{\mathfrak{C}};\mathrm{do}(T:=A)}(R=1) < P^{\tilde{\mathfrak{C}};\mathrm{do}(T:=B)}(R=1) \\ \text{但是} \quad & P^{\mathfrak{C};\mathrm{do}(T:=A)}(R=1) > P^{\mathfrak{C};\mathrm{do}(T:=B)}(R=1) \end{aligned} \tag{9.2}$$

由于模型的错误假设，因果断言颠倒了。虽然 A 是更有效的药物，但建议使用 B。但是即使知道共同原因 Z，是否可能有另一个没有纠正的混杂变量呢？如果运气不好，情况确实是这样，如果包括这一变量，就必须再次推翻结论。原则上，这可能导致一个任意长的反向

因果结论序列（见问题 9.11）。

这个例子表明在写下潜在的因果图时必须要多么小心。在某些情况下，可以从描述数据获取的协议中推断出 DAG。例如，如果指定治疗的医生除了结石的大小，不知道任何关于病人的知识，即除了结石的大小，没有任何其他的混杂因子。

总之，Simpson 悖论与其说是一个悖论，倒不如说是一个关于模型错误指定的因果推理有多敏感的警告。虽然在混杂的背景下对这个例子进行了表述，但它也可能是由于没有考虑选择偏差（例 6.30）而产生的。

9.3 工具变量

工具变量可追溯到 20 世纪 20 年代（Wright，1928），并在实践中得到了广泛应用（Imbens 和 Angrist，1994；Bowden 和 Turkington，1990；Didelez 等人，2010）。有许多扩展和替代方法，这里关注本质思想。考虑一个线性高斯 SCM，图结构如图 9.2 左图所示。这里，结构赋值中的系数 α：

$$Y := \alpha X + \delta H + N_Y$$

是利息的数量 [见例 6.42 中的式（6.18）]，它有时被称为**平均因果效应**（ACE），然后由于隐藏的共同原因 H，它不能直接得到。简单地在 X 上回归 Y 并取回归系数通常会导致 α 有偏估计值：

$$\frac{\operatorname{cov}[X,Y]}{\operatorname{var}[X]} = \frac{\alpha \operatorname{var}[X] + \delta\gamma \operatorname{var}[H]}{\operatorname{var}[X]} = \alpha + \frac{\delta\gamma \operatorname{var}[H]}{\operatorname{var}[X]}$$

相反，可以利用一个工具变量，如果它存在。形式上，称 SCM 中的变量 Z 为（X，Y）的**工具变量**，如果① Z 独立于 H；② Z 不独立于 X（“相关性”）；③ Z 仅通过 X（“排除限制”）影响 Y。为了达到目的，只需考虑图 9.2 左图所示的满足所有这些假设的示例图就足够了。但是，注意，其他结构也是如此。例如，可以允许 Z 和 X 之间隐藏一个共同原因。在实践中，人们通常使用域知识来论证为什么条件①、②和③成立。

在线性情况下，可以通过以下方式利用 Z。因为（H,N_X）与 Z 独立，所以在

$$X := \beta Z + \gamma H + N_X$$

中将 $\gamma H+N_X$ 作为噪声。很明显，可以一致地估计系数 β，从而可以得到 βZ（在有限多个数据的情况下，可以由 Z 的拟合值近似）。因为

$$Y := \alpha X + \delta H + N_Y = \alpha(\beta Z) + (\alpha\gamma + \delta)H + N_Y$$

所以可以通过在 βZ 上回归 Y 来一致地估计 α。总的来说，首先在 Z 上回归 X，然后在预测值 $\hat{\beta}Z$ 上（从第一次回归中预测）回归 Y。在无限数据的极限情况下，平均因果效应 α 变得可以识别。这种方法通常称为“两阶段最小二乘”。它使用线性 SCM，以及上面提到的假设：① H 和 Z 的独立性；②非零 β（在 β 小或消失的情况下，Z 被称为“弱工具变量”）；③没有从 Z 到 Y 的直接影响。

然而，可识别性并不局限于线性情况。尽管还有更多这样的结果（Hernán 和 Robins，2006），现在只提及 4 个：

1）不难看出，如果 X 以一种非线性但可加性的方式依赖于 Z 和 H，则两阶最小二乘法仍然有效，见问题 9.12。

2）如果变量 Z、X 和 Y 是二进制的，ACE 定义为

$$P^{\mathfrak{C};\,\mathrm{do}(X:=1)}(Y=1) - P^{\mathfrak{C};\,\mathrm{do}(X:=0)}(Y=1)$$

例如，Balke 和 Pearl（1997）提供 ACE（紧）的上界和下界，而没有进一步假定 X 上的 Y 和 H 的关系。这些界可能相当缺乏信息，或者重叠到一个点上。在后一情况下，称 ACE 可识别。

3）Wang 和 Tchetgen Tchetgen（2016）表明，在二进制处理的情况下，如果 Y 的结构赋值在 X 和 H 中是加性的，则 ACE 变得可识别（Wang 和 Tchetgen Tchetgen，2016，定理 1）。

4）关于连续情况的可识别性，请参阅 Newey（2013）和其中的参考文献。

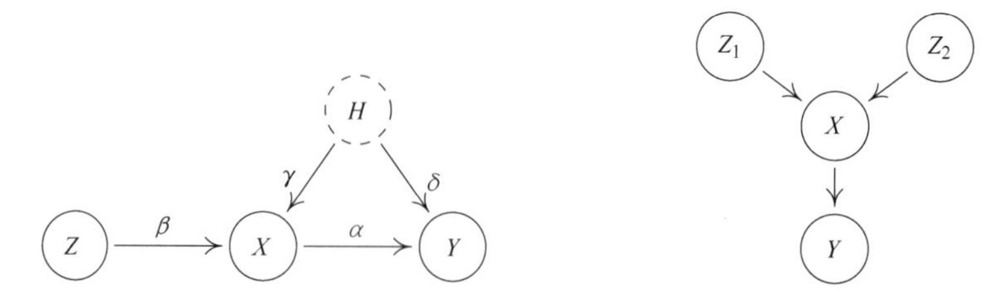

图 9.2　左图：工具变量的设置（见 9.3 节）。一个著名的例子是未遵守的随机临床试验：Z 是治疗分配，X 是治疗，Y 是结果。右图：Y 结构，见 9.4.1 节

许多涉及工具变量的概念，例如前面描述的线性环境，都扩展到了这样的情况：观察到的协变量引起了一些（或全部）相关的变量。例如，在图 9.2 左图中，可以允许一个变量 W 指向 Z、X 和 Y。假设（a)、（b）和（c），以及过程，然后被修改，并且总是包括条件作用在 W 上。Brito 和 PEL（2002b）将这一思想扩展到多变量 Z 和 X（“广义工具变量”）。

9.4　条件独立性和图表示

在因果学习中，人们试图从观测数据中重建因果模型。现在已经看到了几个可识别的结果，它使人们能够从观测分布 $P_{\boldsymbol{X}}$ 中识别变量 $\boldsymbol{X}$ 上的 SCM 图结构。现在转到包含观察变量 $\boldsymbol{O}$ 和隐藏变量 $\boldsymbol{H}$ 的变量 $\boldsymbol{X}$=（$\boldsymbol{O}$，$\boldsymbol{H}$）上的 SCM$\mathfrak{C}$。那么人们会问，能否从观测变量的分布 $P_{\boldsymbol{O}}$ 中识别图结构 $\mathfrak{C}$。如果可以，如何识别。

在没有隐藏变量的情况下，在 7.2.1 节中讨论了如何在马尔可夫条件和忠实性下学习（部分）因果结构。这些假设保证了 d 分离和条件独立之间的一一对应，因此可以测试 $P_{\boldsymbol{X}}$ 的条件独立性，并重构潜在图的属性。回顾基于独立性的方法，原则上在 DAG 的空间上搜索，并输出表示在数据中找到的条件独立性集合的图（或等价类）。

对于具有隐藏变量的因果学习，原则上希望在具有隐藏变量的 DAG 的空间上搜索。然而，这带来了额外的困难。不知道 $\boldsymbol{H}$ 的大小，如果不限制隐藏变量的数量，就有无限数量的候选图，必须进行搜索。此外，还有一个关于这种方法的统计论点：关于 DAG 具有马尔可夫性和忠实性的分布集合形成曲线指数族，这证明了 BIC 的使用是合理的，例如（Haughton，1988）。然而，关于带有隐藏变量的 DAG，具有马尔可夫性和忠实性分布集合并不具

有此性质（Geiger 和 Meek,1998）。如果搜索具有隐藏变量的 DAG 是不可行的，那么可以用被边缘化的图来表示每个带有隐藏变量的 DAG ，可能使用多于一种类型的边，然后搜索那些结构？在 9.1 节中看到这样的方法也带来了困难：被边缘化的图取决于原始的潜在 SCM，仅考虑原始图中包含的信息是不够的。如前所述，Bongers 等人（2016）更详细地研究 SCM 的边缘化。

由于这些原因，本节的其余部分中考虑了一个稍微偏移的问题：不检查某个带有隐藏变量的 DAG 结构是否会引起完全分布，而是将自己限制在某一类型的约束上。例如，考虑了在观测变量 $\boldsymbol{O}$ 上满足相同的条件独立陈述集的所有分布（隐式假定马尔可夫性和忠实性），然后询问如何表示这组条件独立。

一个简单的解决方案是假设蕴含的分布 $P_{\boldsymbol{O}}$ 关于没有隐藏变量的 DAG 具有马尔可夫性和忠实性，然后和之前一样，输出一类 DAG，它表示观测变量分布中的条件独立性。用 DAG 表示条件独立结构 $P_{\boldsymbol{O}}$ 有两个众所周知的缺点：①用观测变量上的 DAG 表示条件独立性集合会导致因果错误解释；②分布集的独立模式对应一个 DAG 的 d 分离陈述在边缘化下并不是封闭的（Richardson 和 Spirtes，2002）。

对于①，考虑一个 SCM 蕴含的分布 $P_{A,B,C,H}$ 关于相应的图 9.3 左图所示的 DGA 具有马尔可夫性和忠实性。唯一可以在观察到的分布中找到 $P_{A,B,C}$（条件）独立关系是$A \perp\!\!\!\perp C$，因此图 9.3 第二左图中完美地表示了这种条件独立性。在这个意义上，它可以被看作 PC 的输出。然而，因果解释是错误的。虽然在原始的 SCM 中，对 C 上的干预对 B 没有任何影响，但 PC 的输出表明有一个从 C 到 B 的因果效应。对于②，图 9.4[取自于 Richardson 和 Spirtes（2002）] 显示了变量 $\boldsymbol{X}$=（$\boldsymbol{O}$, $\boldsymbol{H}$）上 SCM 的结构，它的分布关于 DAG $\mathcal{G}$（$\mathcal{G}$表示了 $\boldsymbol{X}$ 中的所有条件独立）具有马尔可夫性和忠实性。它满足以下性质，没有 $\boldsymbol{O}$ 上的 DAG 表示的条件独立性可以在 $P_{\boldsymbol{O}}$ 中发现。在这个意义上，DAG 在边缘化下是不封闭的。

下面的内容讨论了一些建议表示条件独立性的图（$\boldsymbol{O}$ 上）的一些想法。但是，请注意，它们不一定具有直观的因果意义。从图对象中很难推断出 $\boldsymbol{X}$=（$\boldsymbol{O}$，$\boldsymbol{H}$）上的基础 SCM 结构的性质。例如，在 6.6 节中，需要为每种类型的图建立和证明调整图的准则。

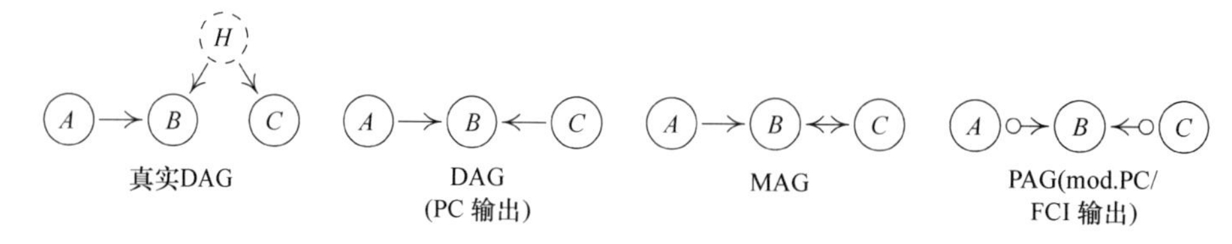

图 9.3　从左侧的 SCM 开始，右边的三个图编码了一组条件独立性($A \perp\!\!\!\perp C$)。由于一个错误的因果解释，DAG 作为因果学习方法的输出是不可取的。在这个例子中，IPG 和潜在投影（ADMG）等于 MAG

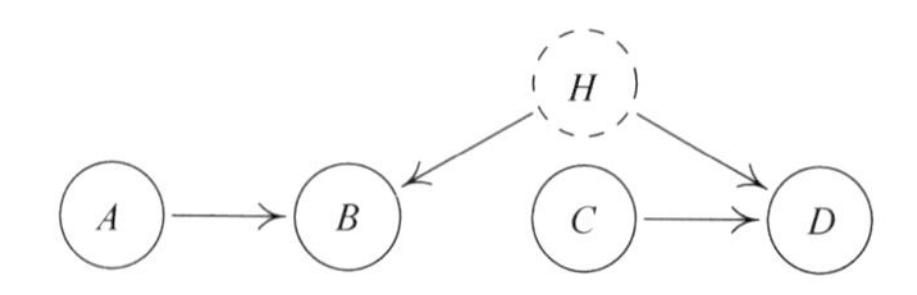

图 9.4　此示例取自 Richardson 和 Spirtes（2002，图 2（i））。它表明在边缘化下 DAG 不是封闭的。节点 $\boldsymbol{O}=\{A,B,C,D\}$ 上没有 DAG 编码来自于包括 H 图的所有条件独立性

9.4.1　图

以前，使用图来表示 SCM 的结构关系，见定义 3.1 和定义 6.2。本节的目的不同：这里的目标是用图来表示 SCM 产生的分布中的约束。在 9.4 节中，主要考虑条件独立性关系，并在 9.5 节中更详细地讨论其他约束。已经看到，在出现隐藏变量时，用 DAG 来表示条件独立是一个不好的选择。DAG 的这些缺点发起在因果推理中建立新的图的表示。例如，Richardson 和 Spirtes（2002）引入了**最大祖先图**（MAG），并表明它形成 DAG 的最小超类，且在边缘化下封闭（见前面的讨论）。这些是混合图，包含有向和双向边[㊀]。MAG 采用稍微不同的分离准则：不是 d 分离，而是 m 分离（Richardson 和 Spirtes，2002）。然后，对于每个带有隐藏变量的 DAG，存在观测变量上的唯一 MAG 表示相同的条件独立（通过 m 分离）。Richardson 和 Spirtes（2002, 4.2.1 节）提供了一个简单的构造协议，例如图 9.3。这种映射不是一对一的，每个 MAG 可以由无限多个不同的 DAG 构造（包含任意数目的隐藏变量）。对于 DAG，马尔可夫条件将一个 MAG 中图分离陈述和条件独立联系起来。不同的 MAG 表示相同的 m 分离概括为马尔可夫等价类（Zhang，2008b）。这个等价类本身通常用

㊀　事实上，它们甚至包含无向边，从而建模选择偏差。详细的信息参阅 Richardson 和 Spirtes（2002）。

部分祖先图（PAG）表示，详见表 9.1。在 PAG 中，边可以以一个圆的形式结束，表示箭头的头部和尾部两种可能性，见图 9.3。Ali 等人（2009）提供了确定两个 MAG 是否是马尔可夫等价的图准则。

表 9.1　考虑一个（观测）变量 O 和（隐藏）变量 H 上的 SCM，诱导分布 $P_{O,V}$。如何建模观测分布 P_O？想要用带有隐藏变量（任意多）的 SCM。然而，这个模型类对于因果学习来说具有差的属性。本表总结了一些替代的模型类（目前的研究主要集中在 MAG 和 ADMG）

图对象	DAG（没有隐藏变量）	MAG	IPG	ADMG（包括嵌套马尔可夫）
边缘类型 有向 / 无向 / 双向 / 组合	✓/ - / - / -	✓/ ✓/ ✓/ -	✓/ - / ✓/ -	✓/ - / ✓/ ✓
正确的因果关系解释	✗	✓	✓	✓
全局马尔可夫的图分离	d 分离	m 分离	m 分离	m 分离
有效调整集准则	✓	✓	?	✓
干预分布识别算法	✓	?	?	✓
等价类的表示方法	CPDAG（马尔可夫）	PAG（马尔可夫）	POIPG（马尔可夫）	?（嵌套马尔可夫）
基于独立的学习方法	PC, IC, SGS	FCI	FCI	-
基于分数的学习方法	GDS, GES	线性 / 二进制 / 离散 SCM	?	线性 / 二进制 / 离散 SCM
是否可以编码所有的等式约束	✗	✗	✗	✓（如果 obs.var. 离散）
是否可以编码所有的约束	✗	✗	✗	✗

例 9.5（*Y* 结构） 假设甚至单个 MAG 可以表示任意数量的隐藏变量，也许人们想知道，能否从具有隐藏变量的 DAG 构造 PAG，甚至包含不平凡的因果信息。例如，在图 9.3 中，PAG 没有指明存在 C 和 B 之间的有向路径，或者 C 和 B 间有向路径的隐藏变量。图 9.2 右图显示了 Y 结构（Z_1、Z_2 和 Y 没有直接相连）。现在考虑一个任意数量变量上的 SCM，它包含四个变量 X、Z_1、Z_2 和 Y，它与 Y 结构产生相同条件独立性。可以得出结论，相应的 PAG 包含有向边 $X \to Y$。此外，X 和 Y 之间的因果关系必须是无混杂的（例如，Mani 等人，2006；Spirtes 等人，2000，图 7.23）。任何 SCM，其中 X 和 Y 混杂，或者 X 不是 Y 的祖先，将导致不同的条件独立性。

之前已经提到，构建像 MAG 这样的图对象主要用于表示条件独立性，而不是可视化 SCM（这就是在定义 3.1 中引入图的方式）。因此，因果语义变得更加复杂。例如，在 MAG 中，边 $A \to B$ 意味着在潜在 DAG（包括隐藏变量）里，A 是 B 的祖先，而 B 不是 A 的祖先。也就是说，祖先的关系得以保存。例如，图 9.3 中的 PAG 应解释如下：“在潜在 DAG 中，可能存在从 C 到 B 的有向路径、隐藏的共同原因或两者的组合。”因此，在这样的图中，计算干预分布的因果推理也变得更加复杂（Spirtes 等人，2000；Zhang, 2008b）。Perkovic 等人（2015）特征化了有效调整集（见 6.6 节），不仅适用于 DAG，也适用于 MAG。

作为 MAG 和 PAG 的替代方案，可以考虑**诱导路径图**（IPG）和（完成的）**部分定向诱导路径图**（POIPG）。POIPG 可用于表示 IPG 集合（Spirtes 等人，2000，6.6 节）。这些图最初被用来表示快速因果推理（FCI）算法的输出，见 9.4.2 节。考虑关于 MAG 具有马尔可夫性和忠实性的分布。由于每一个 MAG 是一个 IPG，但是反之不成立，MAG 的马尔可夫等价类包含相应 IPG 的马尔可夫等价类。因此，一个 PAG 比一个 POIPG 包含更多的因果信息（Zhang，2008b，附录 A）。

甚至还有另一种可能性，就是从包含隐藏变量的原始 DAG 开始，然后应用**潜在投影**（分别参见 Pearl，2009；Verma 和 Pearl，1991，定义 2.6.1 和“嵌入模式”）。这个操作使用带有观测变量和隐藏变量的图 $\mathcal{G}$，在观测变量上构建一个新的图对象$\tilde{\mathcal{G}}$。确切的定义可以在 Shpitser 等人（2014，定义 4）的研究中找到。由此产生的图结构被称为**无环有向混合图**（ADMG），它包含有向和双向边。再次，m 分离导致马尔可夫性（Richardson, 2003）。现在可以搜索 ADMG，而不是带有潜在变量的 DAG。

将在 9.5 节看到，带有隐藏变量 DAG 上观测变量的分布满足除了条件独立的约束。ADMG 遵从如下方式考虑这些约束的可能性。思想是定义一个**嵌套马尔可夫性**（Richardson 等人，2012，2017；Shpitser 等人，2014），使得一个分布关于一个 ADMG 是嵌套马尔可夫的，如果一些图结构隐含的条件独立满足，而且其他约束也满足。例如，请参见 9.5.1 节。事实证明，即使是嵌套马尔可夫性也不会包含所有约束 [在离散情况下，它们编码所有的等式约束（Evans，2015）]，因此有（Shpitser 等人，2014）：

$\{P_O : P_{O,V}$ 由具有隐藏变量的 DAG $\mathcal{G}$ 产生 $\}$

$\subseteq\{P_O : P_O$ 关于相应 ADMG 满足嵌套马尔可夫性 $\}$

$\subseteq\{P_O : P_O$ 相对于相应 ADMG 满足马尔可夫性 $\}$

对于具有离散数据和普通马尔可夫性的 ADMG，Evans 和 Richardson（2014）提出了一个参数化方法。这种参数化可以扩展到嵌套马尔可夫模型，并用来计算（约束）最大似然估计量（Shpitser 等人，2012）。如果每对节点之间只有一种类型的边，ADMG 称为**非弯曲**。对于线性高斯模型，这一小类模型使得参数可识别（Brito 和 Pearl，2002a）。此外，还有一些计算最大似然估计（Drton 等人，2009a）或执行因果学习（Nowzohour 等人，2015）的算法。

链图由有向和无向边组成，不包含部分有向环（Lauritzen，1996，2.1.1 节）。研究者针对链图方法做了大量的工作。例如 Lauritzen（1996）进行综述，Lauritzen 和 Richardson（2002）进行了因果解释。注意，对于链图，已经提出了不同的马尔可夫性（Lauritzen 和 Wermuth，1989；Frydenberg，1990；Andersson 等人，2001）。

总结一下，使用图表示约束（到目前为止，主要讨论条件独立性），特别是在隐藏变量情况下，是一项不平凡的工作，仍然是一个活跃的研究领域；Sadeghi 和 Lauritzen（2014）将几种类型的混合图联系起来讨论它们的马尔可夫性。通常情况下，图对象和相应的分离准则是复杂的，并且将边和存在因果效应联系起来并不是一件容易的事（虽然人们可能认为嵌套马尔可夫模型是迈向简化的一步）。让人惊讶的是，尽管在某些情况下存在所有困难（见例 9.5 中的 Y 结构），但仍然可以学习因果祖先关系。

9.4.2 快速因果推断

已经看到，对于结构学习，与 CPDAG 相比，PAG 可能是合情合理的输出。事实上，可以修改 PC 算法，使其输出 PAG（Spirtes 等人，2000，6.2 节）。虽然 PC 的这种简单修改可以工作在不同的实例，但是它通常是不正确的。在每一次迭代中，PC 算法考虑（当前）

相邻的一对节点 A 和 B，并且搜索 d 分离它们的一个集合。基于 7.2.1 节中的引理 7.8，为了实现相当大的加速，PC 算法搜索与节点 A 和 B 相邻的节点的子集。然而，在隐藏变量的情况下，将搜索空间限制到邻域集合的子集是不够的（Verma 和 Pearl，1991，引理 3）。Spirtes 等人（2000，6.3 节）提供了一个例子，改进的 PC 算法没能成功找到 d 分离集。

FCI 算法（Spirtes 等人，2000）解决了这个问题。它输出了一个代表几个 MAG 的 PAG。Zhang 和 Spirtes（2005）与 Zhang（2008a）证明原始 FCI 算法的细微修改是完备的。也就是说，它的输出具有最丰富的信息。如果条件独立性源自具有隐藏变量的 DAG，则输出确实表示正确的对应 PAG。

对 FCI 的几个修改导致显著的提速。Spirte（2001）建议限制条件集的大小（任何时候 FCI）。Colombo 等人（2012）同时减少了条件独立性测试的次数和条件集的大小（真正的快速推理）。它们与 FCI 相比，输出信息较少。它们被 FCI+ 继承，FCI+ 是快速完整的（Claassen 等人，2013）。

作为替代方案，人们可以考虑对 MAG 或者 MAG 等价类进行评分。只有一些 SCM 类存在评分函数，例如线性 SCM（Richardson 和 Spirtes，2002），而且，我们不知道任何有效地搜索 MAG 空间的方法（Mani 等人，2006）。Silva 和 Ghahramani（2009）讨论学习混合图的贝叶斯方法。

9.5 条件独立性之外的约束

已经提到带有隐藏变量的模型可能导致不同于条件独立的约束。下面将提及一小部分，来建立期望的约束类型的直觉。但是这里主要指出详细参阅的文献，可以参阅 Kela 等人（2017）的研究及其早期的工作。

9.5.1 Verma 约束

Verma 和 Pearl（1991）提供了图 9.5 所示的例子。关于相应图具有马尔可夫性的任何

分布满足下面的 Verma 约束（Spirtes 等人，2000，6.9 节]。对一些函数 f，有

$$\sum_b p(b|a)p(d|a,b,c) = f(c,d) \tag{9.3}$$

与条件独立约束不同，式（9.3）让人们决定是否存在 A 到 D 的有向边（请注意，在图 9.5 中 A 和 D 不能 d 分离）。尽管关于这些代数约束仍然存在许多公开问题，但是在理解何时出现这些约束方面取得了进展（Tian 和 Pearl，2002）。Shpitser 和 Pearl（2008b）研究了潜在独立性的特殊子类。这些约束在干预分布中表现为独立约束。

问题仍然是如何利用这些约束进行因果学习。在二进制变量情况下，例如，Richardson 等人（2012，2017）和 Shpitser 等人（2012）使用嵌套马尔可夫模型参数化这样的模型，并提供了一种计算（约束）最大似然估计的方法。另请参见 9.4.1 节。但是，嵌套马尔可夫模型没有包括所有的不等式约束。这一问题将在下面进行讨论。

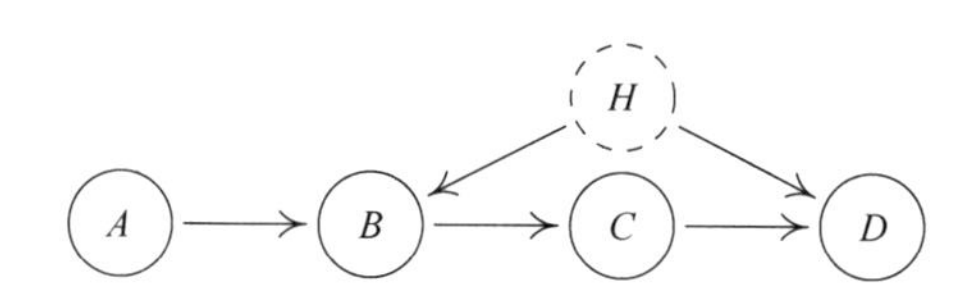

图 9.5　任何关于本图具有马尔可夫性的分布满足 Verma 约束 [式 (9.3)]，它是一个在 A、B、C 和 D 的边缘分布上出现的非独立约束。虚线变量 H 是不可见的（Verma 和 Pearl，1991）

9.5.2　不等式约束

在一些变量上边缘化一个图模型会产生一系列不等式约束（例如 Kang 和 Tian，2006；Evans，2012，以及其中的参考文献）。讨论所有已知的内容超出了本书的范围。相反，这里想指出它们已经应用的领域的多样性。为此，考虑两个包含观测到的和未观测到的变量的 DAG 示例，它们出现在完全不同的背景中。请注意，本节只讨论涉及可观测变量的观测分布的不等式，而文献中也包含了联系观测变量的观测和干预分布的不等式（例如 Balke，1995；Pearl，2009，第 8 章）。有时还有其他额外假设（Silva 和 Evans，2014；Geiger 等人，2014）。虽然前一项任务旨在篡改假设的潜在结构，但是后者在给定各自 DAG 是正确的前

提下，允许干预陈述。为了显示一些关于观测概率的不等式，图 9.6a 显示了带有二元变量的因果结构，例如，蕴含

$$P(X=0,Y=0|Z=0)+P(X=1,Y=1|Z=1)\leqslant 1 \tag{9.4}$$

与此类似的不等式已经被提出 [Bonet，2001，式（3）]，用来测试一个变量是否有用。这一 DAG 在分析不完全遵从的随机临床实验中起到了关键作用。这里 Z 为服药指令，X 描述患者是否服用药物（假设这可以从血液测试中推知），Y 表示患者是否治愈（Pearl，2009）。

例如，已知图 9.6b 所示的因果结构，**Clauser-Horne-Shimony-Holt（CHSH）不等式**（Clauser 等人，1969）：

$$\begin{aligned}\mathbb{E}[XY|S=-1,T=-1]+\mathbb{E}[XY|S=-1,T=1]+\\ \mathbb{E}[XY|S=1,T=-1]+\mathbb{E}[XY|S=1,T=1]\leqslant 2\end{aligned} \tag{9.5}$$

如果 X、Y、S、T 在 $\{-1,1\}$ 中取值。式（9.5）是一般化的 **Bell 不等式**（Bell，1964）。隐藏的共同原因可能会取任意多的值，正如存在一个变量从 $\{Y, T\}$ 中 d 分离 $\{X, S\}$ 隐含式（9.5）。值得注意的是，CHSH 不等式在量子物理学的一个场景中被违背了，在该场景中，人们会直觉地认为潜在因果结构是图 9.6b。两个物理学家在不同的位置收到来自共同源 H 的粒子。变量 X 和 Y 分别描述了在 A 和 B 收到的粒子上进行二分的测量结果。S 是一个抛硬币实验，决定两个可能选项中哪个测量由 A 执行。同样，抛硬币实验 T 那个测量由 B 来执行。A 和 B 的不能观测的共同原因是 A 和 B 接受粒子的共同源。根据广泛接受的解释，实验中观测到式（9.5）不成立表明，没有经典的随机变量 H 描述进入粒子的联合状态，使得给定 H，$\{S, X\}$ 和 $\{T, Y\}$ 条件独立。这是因为量子物理系统的状态不能用随机变量的值来描述。相反，它们是 Hilbert 空间上的密度算子。

潜在结构的信息论不等式已经引起了人们的兴趣，因为它们有时比直接针对概率的不等式更容易处理（Steudel 和 Ay，2015）。Chaves 等人（2014）描述离散变量情况下的一系列不等式，这些变量不完整，但可以通过以下系统方法生成。

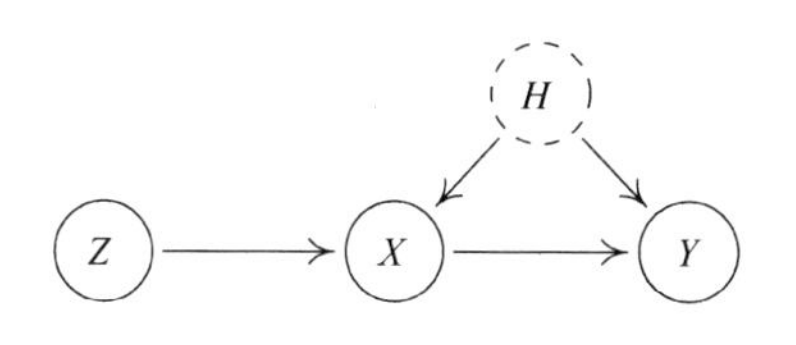

a) 因果结构，其中Z被称为X的工具，使得关于X对Y的影响的一些因果断言成为可能

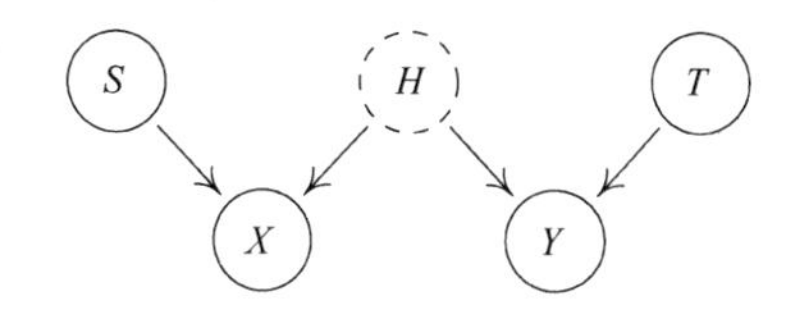

b) 量子物理学家使用的著名实验的因果结构，用来篡改经典物理假设，见9.5.2节

图 9.6　潜在结构的两个重要例子，其中包含不等式约束

首先，从 d 个离散变量 $\boldsymbol{X}:=(X_1, \cdots, X_d)$ 上的一个 SCM 产生的分布开始。对于给定的联合分布 $P_{X_1,\cdots,X_d}$，可以定义一个函数

$$H: 2^{\boldsymbol{X}} \to \mathbb{R}_0^+$$

使得$H(X_{j_1},\cdots,X_{j_k})$是$(X_{j_1},\cdots,X_{j_k})$的香农熵[⊖]。众所周知，$H$ 的性质是**基本的不等式**

$$H(S \cup \{X_j\}) \geqslant H(S) \tag{9.6}$$

$$H(S \cup \{X_j, X_k\}) \leqslant H(S \cup \{X_j\}) + H(S \cup \{X_k\}) \tag{9.7}$$

$$H(\varnothing) = 0 \tag{9.8}$$

式中，S 表示 $\boldsymbol{X}$ 的一个子集。式（9.6）和式（9.7）分别称为单调性和子模块条件，同样见 6.10 节。此外，式（9.6）~式（9.8）在组合优化中被称为多拟合公理。

为了使用因果结构，对于所有三个不相交节点的子集 S、T 和 R 有 $S \perp\!\!\!\perp T \mid R$，即 R d 分离 S 和 T。这可以使用香农互信息（Cover 和 Thomas，1991）改写

$$I(S:T \mid R) = 0 \tag{9.9}$$

等价于

$$H(S \cup R) + H(T \cup R) = H(S \cup T \cup R) + H(R) \tag{9.10}$$

值得注意的是，式（9.10）是一个线性方程。由于条件独立在概率向量空间上定义了

⊖　为了表示方便，写 $H(X_{j_1},\cdots,X_{j_k})$ 而不是 $H(X_{j_1},\cdots,X_{j_k})$，再次在矢量上执行集合操作。

非线性约束，考虑熵向量空间上的约束更方便。

这些不等式与式（9.9）一起进一步隐含了一个不等式。为了以算法的方式推导出它们，Chaves 等人（2014）使用了线性规划中的一个技巧，即 Fourier-Motzkin 消除法（Williams，1986）。给定观测变量的一些子集 $\boldsymbol{O} \subset \boldsymbol{X}$，这个过程通常得到仅包含 $\boldsymbol{O}$ 中变量的熵的不等式，尽管这里没有仅包含观测变量的条件独立约束。图 9.7 给出了一个例子，Chaves 等人（2014，定理 1）得到

$$I(X:Z)+I(Y:Z) \leqslant H(Z) \tag{9.11}$$

这同样也适用于变量名的循环排列。因为 $H(Z)$ =1bit 和 $I(X:Z)=I(Y:Z)$ =1bit，所以违反式（9.11）的联合分布是所有观测变量为 0 或者为 1 的概率为 1/2。为了直观地理解，注意在这个例子中，要求每个观测节点，也就是 Z，与 X 和 Y 有确定的关系，从而也与 U 和 V 有确定的关系。但是 Z 可以通过其未观测到的原因 U 或 V 来确定。Z 不能完全同时遵循 U 和 V 的“指令”（这本身是独立的）。

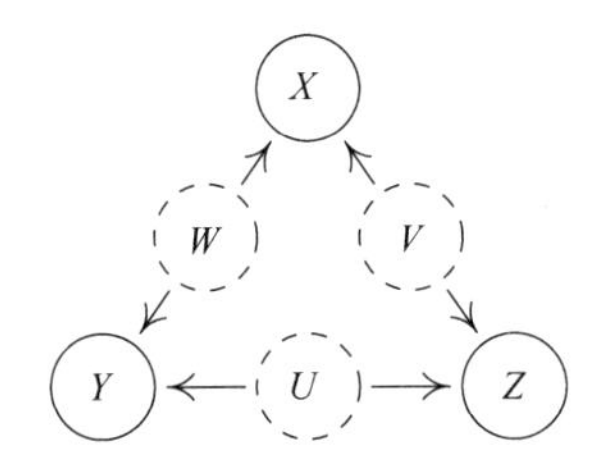

图 9.7　不能产生 X、Y 和 Z 上联合分布的 DAG，因为所有三个观测变量以 1/2 概率同时达到 0 或 1

9.5.3　基于协方差的约束

另一类约束出现在带有隐藏变量的线性模型中。例如，在图 9.8 中，获得了**四元组约束**（Spirtes 等人，2000；Spearman，1904）。

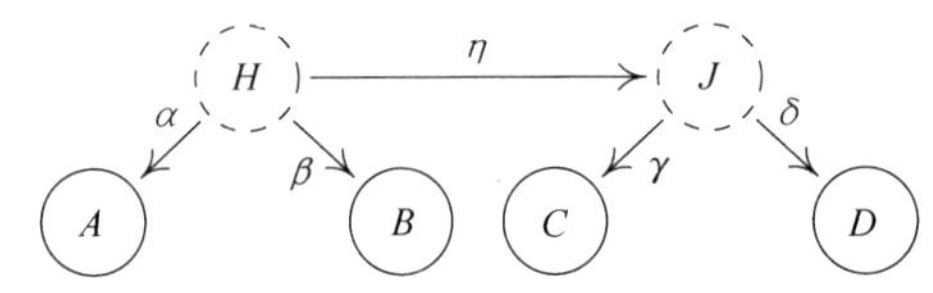

图 9.8　如果图对应于线性 SCM，则其蕴含的分布将满足四元组约束 [式（9.12）~ 式（9.14）]

$$\rho_{AC}\rho_{BD} - \rho_{AD}\rho_{BC} = 0 \tag{9.12}$$

$$\rho_{AB}\rho_{CD} - \rho_{AD}\rho_{BC} = 0 \tag{9.13}$$

$$\rho_{AC}\rho_{BD} - \rho_{AB}\rho_{CD} = 0 \tag{9.14}$$

式中，ρ_{AC}为变量 A 和 C 之间的相关系数。例如，第一个约束 [式（9.12）] 可以很容易地从图 9.8 中得到证明 :

$$\begin{aligned} \operatorname{cov}[A,C]\cdot\operatorname{cov}[B,D] &= \alpha\gamma\eta\operatorname{var}[H]\cdot\beta\delta\eta\operatorname{var}[H] \\ &= \alpha\delta\eta\operatorname{var}[H]\cdot\beta\gamma\eta\operatorname{var}[H] = \operatorname{cov}[A,D]\cdot\operatorname{cov}[B,C] \end{aligned}$$

可以使用语言特征化四元组约束的出现和消失。同样，这些约束允许人们仅从观测数据中区分不同的因果结构。Bollen（1989）和 Wishart（1928）构建了统计测试，来测试四元组差异的消失。这些可以转化为一个可以用于因果学习的分数，例如，Spirtes 等人（2000，11.2 节）和 Silva 等人（2006）对此进行了研究。

Kela 等人（2017）考虑了潜在结构，在该结构中，所有观测变量之间的相关性是由于独立的共同原因的集合引起的，并在观测变量可能的协方差矩阵上描述约束。他们强调，在统计可行性和计算易处理方面，采用协方差矩阵而不是全分布是有益的。

使用观测变量的函数（即就像基于再生核 Hilbert 空间的方法一样，将它们映射到一个特性空间），该方法还能够解释较高阶的相关性。

9.5.4 附加噪声模型

在 7.2.3 节中已经提到，学习 LiNGAM 结构可以基于 ICA。Hoyer 等人（2008b）表明，利用已知超完备的 ICA，可以将可识别性断言和方法扩展到具有隐藏变量的线性非高斯结构。

对于非线性 ANM（见 4.1.4 节），已经看到，在一般情况下，不能同时有$Y=f(X)+N_Y$且$N_Y \perp\!\!\!\perp X$，$X=g(Y)+M_X$且$M_X \perp\!\!\!\perp Y$。人们期望隐藏变量具有类似的可识别性。下面的 ANM 描述了隐藏变量 H 对观测变量 X 和 Y 的影响：

$$H := N_H \tag{9.15}$$

$$X := f(H) + N_X \tag{9.16}$$

$$Y := g(H) + N_Y \tag{9.17}$$

对于足够低噪声的系统，Janzing 等人（2009a）证明了，通过 H 的重参数化，联合分布 $P_{H,X,Y}$ 可以从 $P_{X,Y}$ 重构。对低噪声的限制不是必要的，仅是证明的弱化。设$f(H)=H$和 N_X=0 可产生一个从 X 到 Y 的 ANM（同样，可以得到一个从 Y 到 X 的 ANM），这表明，加性噪声假设使得仅从 $P_{X,Y}$ 中可以识别$X \to Y$、$X \leftarrow Y$和$X \leftarrow * \to Y$三种情况。与降维的关系帮助人们理解如何利用数据匹配模型 [式（9.15）~ 式（9.17）]：来自分布 $P_{X,Y}$ 的数据可以采用如下方法抽样（见图 9.9）。

1）根据 P_H 抽取 h。

2）考虑流形上的对应点（$f(h)$，$g(h)$）：

$$M := \left\{ \left(f(h), g(h)\right) \in \mathbb{R}^2 : h \in \mathbb{R} \right\} \tag{9.18}$$

3）在每个维度中加入一些独立的噪声（n_X，n_Y）。

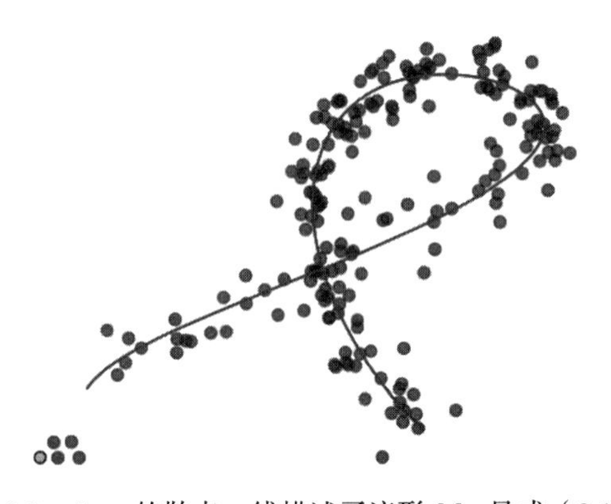

图 9.9　$P_{X,Y}$ 的散点。线描述了流形 M，见式（9.18）

为了使模型 [式（9.15）~ 式（9.17）] 匹配从 $P_{X,Y}$ 抽取的一个样本，可以对样本降维以获得估计$\hat{M}$。为了从给定的点（x，y）恢复值 h，点（x，y）不能投射到流形 M 上，因为这通常会导致依赖于H的残差。不是小的残差（n_X, n_Y），要求残差尽可能与H独立（Janzing 等人，2009a）。

关于带有隐藏变量的 ANM 可识别性还有许多未解的问题。然而，这样的结果可能有一个重要的含义：当从 X 到 Y，而不是从 Y 到 X 寻找 ANM 时，这些可识别性的结果将表明，这种效应不是混杂的（在加性噪声的模型类中）。

9.5.5 检测低复杂度混杂因子

这里解释了 Janzing 等人（2011）的两种方法，该方法可以推断出两个观测变量 X 和 Y 之间的路径是否被某个仅获得几个值的变量所隔开，如图 9.10 所示。场景如下：X 通过 Y 上有一个箭头的 DAG 因果连接到 Y。问题是 X 和 Y 之间的路径中间是否有一个仅取几个值的变量 U。在这里，连接 X 和 U 的箭头的方向并不重要，但是这个方法的典型应用是检测混杂，如果混杂路径中间有一个这种类型的简单变量 U。Janzing 等人（2011）认为，例如，两个二值变量 X 和 U 描述一个动物或植物的遗传变异（单核苷酸多态性），变量 Y 对应于一些显型。每当 X 和 Y 之间的统计依赖关系仅仅是因为 U 对 Y 有影响，且 U 与 X 有统计学关系，那么 U 就会扮演那样一个中间变量的角色。在这里，U 和 X 都不是彼此的原因，但是有一些变量，比如“种族群体”对两者都有影响。因此，U 不是共同的原因本身，但它存在于混杂路径上。

图 9.10　检测低复杂度中间变量：如果 X 和 Y 之间的路径被一些变量 U 所阻塞，那么 $P_{Y|X}$ 通常会显示典型的属性，即 U 的“指纹”

检测这种混杂的想法是，U 以一种特有的方式改变条件 $P_{Y|X}$。为了讨论这个问题，首先定义一个条件类，稍后将展示它通常只在 X 和 Y 之间的路径不存在这样的 U 时才会发生。

定义 9.6（成对纯条件） 条件分布 $P_{Y|X}$ 是纯条件对，如果任意两个x_1、$x_2 \in \mathcal{X}$，以下条件成立。没有 $\lambda<0$ 或 $\lambda>1$ 使得

$$\lambda P_{Y|X=x_1} + (1-\lambda) P_{Y|X=x_2} \tag{9.19}$$

是一个概率分布。

理解定义 9.6 时请注意，当$\lambda \in [0,1]$时，式（9.19）始终是一个概率分布，因为它是两个分布的凸和。另一方面，当$\lambda \notin [0,1]$时，式（9.19）可能不再是一个非负性的度量。考虑 Y 取有限多值$\mathcal{Y} := \{y_1, \ldots, y_k\}$的情况，那么 Y 的分布空间是单纯形，它的 k 个顶点为$y_1, \ldots, y_k$。图 9.9 所示为 k=3 的情况，$\mathcal{Y}$的概率分布空间为三角形。图 9.11a 显示了一个纯条件的例子：延伸 $P_{Y|X=x_1}$ 和 $P_{Y|X=x_2}$ 之间的连线离开三角形，而这样的延伸可能在图 9.11b 所示的概率空间内。然而，如图 9.12 所示，这种纯度比 $P_{Y|X=x}$ 在单纯形内部的条件更强。在这里，它们在三角形的边缘，但允许在三角形内扩展。

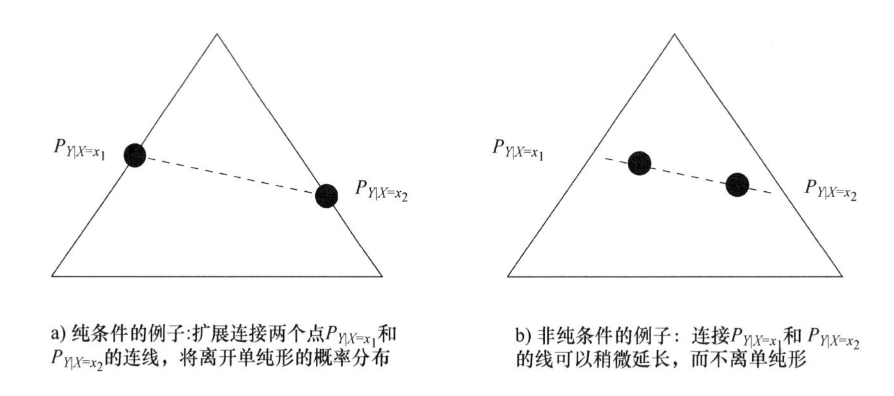

a) 纯条件的例子:扩展连接两个点$P_{Y|X=x_1}$和$P_{Y|X=x_2}$的连线，将离开单纯形的概率分布

b) 非纯条件的例子：连接$P_{Y|X=x_1}$和 $P_{Y|X=x_2}$的线可以稍微延长，而不离单纯形

图 9.11　一个纯条件和非纯条件的可视化

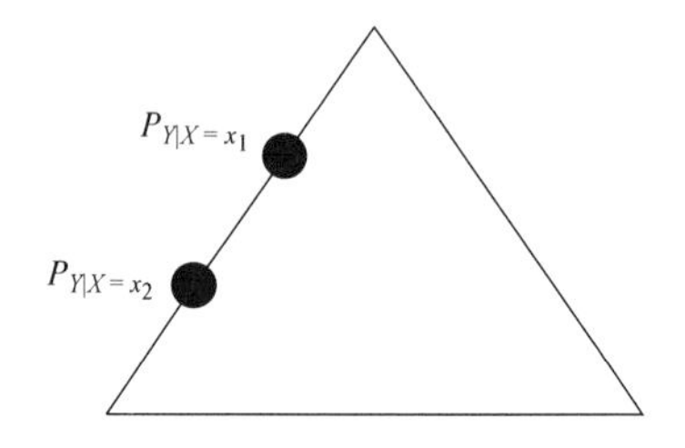

图 9.12　非纯条件的另一个例子：连接$P_{Y|X=x_1}$和$P_{Y|X=x_2}$可以延伸而不离开单纯形

如果 $P_{Y|X}$ 有一个密度 $(x, y) \mapsto p(y \mid x)$，纯度可以由以下直观条件来定义：

$$\inf_{y\in\mathcal{Y}} \frac{p(y|x_1)}{p(y|x_2)} = 0 \quad \forall x_1, x_2 \in \mathcal{X}$$

探究对应于$X \to Y$的因果条件本质上纯的程度，必须留待未来研究。为了给出一个有趣的纯条件类的例子，我们想提及如果 $P_{Y|X}$ 允许一个 ANM 带有双射函数f_Y（Janzing 等人，2011，引理 4），且噪声的密度满足一定的衰退条件，则 $P_{Y|X}$ 是成对纯。

下面的结果表明，纯条件意味着 X 和 Y 之间的因果路径间不存在仅取几个值的一个变量。

定理 9.7（严格正条件和非纯度） 假设有一个变量 U，使得$X \perp\!\!\!\perp Y\,|\,U$。进一步，假设 U 的范围$\mathcal{U}$有限，对于所有$u \in \mathcal{U}$，所有使得$P_{Y|X=x}$有定义的 x，条件密度 $p(u\,|\,x)$ 严格正，则 $P_{Y|X}$不是成对纯。

证明 很容易看出，条件的 $P_{U\,|\,X}$ 不是成对纯，因为对所有使$P_{Y|X=x_i}$有定义的 x_1 和 x_2，$\inf_{u\in\mathcal{U}} p(u|x_1)/p(u|x_2) \neq 0$。由于$p(y|x) = \sum_u p(y|u)p(u|x)$，条件$P_{Y|X}$是$P_{Y|U}$和$P_{U|X}$的关联，因此非纯，因为$P_{U|X}$非纯（Janzing 等人，2011，引理 8）。

虽然这个定理适用于所有的有限变量，但是如果 U 只取几个值，条件$P_{U|X}$严格正的第二个假设貌似更加合理。否则，会出现，存在 u 使$p(u|x)$非常接近 0，导致$P_{Y|X}$几乎是纯的。

这里看到一个启发性的例子，展示中间节点如何污染了纯度，假设 U 和 X 是二进制，$p(u|x) = 1-\varepsilon$，$u = x$。那么有

$$\begin{aligned} P_{Y|X=0} &= P(U=0|X=0)P_{Y|U=0} + P(U=1|X=0)P_{Y|U=1} \\ &= (1-\varepsilon)P_{Y|U=0} + \varepsilon P_{Y|U=1} \end{aligned}$$

因此，$P_{Y|X=0}$ 位于连接 $P_{Y|U=0}$ 和 $P_{Y|U=1}$ 的直线内部（同样，$P_{Y|X=1}$）。因此，$P_{Y|X}$ 不纯。

另一个关于中间变量如何在 $P_{X,Y}$ 的分布中舍弃特征“指纹”的例子，将使用条件的下列属性来描述（Allman 等人，2009；Janzing 等人，2011）。

定义 9.8（一个条件的秩） $P_{Y|X}$ 的秩是测度空间所有向量$P_{Y|X\in\mathcal{A}}$跨越的矢量空间的维数。其中$\mathcal{A}$以非零概率取遍 X 范围的所有可测子集。

然而，Janzing 等人（2011）并没有提供估算秩的算法。如果 Y 的范围是有限的，那么 $P_{Y|X}$ 定义了一个随机矩阵，其秩与 $P_{Y|X}$ 的秩一致。下面的结果是一个简单的观察所得（Allman 等人，2009）。

定理 9.9（秩和 U 的范围） 如果 $X \perp\!\!\!\perp Y | U$，U 取 k 个值，那么 $P_{Y|X}$ 的秩最多是 k。

很容易证明在定理 9.9 的条件下，$P_{X,\, Y}$ 可以分解为 k 个乘积分布的混合。这个观察可以推广到多变量情况：每当有一个变量 U 达到 k 个值时，以致 U 的条件使得 X_1，⋯，X_d 联合独立，那么 $P_{X_1,\, \cdots,\, X_d}$ 分解成 d 乘积分布的混合。Sgouritsa 等人（2013）和 Levine 等人（2011）描述了寻找这种分解的方法，目的是通过识别乘积分布来检测混杂因子 U。

9.5.6 不同的环境

只要隐藏变量不受干预的影响，在 7.1.6 节和 7.2.5 节中描述的不变因果预测方法可以通过修改来处理隐藏变量（Peters 等人，2016，5.2 节）。此外，Rothenhausler 等人（2015，“backShift”）考虑了线性 SCM 的特殊情况。假设在不同的环境 $e \in \mathcal{E}$，观测 d 个随机变量的一个矢量 $\boldsymbol{X}^e$。这里，环境由（未知）偏移变量 $\boldsymbol{C}^e = (C_1^e, \cdots, C_d^e)$ 产生，它们相互独立，也与噪声独立。也就是说，对于每个环境 e：

$$\boldsymbol{X}^e = \boldsymbol{B}\boldsymbol{X}^e + \boldsymbol{C}^e + \boldsymbol{N}^e$$

式中，$\boldsymbol{N}^e$ 的分布与 e 无关。通过假定噪声变量的不同分量中间具有非零协方差，来考虑隐藏变量。它仍然是

$$(\boldsymbol{I}-\boldsymbol{B})\Sigma_{\boldsymbol{X},e}(\boldsymbol{I}-\boldsymbol{B})^{\mathrm{T}} = \Sigma_{\boldsymbol{C},e} + \Sigma_{\boldsymbol{N}}$$

式中，$\Sigma_{\boldsymbol{X},e}$、$\Sigma_{\boldsymbol{C},e}$ 和 $\Sigma_{\boldsymbol{N}}$ 分别是 $\boldsymbol{X}^e$、$\boldsymbol{C}^e$ 和 $\boldsymbol{N}^e$ 的协方差矩阵。因此

$$(\boldsymbol{I}-\boldsymbol{B})\,(\Sigma_{\boldsymbol{X},e} - \Sigma_{\boldsymbol{X},f})\,(\boldsymbol{I}-\boldsymbol{B})^{\mathrm{T}} = \Sigma_{\boldsymbol{C},e} - \Sigma_{\boldsymbol{C},f} \tag{9.20}$$

（注意，对于每个环境 e，可以将所有其他环境集合到一起以获得“环境” f）假设对于 e 和 f 的所有选择，式（9.20）的右边是对角线阵，这使得可以通过联合对角化 $\Sigma_{\boldsymbol{X},e} - \Sigma_{\boldsymbol{X},f}$

重建因果结构 $\boldsymbol{B}$。如果至少有三个环境，这个过程在弱假设下可以识别 $\boldsymbol{B}$（Rothenhäusler 等人，2015）。

后一个例子展示了如何在不同环境中施加规则性条件（如线性模型和独立偏移干预），容许人们在甚至出现隐藏变量的情况下重建潜在的因果结构。

9.6 问题

问题 9.10（充分性） 证明备注 9.4。

问题 9.11(Simpson 悖论） 在二进制变量 X、Y 和变量序列 $Z_1, Z_2, \cdots$ 上构建一个 SCM $\mathfrak{C}$，使得对所有的偶数 $d \geqslant 0$ 和所有 z_1，$\cdots$，z_{d+1}，有

$$\begin{aligned} &P^{\mathfrak{C}}(Y=1 \mid X=1, Z_1=z_1, \cdots, Z_d=z_d) \\ &> P^{\mathfrak{C}}(Y=1 \mid X=0, Z_1=z_1, \cdots, Z_d=z_d) \end{aligned}$$

但是

$$\begin{aligned} &P^{\mathfrak{C}}(Y=1 \mid X=1, Z_1=z_1, \cdots, Z_d=z_d, Z_{d+1}=z_{d+1}) \\ &< P^{\mathfrak{C}}(Y=1 \mid X=0, Z_1=z_1, \cdots, Z_d=z_d, Z_{d+1}=z_{d+1}) \end{aligned}$$

这个例子将 Simpson 悖论推向一个极端。如果 X 表示治疗，Y 表示治愈，Z_1，Z_2，$\cdots$ 表示一些混杂因子，则通过调整式（6.13）来调整越来越多的变量，将改变治疗是有助还是有害的因果结论。

问题 9.12（工具变量） 考虑 SCM：

$$\begin{aligned} H &:= N_H \\ Z &:= N_Z \\ X &:= f(Z) + g(H) + N_X \\ Y &:= \alpha X + j(H) + N_Y \end{aligned}$$

假定观测变量 Z、X 和 Y 上的联合分布。给定分布而不是有限样本，在 Z 上非参数回归 Z 产生条件均值 $\mathbb{E}[X \mid Z=z]$ 作为回归函数。写下两阶段最小二乘法，并证明它能识别 α。

第 10 章 时间序列

对不同时间变量之间的因果关系进行推理比没有时间结构的因果推理更容易。因果结构必须与时间顺序一致。之前已经在 7.2.4 节中讨论过，知道节点的因果顺序，并假设没有隐藏的变量，发现因果 DAG 不需要除马尔可夫条件和最小化外的其他假设（例如忠实性或限制函数的类等更具争议的条件是不需要的）。考虑到时间顺序，存在三个主要问题：第一，所考虑的变量集合可能不再是因果充分的；第二，存在相同时间的变量（在给定的测量精度内），它们不是一个因果有序的先验；第三，在实践中，通常只给定一次时间序列的重复——这与常见的独立同分布的环境不同，会多次观察每个变量。总之，所有这些问题在时间序列的因果推理中起着至关重要的作用。

10.1 基础和术语

到目前为止，已经考虑了从联合分布 $P_{X_1,\cdots,X_d}$ 中抽取的独立同分布样本。在这里，讨论时间序列的因果推断，即有一个具有 d 个变量的时间序列$(\boldsymbol{X}_t)_{t\in\mathbb{Z}}$，对每一个固定的 t，$\boldsymbol{X}_t$ 是向量（$X_t^1,\cdots,X_t^d$）。假设它描述了一个严格的平稳随机过程（Brockwell 和 Davis，1991）。每个变量 X_t^j 表示某个系统在 t 时刻的第 j 个可观测量的测量值。因为因果影响绝对不会从未来到过去，所以在多变量时间序列中，可以区分两种因果关系。

第一，节点为 X_t^j，$(j,t)\in\{1,\cdots,d\}\times\mathbb{Z}$ 的因果图[⊖]，仅包含 $t<s$ 时从 X_t^j 到 X_s^k 的箭头，

⊖ 严格地说，到目前为止，介绍了有限多节点的因果 DAG。然而，这里需要无限图而忽略了这一技术的精妙之处（Peters 等人，2013）。

$t=s$ 时没有箭头，如图 10.1 所示，则认为没有**瞬时**影响。第二，因果图中包含瞬时影响，也就是，除了 $t<s$ 时，对于一些 m 和 ℓ，包含从 X_t^m到 X_s^ℓ 的箭头，还包含对于一些 j 和 k 从 X_t^j 到 X_t^k 的箭头，如图 10.2 所示。如果当 $j\neq k$、$h>0$ 时，变量 X_t^j 可能会影响 X_t^k 和 X_{t+h}^j，而不会影响X_{t+h}^k，则把因果结构称为**纯瞬时**，如图 10.5a 和 b 所示。X_t^j不受以前任何变量（包括它自己的过去）影响，这种情况可以忽略，因为它不需要被描述为时间序列。相反，指数 t 可能会被看作前几章中独立同分布环境中统计样本的独立实例的标签索引。

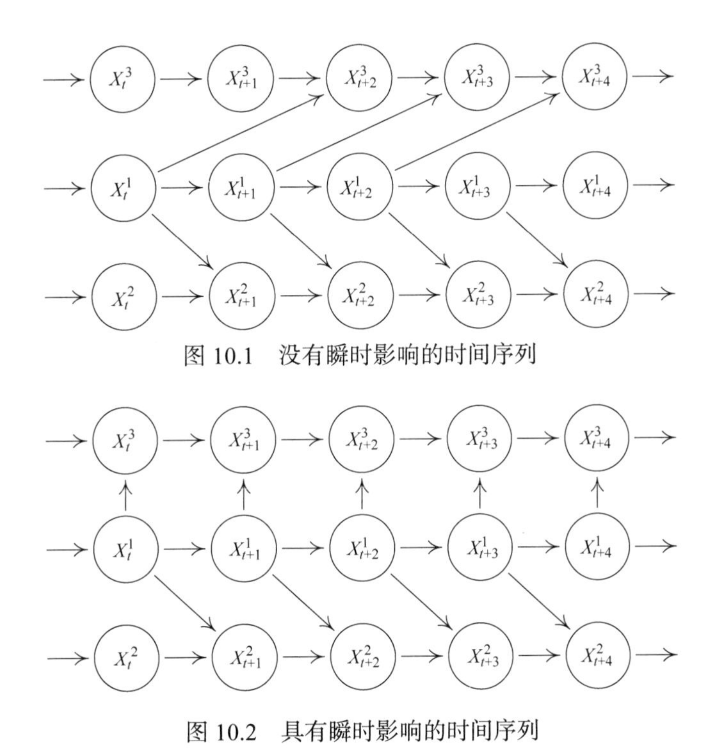

图 10.1　没有瞬时影响的时间序列

图 10.2　具有瞬时影响的时间序列

将**全时图**定义为具有X_t^i为节点的 DAG，如图 10.1 和图 10.2 所示。与前面的内容对比，全时图是一个具有无穷多个节点的 DAG。**摘要图**是具有节点 $X^1,\cdots,X^d$ 的有向图。在全时图中，当对于某个 $t\leqslant s\in\mathbb{Z}$，存在$X_t^j$到$X_s^k$的箭头时，则摘要图包含从 X^j 到 X^k（$j\neq k$）的箭头。注意，尽管我们将假定全时图是无环的，但摘要图可能是一个包含环的有向图。图 10.3 显示了图 10.1 和图 10.2 所示的全时图的摘要图。对于任何 $t\in\mathbb{Z}$，用 $\boldsymbol{X}_{\text{past}(t)}$ 来表示所有 $s<t$ 的 $\boldsymbol{X}_s$ 的集合，用 $\boldsymbol{X}_{\text{past}(t)}^j$ 表示过去的特定分量 X^j。如果 t 是一个固定时间的参考点，则可以写成 X_{past}^j。此外，$(\boldsymbol{X}_t^{-j})_{t\in\mathbb{Z}}$表示所有$j\neq k$的时间序列 $(\boldsymbol{X}_t^k)_{t\in\mathbb{Z}}$ 的集合。

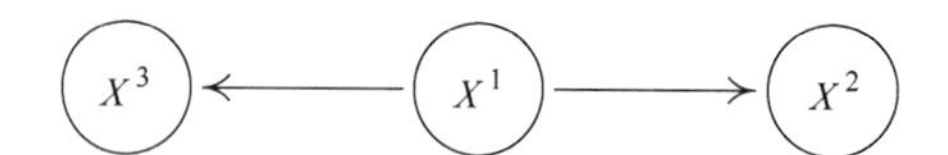

图 10.3　图 10.1 和图 10.2 所示的全时图的摘要图

10.2　结构因果模型和干预

假定一个描述随机过程 $(\boldsymbol{X}_t)_{t\in\mathbb{Z}}$ 的 SCM 至多存在过去 q（对于某些 q）个时刻的变量

$$X_t^j := f^j\left((\boldsymbol{PA}_q^j)_{t-q},\cdots,(\boldsymbol{PA}_1^j)_{t-1},(\boldsymbol{PA}_0^j)_t,N_t^j\right) \tag{10.1}$$

其中

$$\cdots,N_{t-1}^1,\cdots,N_{t-1}^d,N_t^1,\cdots,N_t^d,N_{t+1}^1,\cdots,N_{t+1}^d,\cdots$$

是联合独立的噪声项。对于每个$s\in\mathbb{Z}$，符号$(\boldsymbol{PA}_s^j)_{t-s}$表示影响$X_t^j$的变量集$X_{t-s}^k$，$k$=1,⋯,$d$。注意，$\boldsymbol{PA}_{t-s}^j$可能包含所有 s>0 的X_{t-s}^j，但是不包含 $s=0$ 的情况。假设相应的全时图是无环的。

一种流行的特殊情况 [式（10.1）] 是向量自回归模型（VAR）(Lütkepohl, 2007）：

$$X_t^j := \sum_{i=1}^{q}\boldsymbol{A}_i^j\boldsymbol{X}_{t-i}+N_t^j \tag{10.2}$$

式中，$\boldsymbol{A}_i^j$是一个 $1\times d$ 的矩阵，见备注 6.5 的线性循环模型，特别是式（6.4）。

正如在独立同分布中，SCM 形式化描述了干预的影响。更准确地说，干预对应于替换一些结构赋值。例如，将所有$\{X_t^j\}_{t\in\mathbb{Z}}$（对某个 j）设置为某一个值。或者，仅在某一特定时间对 X_t^j 干预。

10.2.1　下采样

在许多应用中，采样过程可能比因果过程的时间尺度更慢。图 10.4 展示了一个例子，每隔一个时间间隔观察一次。原始完整系统的摘要图包含边$X^1 \to X^2 \to X^3$，现在想要对观察到的下采样过程构建一个因果模型。因此，定义想要允许哪种干预非常重要。首先，如果将干预限制到时间点，那么从 X^1 到 X^2 应该不存在因果影响。干预观察到的 X^1 实例对 X^2 的可观察部分没有任何影响（注意时间序列 X^1 只有滞后两个影响$X_t^1 \to X_{t+2}^1$）。此外，在这种环境下，如果以前不存在，下采样不会产生虚假的瞬时影响。对于 SCM，Bongers 等人（2016，第 3 章）描述了一个正式的过程，即如何通过将隐藏时间间隔的因果机制替换为其他机制来边缘化模型。如果这些干预措施限制在观察到的时间点上，所得到的模型正确地描述了干预措施的效果。其次如果考虑隐藏变量上的干预，则可能会对恢复原始摘要图感兴趣。例如 Danks 和 Plis（2013）以及 Hyttinen 等人（2016）论述了这一问题。

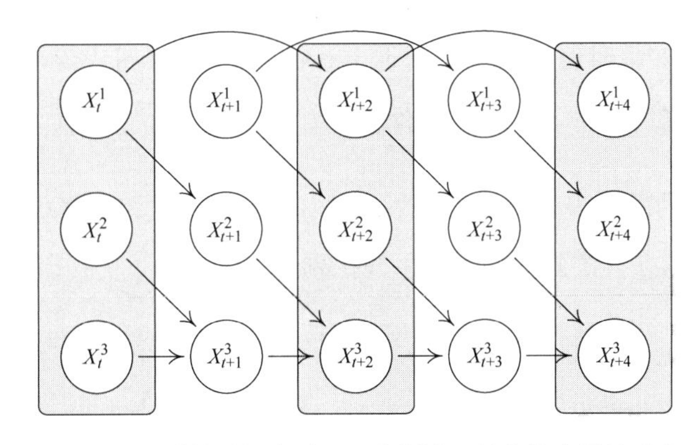

图 10.4　下采样时间序列：只有阴影区域中的变量被观察

下采样不是数据生成过程的一个好模型。例如，对于许多物理测量，人们可能希望将观察结果建模为连续时间点的平均值，而不是这些观测值的稀疏子集。前者是一个有用并且复杂的模型假设：平均过程可能会改变模型类别，并且需要注意建模干预。

10.3　学习因果时间序列模型

目前，Granger 因果关系及其变化是最为流行的因果时间序列分析方法之一。为了各章更好地衔接，仍然首先解释可以采用基于条件独立性的方法得出的结论。该想法绝不能被误认为是对这些方法的判断。

10.3.1 节和 10.3.2 节将介绍主要的可识别性结果。其余的三节，即 10.3.3 节 ~10.3.5 节，主要介绍具体的时间序列因果学习方法。在有限的多个时间点，如果多变量时间序列被采样一次，这些方法也可以得到应用。然而，大多数想法迁移到了接收同一时间序列的几个独立同分布重复的情况。

10.3.1 马尔可夫条件和忠实性

引理 6.25 指出，当且仅当两个 DAG 的骨架和 v 结构集合一致，它们是马尔可夫等价的。如果没有瞬时效应，则全时图可以通过已知的骨架确定。箭头只能是时间前进的方向。因此得出结论（Peters 等人，2013，定理 1 的证明）：

定理 10.1（不存在瞬时影响的可识别性） 假定两个全时图由没有瞬时影响的 SCM 产生。如果全时图马尔可夫等价，则它们等价。

因此，只要满足马尔可夫条件和忠实性（为了处理无限大的 DAG，有时可以假定时间序列从 $t=0$ 开始），可以从条件独立中唯一地识别全时图。

在存在瞬时效应的情况下，马尔可夫等价图至多是这些效应的方向不同。然而，在很多情况下，方向甚至可以被识别，因为瞬时效应的不同方向会导致不同的 v 结构。图 10.5 所示是一个简单的例子。瞬时效应的方向可以推断出来，即使对所有的 $t \in \mathbb{Z}$，从 X_t 到 Y_{t+1} 的箭头都添加到图 10.5 中，同样，如果添加从 Y_t 到 X_{t+1} 的箭头，瞬时效应的方向仍然可以推断出来。但是，不能同时添加这两项，因为这将移除所有 v 结构。Peters 等人（2013，定理 1）给出了瞬时效应方向可识别性的充分条件。

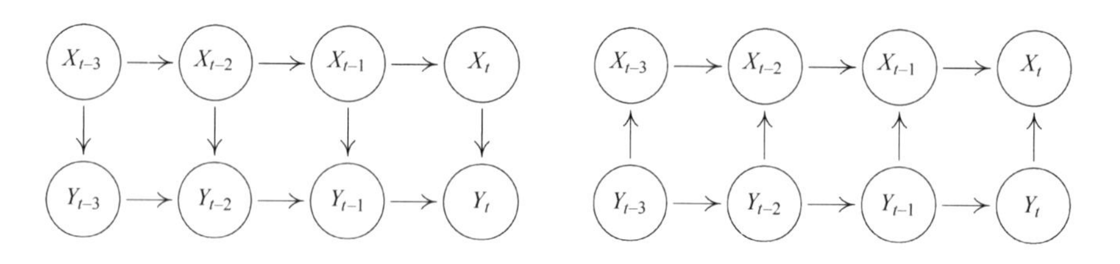

a) 所有节点$(Y_t)_{t\in\mathbb{Z}}$的v结构　　b) 所有节点$(X_t)_{t\in\mathbb{Z}}$的v结构

图 10.5　尽管 DAG 瞬时效应一致，但是它们不是马尔可夫等价的

定理 10.2（无环摘要图的可识别性） 假设两个全时图由 SCM 产生，在这两种情况下，对每一个 j，存在某个 $s \geqslant 1$，使得X_t^j受X_{t-s}^j的影响。进一步假设摘要图是无环的。如果全时图是马尔可夫等价的，那么它们相等。

下面的结果表明，摘要图中的任何箭头，原则上都可以由一个条件独立性测试决定。

定理 10.3（Granger 因果关系的合理性） 对时间序列$(\boldsymbol{X}_t)_{t\in\mathbb{Z}}$，考虑没有瞬时效应的 SCM，它产生的联合分布关于相应的全时图是忠实的。那么其摘要图有一个从 X^j 到 X^k 的箭头，当且仅当存在 $t\in\mathbb{Z}$，使得

$$X_t^k \not\perp\!\!\!\perp X_{\text{past}(t)}^j \,|\, \boldsymbol{X}_{\text{past}(t)}^{-j} \tag{10.3}$$

为了完整性，在附录 C.14 中给出了证明。在 Lu（2010）和 Eichler（2011, 2012）中也可以找到类似的结果。正如定理 10.3 的标题所指出的，这是 Granger 因果关系的基础，将在 10.3.3 节中更详细地讨论。

10.3.2 一些不要求忠实性的因果结论

值得注意的是，在不使用忠实性的情况下，可以从条件相关性中得到令人关注的因果结论。相比之下，在独立同分布情况下，任何分布关于任何节点排序的完全 DAG 是马尔可夫的。由于在时间上不存在向后的箭头，因此，对于时间序列，马尔可夫条件足以推断出摘要图是$X \rightarrow Y$还是$Y \rightarrow X$，这两个选项中的其中一个是正确的。

定理 10.4（$X \rightarrow Y$的检测） 考虑二元时间序列$(X_t, Y_t)_{t\in\mathbb{Z}}$的 SCM。

1）如果存在一个 $t\in\mathbb{Z}$，使得

$$Y_t \not\perp\!\!\!\perp X_{\text{past}(t)} \,|\, Y_{\text{past}(t)} \tag{10.4}$$

那么摘要图包含从 X 到 Y 的箭头。

2）进一步假定没有瞬时效应，并且任何变量的有限子集的联合密度都严格为正。如果对于所有 $t\in\mathbb{Z}$，有

$$Y_t \perp\!\!\!\perp X_{\text{past}(t)} \mid Y_{\text{past}(t)} \tag{10.5}$$

那么摘要图不包含从 X 到 Y 的箭头。

同样，这个证明可能已经出现在其他地方，但是为了完整性，在附录 C.15 给出了证明。证明 2）需要因果最小性，它严格弱于忠实性。

在 10.3.3 节中，将看到定理 10.4 和各种变体（White 和 Lu, 2010；Eichler, 2011, 2012）将基于条件独立性的方法与 Granger 因果关系的因果发现联系起来。

10.3.3　Granger 因果关系

为了简单起见，从二元变量的 Granger 因果关系开始。

二元 Granger 因果关系　定理 10.4 表明（排除较小的技术条件和瞬时效应）摘要图中的箭头是否存在可以通过测试式（10.5）来推断，当 X 和 Y 交换角色时，类似陈述也可推断。然后可以区分可能的摘要图 $X \quad Y, X \to Y, X \leftarrow Y, X \rightleftarrows Y$。只要 X 的过去值有助于 Y 从自身的过去预测自己，就可以推断 X 影响 Y。正式地，写作

$$X \text{ Granger 影响 } Y \quad :\Longleftrightarrow \quad Y_t \not\!\perp\!\!\!\perp X_{\text{past}(t)} \mid Y_{\text{past}(t)} \tag{10.6}$$

这个想法可以追溯到 Wiener（1956，189~190 页），他认为从 Y 的过去预测自己时，如果附加上 X 的信息，改进了预测效果，那么 X 对 Y 有一个因果影响。图 10.6 描述了定理 10.4 成立的典型场景。

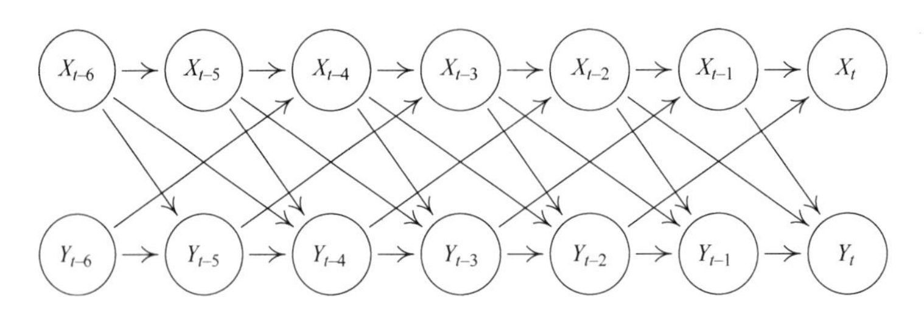

图 10.6　Granger 因果关系成立的典型情况：如果少了所有从 X 到 Y 的箭头，Y_t 考虑到自己过去的值，将与 X 的过去值条件独立。而这里，给定 Y_t 的过去值，Y_t 确实依赖于 X 的过去值。因此，条件式（10.4）证明了从 X 到 Y 的影响的存在

通常的 Granger 因果关系涉及线性预测。因此，比较下面的两个线性回归模型

$$Y_t = \sum_{i=1}^{q} a_i Y_{t-i} + N_t \tag{10.7}$$

$$Y_t = \sum_{i=1}^{q} a_i Y_{t-i} + \sum_{i=1}^{q} b_i X_{t-i} + \tilde{N}_t \tag{10.8}$$

式中，$(N_t)_{t\in\mathbb{Z}}$和$(\tilde{N}_t)_{t\in\mathbb{Z}}$假定为 i.i.d. 的时间序列。当噪声项$\tilde{N}_t$（包括 X 的预测）比不包含 X 的 N_t 的方差明显小时，X 被推断为 Granger 影响 Y。也就是说，给定 $Y_{\text{past}(t)}$，Y_t 对 $X_{\text{past}(t)}$ 有一个不为零的偏相关。对于多元高斯分布，等价于相关性陈述式（10.4）。用非线性回归对这一想法的改进也得到了广泛的研究（例如，Ancona 等人，2004；Marinazzo 等人，2008）。对于式（10.5）的非参数检验，例如，参阅 Diks 和 Panchenko（2006）和其中的参考文献。

给定 Y 的过去，采用信息论的方法定量测量 Y_t 和 X 过去的相关性，可描述为**转移熵**（Schreiber, 2000）

$$TE(X \to Y) := I(Y_t : X_{\text{past}(t)} | Y_{\text{past}(t)}) \tag{10.9}$$

式中，$I(\boldsymbol{A} : \boldsymbol{B} \mid \boldsymbol{C})$为任何三个变量集 $\boldsymbol{A}$、$\boldsymbol{B}$ 和 $\boldsymbol{C}$ 条件互信息，见附录 A（Cover 和 Thomas, 1991）。估计转移熵和推理 X 影响 Y，无论何时它明显大于零，这可以被看作受任意非线性影响的 Granger 因果关系的信息理论实现。因此，可以试图考虑转移熵是衡量 X 对 Y 的影响强度的一个测量，但下面“Granger 因果关系的局限性”这一段将解释为什么这是不合适的。

多元 Granger 因果关系 和定理 10.4 一样，假设二元时间序列的因果充分性通常是不恰当的。Granger（1980）已论述过这一问题。因此说，当

$$X_t^k \not\perp\!\!\!\perp X_{\text{past}(t)}^j \,|\, \boldsymbol{X}_{\text{past}(t)}^{-j}$$

时 X^j Granger 影响 X^k。Granger 已经强调了，正确地使用 Granger 因果关系实际上需要考虑世界上所有相关变量。然而，Granger 因果关系常常是用在双变量的情况下，或者，其中很重要的变量并没有被观察到。而这样的用法在解释因果关系时会产生误导性的结论。

Granger 因果关系的局限性 正如在前面章节的 i.i.d 情景中所提到的，违反因果充

分性在因果时间序列分析中是一个严重问题。为了解释为什么 Granger 因果关系在因果不充分的多元时间序列中时具有误导性，将注意力局限于仅观察到二元时间序列（X_t, Y_t）$_{t\in\mathbb{Z}}$的情况。假设 X_t 和 Y_t 都受到隐藏时间序列（Z_t）$_{t\in\mathbb{Z}}$的以前实例的影响。图 10.7a 中对此有所描述，其中 Z 对 X 的影响具有一个延迟，对 Y 有两个延迟。假设忠实性，d 分离准则告诉人们：

$$Y_t \not\perp\!\!\!\perp X_{\text{past}(t)} \mid Y_{\text{past}(t)}$$

但我们有

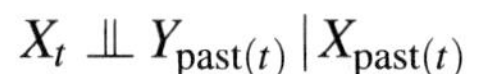

$$X_t \perp\!\!\!\perp Y_{\text{past}(t)} \mid X_{\text{past}(t)}$$

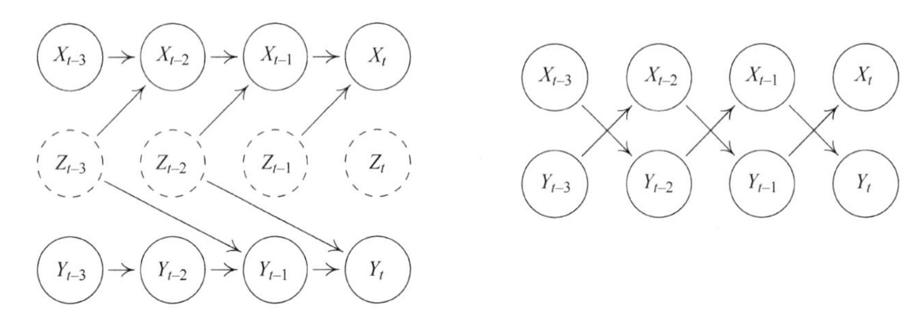

a) 由于隐藏的共同原因Z，Granger因果关系错误地推断了从X到Y的因果影响

b) 如果从X_t到Y_{t+1}和从Y_t到X_{t+1}的影响是确定的，Granger因果关系错误地推断了不是从X到Y的影响，也不是从Y到X的影响

图 10.7　在这些例子中，Granger 因果关系推断出错误的图结构

因此，单纯应用 Granger 因果关系会推断 X 影响 Y 和 Y 不影响 X。人们已经观察到这一影响，例如，观察到黄油的价格和奶酪的价格之间的关系。这两种价格都受到奶价格的强烈影响，但生产奶酪要比生产黄油的时间长得多，这导致牛奶和奶酪的价格之间有较大的延迟（Peters 等人，2013，实验 10）。但，Granger 因果关系的这种失败也只是可能会存在，因为并没有观察到所有相关变量，这是 Granger 本人作为要求提出的。

Ay 和 Polani（2008）给出了另一个 Granger 因果关系失败的场景，如图 10.7b 所示。假设 X_{t-1} 通过复制操作确定性地影响 Y_t，也就是 $Y_t := X_{t-1}$。同样，将 Y_{t-1} 的值复制到 X_t。然后，可以直观地发现 X 和 Y 相互影响强烈，在这个意义上，对 X_t 的干预改变了所有 Y_{t+1+2k} 的值，$k \in \mathbb{N}_0$。同样，对 Y_t 的干预改变了所有 X_{t+1+2k} 的值。然而，X 的过去对于从 Y_t 的过去预测 Y_t 是没有用的，因为 Y_t 已经可以从它自己的过去被很好地预测出来。当然，确定性关系通常对基于条件独立性的因果推理是一个问题，因为确定性会导致附加的独立性。例如，在

$X \to Y \to Z$ 的因果链中，如果 Y 是 X 的函数，得到 $Y \perp\!\!\!\perp Z|X$，对于该因果结构，这并不是特有的。因此，人们可能会争辩说，这个例子是人为的，更自然的版本将是一个充满噪声的复制操作。对于 X_t 和 Y_t 可能是二元变量的情况，Janzing 等人（2013，例 7）表明当复制操作的噪声水平趋于 0 时，转移熵收敛到 0。那么 Granger 因果关系确实推断 X 影响 Y 和 Y 影响 X，但是对于小噪声，X 的过去对 Y_t 预测的微小量改进，不能恰当地解释时间序列之间的相互影响（从直觉上看仍然很强）。在这个意义上，转移熵不能恰当测量一个时间序列对另一个时间序列因果影响的强度。Janzing 等人（2013）讨论定量化因果影响不同方法的局限性（时间序列和 i.i.d. 环境），提出了另一个因果强度的信息论测度。总结这一段，我们强调在两个因果充分时间序列的情况下，因果关系的存在或不存在的定性陈述仅在一个相当人为的情况下失败，而通过传递熵来量化因果影响（用信息论术语解释"预测的改进"），也可能在较少的人工场景中出现问题。

还有另一种情况，Granger 因果关系定量是误导的，但它的定性陈述仍然正确，除非忠实性不成立 [然而，它使用瞬时效应，人们可能认为，它会在足够精细的时间分辨率下消失（Granger，1988）]。对于图 10.8a，d 分离得到

$$Y_t \perp\!\!\!\perp X_{\text{past}(t)}|Y_{\text{past}(t)}$$

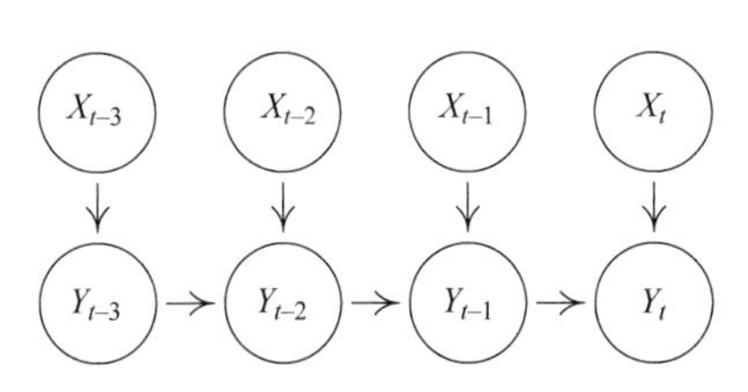

a) Granger因果关系无法检测X对Y的影响，因为X的过去仅通过Y的过去影响Y_t

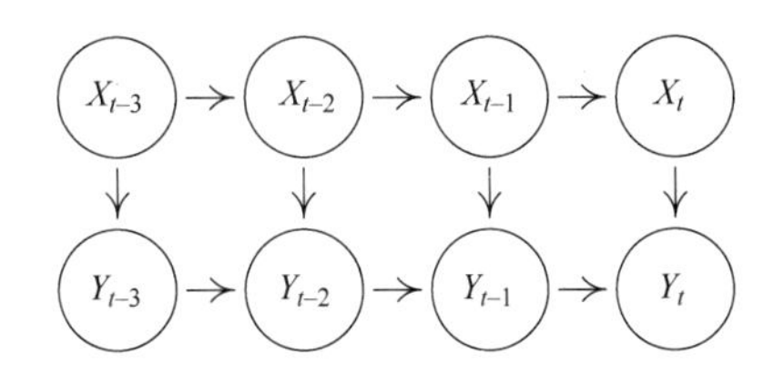

b) 在这里，X 的过去仍然有助于预测Y_t，因为X_{t-1}间接地通过X_t影响Y_t

图 10.8　两个具有瞬时效应的场景，其中一个是 a）Granger 因果关系未能检测到它们，另一个是 b）Granger 因果关系检测到它们

直观地说，只有当前值 X_t 有助于更好地预测 Y_t，过去值 X_{t-1}，X_{t-2}，…是没有用的，因此，Granger 因果关系没有提出从 X 到 Y 的链接。然而，在图 10.8b 中，Granger 因果关系确实检测到了 X 对 Y 的影响（如果假设忠实性），尽管它仍然是纯瞬时的，但是预测的轻微改进并没有恰当地解释 X_t 对 Y_t 的潜在强影响。为了解释瞬时效应，可以通过在相应 SCM 中添

加瞬时项来改进的 Granger 因果关系，但随后可识别性可能被破坏 [例如 Lütkepohl，2007，式（2.3.20）和式（2.3.21）]。已知一个系统包含瞬时效应可以通过式（10.8）中，不仅在 $X_{\text{past}(t)}$ 上，而是在$X_t \cup X_{\text{past}(t)}$上回归 Y_t 来修改 Granger 因果关系。然而，正如 Granger（1988）所指出的，这可能会得出错误的结论：如果 X_t 有助于预测 Y_t，这也可能意味着 Y_t 影响 X_t，而不是表明 X_t 对 Y_t 的影响。

备注 10.5（模型错误说明可能有帮助） 这种见解有一个矛盾的信息：甚至在变量瞬时影响其他变量的情况下，为了推断因果陈述，更令人信服的是检测一个变量的过去是否有助于预测，而不是检测过去和现在是否有帮助。定理 10.4 的条件 1）不排除瞬时效应。因此，（根据因果充分性）仍然可以得出结论，$X_{\text{past}(t)}$ 对从 $Y_{\text{past}(t)}$ 预测 Y_t 的每一个好处都是由于 X 对 Y 的影响。而且，无论何时当 X 对 Y 有影响，无论它是否是纯瞬时的，在通常情况下给定 $Y_{\text{past}(t)}$，$X_{\text{past}(t)}$ 将改善 Y_t 的预测。

10.3.4 具有受限函数类的模型

为了解决 Granger 因果关系的局限性，Hyvärinen 等人（2008）描述线性非高斯自回归模型，使具有瞬时效应的因果结构是可识别的。Peters 等人（2013）描述在式（10.1）中如何用较少限制的函数类 f^j 来解决这个任务。一个例子将 ANM 应用于时间序列，也就是使用 SCM：

$$X_t^j := f^j\left((\boldsymbol{PA}_q^j)_{t-q}, \cdots, (\boldsymbol{PA}_1^j)_{t-1}, (\boldsymbol{PA}_0^j)_t\right) + N_t^j$$

式中，$j \in \{1, \cdots, d\}$。除了马尔可夫等价类中因果结构的可识别性，还有第二个使用受限函数类的动机：使用模拟时间序列，Peters 等人（2013）提供了一些经验证据，认为受限函数类的时间序列模型不太可能被混杂。

10.3.5 频谱独立准则

频谱独立准则（SIC）是一种基于原因和机制之间的独立性的方法，Shajarisales 等人（2015）进行了描述。假设给定弱平稳二元时间序列（X_t，Y_t）$_{t\in\mathbb{Z}}$，其中 X 对 Y 或 Y 对 X 是通过线性时不变滤波来影响的。更明确地说，对于 X 影响 Y 的情况，通过函数 h 与 X 卷积可得到 Y：

$$Y_t = \sum_{k=1}^{\infty} h(k) X_{t-k} \tag{10.10}$$

对于技术细节，例如 h 的衰减条件确保式（10.10）以及下面表达式的明确的定义，请参阅 Shajarisales 等人（2015）的研究。为了形式化描述 X 和 h 之间的独立条件，考虑滤波器在频域中的作用：对于所有$\nu \in [-1/2, 1/2]$，S_{XX}（ν）表示频率 ν 的功率谱密度。后者由自协方差函数的傅里叶变换明确给出：

$$C_{XX}(\tau) := \mathbb{E}[X_t X_{t+\tau}]$$

式中，$\tau \in \mathbb{Z}$。

然后，由式（10.10）得到

$$S_{YY}(\nu) = |\tilde{h}(\nu)|^2 \cdot S_{XX}(\nu) \tag{10.11}$$

式中，$\tilde{h}(\nu) = \sum_{k \in \mathbb{Z}} \mathrm{e}^{-i2\pi k\nu} h(k)$表示 h 的傅里叶变换。换句话说，将输入时间序列的功率谱与滤波器的二次方传递函数相乘得到输出的功率谱。每当 $\tilde{h}$ 可逆时，除了式（10.11），有

$$S_{XX}(\nu) = \left| \frac{1}{\tilde{h}(\nu)} \right|^2 \cdot S_{YY}(\nu) \tag{10.12}$$

虽然式（10.11）和式（10.12）都是有效的，但问题是哪一个描述因果模型。其想法是，对于因果方向，输入时间序列的功率谱不携带关于滤波器的传递函数的信息。为了描述这一结论，Shajarisales 等人（2015）给出了下述独立条件：

定义 10.6（SIC） 如果 S_{XX} 和 $\tilde{h}$ 不相关，时间序列 X 和滤波器 h 被称为满足 SIC，也就是说

$$\langle S_{XX} \cdot |\tilde{h}|^2 \rangle = \langle S_{XX} \rangle \cdot \langle |\tilde{h}|^2 \rangle \tag{10.13}$$

式中，$\langle f \rangle := \int_{-1/2}^{1/2} f(\nu) \mathrm{d}\nu$ 表示在频率区间 [−1/2,1/2] 上任何函数值的平均值。

Shajarisales 等人（2015）表明，式（10.13）意味着反方向的类似独立条件不成立，除

了 $|\tilde{h}|$ 在整个频率区间上是恒定的非一般情况。

定理 10.7（通过 SIC 的可识别性） 如果式（10.13）成立，$|\tilde{h}|$ 在 ν 中不是常数，则 S_{YY} 与 $1/|\tilde{h}|$ 负相关，即

$$\langle S_{YY} \cdot 1/|\tilde{h}|^2 \rangle < \langle S_{YY} \rangle \cdot \langle 1/|\tilde{h}|^2 \rangle \tag{10.14}$$

证明 式（10.13）和式（10.14）的左边分别由 $\langle S_{YY} \rangle$ 和 $\langle S_{XX} \rangle$ 给出。Jensen 不等式表明 $1/\langle|\tilde{h}|^2\rangle < \langle 1/|\tilde{h}|^2 \rangle$，这意味着结论成立。

Shajarisales 等人（2015）提出了一个简单的因果推断算法来检查哪个方向更接近满意的 SIC。他们使用 SIC 对各种模拟和真实世界的数据集进行实验时，得到了一些令人鼓舞的结果。

10.4 动态因果建模

动态因果建模（DCM）是一种专门用于推断不同脑区域活动之间因果关系的技术（Friston 等人，2003）。如果向量 $z \in \mathbb{R}^n$ 编码 n 个脑区域的活动，$u \in \mathbb{R}^m$ 是一个扰动向量，则 z 的动态由下面的微分方程给出：

$$\frac{\mathrm{d}}{\mathrm{d}t} z = F(z, u, \theta) \tag{10.15}$$

式中，F 是已知函数；$u \in \mathbb{R}^m$ 是外部刺激的向量；$\boldsymbol{\theta}$ 参数化表示不同脑区域之间因果联系的模型类。人们通常考虑式（10.15）的双线性近似：

$$\frac{\mathrm{d}}{\mathrm{d}t} z = \left(\boldsymbol{A} + \sum_{j=1}^{m} u_j \boldsymbol{B}^j \right) z + \boldsymbol{C} u \tag{10.16}$$

式中，$\boldsymbol{A}$，$\boldsymbol{B}^1, \cdots, \boldsymbol{B}^m$ 是 $n \times n$ 矩阵；$\boldsymbol{C}$ 是 $n \times m$ 矩阵。$\boldsymbol{A}$ 描述不同区域活动 z_j 的相互影响，矩阵 $\boldsymbol{B}_j$ 描述 u 如何改变它们的相互作用。$\boldsymbol{C}$ 编码 u 对 z 的直接影响。

这里，z 不是直接观察到的，但是可以通过检测血流动力学响应得到。血液流动提供了越来越多的营养（如氧和葡萄糖），以补偿能量需求的增加。功能磁共振成像（fMRI）能够

通过血氧水平依赖（BOLD）信号来检测这种增加。定义一个状态向量 x，其中包括大脑活动和一些血流动力学状态变量，最终得到 x 的微分方程

$$\frac{\mathrm{d}}{\mathrm{d}t}x = f(x,u,\theta) \tag{10.17}$$

通过将式（10.16）与血流动力学响应的动力学模型相结合。高维参数 $\boldsymbol{\theta}$ 由式（10.16）的所有自由参数和血流动力学响应建模的参数组成。然后，可以使用一个 x 如何决定被测量的 BOLD 信号 y 的模型

$$y = \lambda(x) \tag{10.18}$$

最后，得到了向量 y 的观测时间序列作为数据。然后，DCM 从这些数据中通过使用各种已知技术来学习具有隐藏变量的模型，从而推断出式（10.16）中的矩阵，例如，期望最大化算法（EM）。

Lohmann 等人（2012a）指出，DCM 的不足之处是模型参数的数目随着 n 和 m 的增长而迅速增大，这使得它不可能从经验数据中识别出来。根据他们模拟大脑连接的实验，有很大一部分错误模型通过 DCM 获得了比真实模型更高的证据。这些发现引发了 DCM 的争论;请参阅 Friston 等人（2013）对 Lohmann 等人（2012a）的回应和 Lohmann 等人（2012b）对 Friston 等人（2013）的回应。

10.5 问题

问题 10.8（非循环摘要图） 证明定理 10.2。

问题 10.9（瞬时效应） 考虑在多变量时间序列上的 SCM，其中每个变量 X_t^j 受所有的过去值和分量 X^k 的影响。此外，假设瞬时效应形成 DAG，并且分布相对于全时图具有马尔可夫性和忠实性。在何种程度上可以从分布识别瞬时 DAG 结构?

问题 10.10（Granger 因果关系） 如果在图 10.7a 中增加一个箭头 $Z_t \to Z_{t+1}$，$t \in \mathbb{Z}$，为什么 Granger 因果关系造成“X Granger 影响 Y”和“Y Granger 影响 X”？

附　　录

附录 A　一些概率与统计学基础知识

A.1　基本定义

1）用（Ω，$\mathcal{F}$，P）表示基本的概率空间，这里，Ω、$\mathcal{F}$ 和 P 分别是集合、σ 代数和概率测度。

2）使用大写字母来表示实值随机变量。例如，$X:(\Omega,\mathcal{F})\to(\mathbb{R},\mathcal{B}_{\mathbb{R}})$ 是一个关于 Borel σ 代数的可测量函数。随机向量是可测量函数 $\boldsymbol{X}:(\Omega,\mathcal{F})\to(\mathbb{R}^d,\mathcal{B}_{\mathbb{R}^d})$。如果不存在 $\boldsymbol{c}\in\mathbb{R}^d$ 的值使得 $P(\boldsymbol{X}=\boldsymbol{c})=1$，称 $\boldsymbol{X}$ 为非退化。有关度量理论的介绍见 Dudley（2002）。

3）通常用**粗体**字表示向量。在稍微滥用符号的情况下，将变量 $\boldsymbol{B}\subseteq\boldsymbol{X}$ 的集合看作一个多元变量。

4）$P_{\boldsymbol{X}}$ 是 d 维随机向量 $\boldsymbol{X}$ 的分布，即（$\mathbb{R}^d,\mathcal{B}_{\mathbb{R}^d}$）上的概率测度。

5）用 $x\mapsto p_X(x)$ 或者简化为 $x\mapsto p(x)$ 表示密度，也就是 P_X 对乘积的 Nikodym 导数。（有时含蓄地）假定它的存在或连续性。

6）对于所有 x，y，称 X **独立于** Y 并且 $X \perp\!\!\!\perp Y$，当且仅当

$$p(x,\ y)=p(x)p(y) \tag{A.1}$$

否则，X 和 Y 是**相关的**，写作 $X \not\perp\!\!\!\perp Y$。

7）称 $X_1, \cdots, X_d$ 为**联合（或相互）独立**，当且仅当

$$p(x_1, \cdots, x_d) = p(x_1), \cdots, p(x_d) \tag{A.2}$$

对于所有的 x_1，…，x_d。如果 X_1，…，X_d 是联合独立的，那么任何一对 X_i 和 X_j（$i \neq j$）也是独立的。反之则不然，两两独立并不意味着联合独立。

8）称 X、Y 对于给定 Z 是**条件独立的**，并且 $X \perp\!\!\!\perp Y \mid Z$，当且仅当

$$p(x, y \mid z) = p(x \mid z)\, p(y \mid z) \tag{A.3}$$

对于所有 x、y、z，使得 $p(z) > 0$。否则，X 和 Y 对于给定 Z 是条件相关的，写成 $X \not\perp\!\!\!\perp Y \mid Z$。

9）条件独立关系遵循以下重要规则（例如，Pearl，2009，1.1.5 节）：

$$\begin{array}{rcll} X \perp\!\!\!\perp Y \mid Z & \Rightarrow & Y \perp\!\!\!\perp X \mid Z & \text{（对称性）} \\ X \perp\!\!\!\perp Y, W \mid Z & \Rightarrow & X \perp\!\!\!\perp Y \mid Z & \text{（分解性）} \\ X \perp\!\!\!\perp Y, W \mid Z & \Rightarrow & X \perp\!\!\!\perp Y \mid W, Z & \text{（弱联合）} \\ X \perp\!\!\!\perp Y \mid Z \text{ 和 } X \perp\!\!\!\perp W \mid Y, Z & \Rightarrow & X \perp\!\!\!\perp Y, W \mid Z & \text{（收缩性）} \\ X \perp\!\!\!\perp Y \mid W, Z \text{ 和 } X \perp\!\!\!\perp W \mid Y, Z & \Rightarrow & X \perp\!\!\!\perp Y, W \mid Z & \text{（交叉性）} \end{array}$$

严格正密度的存在足以使交集性质保持不变。Drton 等人（2009b）和 Fink（2011）给出了离散情形的充要条件。Peters（2014）涵盖了连续情况。

10）随机变量 X 的**方差**定义为

$$\operatorname{var}[X] := \mathbb{E}\left[(X - \mathbb{E}[X])^2\right] = \mathbb{E}\left[X^2\right] - \mathbb{E}[X]^2$$

如果 $\mathbb{E}[X^2] < \infty$。

11）如果 $\mathbb{E}[X^2]$、$\mathbb{E}[Y^2] < \infty$，称 X 和 Y 是**不相关的**：

$$\mathbb{E}[XY] = \mathbb{E}[X]\mathbb{E}[Y]$$

即

$$\rho_{X,Y} := \frac{\mathbb{E}[XY] - \mathbb{E}[X]\mathbb{E}[Y]}{\sqrt{\mathrm{var}[X]\,\mathrm{var}[Y]}} = 0$$

否则，如果$\rho_{X,Y} \neq 0$，则 X 和 Y 是相关的。$\rho_{X,Y}$被称为 X 和 Y 之间的**相关系数**。

12）如果 X 和 Y 是独立的，那么它们是不相关的：

$$X \perp\!\!\!\perp Y \;\Rightarrow\; \rho_{X,Y} = 0$$

另一个方向不一定成立（见代码片段 A.1）。只有在特殊情况下，例如二元高斯分布或二元变量，反向的方向也成立。

13）如果满足下式，则说 X 和 Y 对于给定 Z 是**部分不相关的**：

$$\rho_{X,Y|Z} := \frac{\rho_{X,Y} - \rho_{X,Z}\rho_{Z,Y}}{\sqrt{(1-\rho_{X,Z}^2)(1-\rho_{Z,Y}^2)}} = 0$$

下面对偏相关的解释很重要：$\rho_{X,Y|Z}$ 等于在 Z 上线性回归 X 和在 Z 上线性回归 Y 后的残差的相关性。

14）一般来说，有（见例 7.9）

$$\rho_{X,Y|Z} = 0 \quad \not\Rightarrow \quad X \perp\!\!\!\perp Y \,|\, Z$$
$$\rho_{X,Y|Z} = 0 \quad \not\Leftarrow \quad X \perp\!\!\!\perp Y \,|\, Z$$

15）在**回归估计**中，通常给定一个来自联合分布 $P_{\boldsymbol{X},Y}$ 的独立同分布样本（$\boldsymbol{X}_1$，Y_1），⋯，（$\boldsymbol{X}_n$，Y_n），目标是从协变量或预测因数 $\boldsymbol{X}$ 预测目标 Y。例如，在最小二乘回归中，正在寻找一个这样的函数$\hat{f}$：

$$\hat{f} = \operatorname*{argmin}_{f \in \mathcal{F}} \sum_{i=1}^{n} (Y_i - f(\boldsymbol{X}_i))^2$$

在这里，对函数类$\mathcal{F}$进行优化（见 A.3 节）。不同的回归技术使用不同的函数类。在线性回归中，只考虑线性函数f。有关示例，请参阅代码片段 6.43。代码片段 4.14 展示了一个非线性回归技术的示例。

16）离散随机变量$\boldsymbol{X}$和$\boldsymbol{Y}$集合之间的依赖关系可以用**香农互信息**来度量（Cover 和 Thomas, 1991）：

$$I(\boldsymbol{X}:\boldsymbol{Y}):=\sum_{\boldsymbol{x},\boldsymbol{y}}p(\boldsymbol{x},\boldsymbol{y})\log\frac{p(\boldsymbol{x},\boldsymbol{y})}{p(\boldsymbol{x})p(\boldsymbol{y})}$$

17）通过**条件香农互信息**对给定集合$\boldsymbol{Z}$的离散随机变量$\boldsymbol{X}$和$\boldsymbol{Y}$的条件相关性进行测量（Cover 和 Thomas, 1991）：

$$I(\boldsymbol{X}:\boldsymbol{Y}|\boldsymbol{Z}):=\sum_{\boldsymbol{x},\boldsymbol{y},\boldsymbol{z}}p(\boldsymbol{x},\boldsymbol{y},\boldsymbol{z})\log\frac{p(\boldsymbol{x},\boldsymbol{y}|\boldsymbol{z})}{p(\boldsymbol{x}|\boldsymbol{z})p(\boldsymbol{y}|\boldsymbol{z})}$$

18）对于连续变量，累加和用积分来代替：

$$I(\boldsymbol{X}:\boldsymbol{Y}):=\int p(\boldsymbol{x},\boldsymbol{y})\log\frac{p(\boldsymbol{x},\boldsymbol{y})}{p(\boldsymbol{x})p(\boldsymbol{y})}\mathrm{d}\boldsymbol{x}\,\mathrm{d}\boldsymbol{y}$$

$$I(\boldsymbol{X}:\boldsymbol{Y}|\boldsymbol{Z}):=\int p(\boldsymbol{x},\boldsymbol{y},\boldsymbol{z})\log\frac{p(\boldsymbol{x},\boldsymbol{y}|\boldsymbol{z})}{p(\boldsymbol{x}|\boldsymbol{z})p(\boldsymbol{y}|\boldsymbol{z})}\mathrm{d}\boldsymbol{x}\,\mathrm{d}\boldsymbol{y}\,\mathrm{d}\boldsymbol{z}$$

A.2 独立性以及条件独立性测试

在实际中，得到了一个有限的样本$(X_1,Y_1),\cdots,(X_n,Y_n)\overset{\text{iid}}{\sim}P_{X,Y}$，并且想要确定基础随机变量是否独立，由于不期望经验相关（或任何独立度量）恰好为 0，故需要考虑依赖度量的随机波动，这可以通过统计假设检验来实现。这个想法是考虑零假设$H_0:X\perp\!\!\!\perp Y$和替代$H_A:X\not\perp\!\!\!\perp Y$。因此，通常构造一个测试统计量$T_n$，将任何有限的样本映射到一个实数，然后根据下式决定：

$$(x_1,y_1),\cdots,(x_n,y_n)\mapsto\begin{cases}H_0 & \text{如果}\ T_n\leqslant c\\ H_A & \text{如果}\ T_n>c\end{cases}$$

式中，T_n 是 $T_n((x_1, y_1), \cdots, (x_n, y_n))$ 的简化符号。选择的阈值$c\in\mathbb{R}$可以控制 I **型错误**，也就是说，对于任何满足 H_0 的 P，有 $P(T_n>c)\leqslant\alpha$，其中 α 是测试的显著性水平，由用户来指定。在实际应用中，得到数据并计算统计量 T_n。如果 $T_n>c$，则零假设**被拒绝**，可以相对确定这里的决定是正确的。否则，零假设**不会被拒绝**，这并不意味着太多（可能是样本容量 n 太小，无法检测 X 和 Y 之间的相关性）。一个测试的 p **值**是最小的显著性水平，则测试被拒绝。

现在，简要地提一下 T_n 的几个选择，但是，还有更多的测试，并不认为列表中包含最优的过程。有关实际示例，请参阅代码片段 A.1。

1）为了检验消失的相关性，可以使用经验相关系数和 t 检验（对于高斯变量）或 Fisher 的 z 变换 [例如 R Core Team（2016）中的 cor.test]。

2）作为独立性测试，可以对**离散的或离散化数据**使用χ^2 检验 [例如 R Core Team（2016）中的 chisq.test]。

3）一般非参数独立检验的例子是 **Hilbert-Schmidt 独立性准则（HSIC）**（见 Gretton 等人 ,2008）。其思想是基于一个再生核 Hilbert 空间（RKHS）的单射映射（Schölkopf 和 Smola，2002）。给定一个正定核，可以将概率分布映射到相应的 RKHS $\mathcal{H}$中，也就是说，$P_{X,Y}\mapsto\mu(P_{X,Y})\in\mathcal{H}$。对于所谓的特征核（例如高斯核），这种映射是单射的。特别是，有

$$\mu(P_{X,Y})=\mu(P_X\otimes P_Y)$$

当且仅当

$$P_{X,Y}=P_X\otimes P_Y$$

并且当且仅当 X 和 Y 相互独立时，后者成立。HSIC 定义为联合分布与边缘分布乘积之间的 RKHS 距离二次方：

$$\mathrm{HSIC}(P_{X,Y}) := \|\mu(P_{X,Y}) - \mu(P_X \otimes P_Y)\|_{\mathcal{H}}^2$$

作为测试统计量 T_n，现在可以使用 HSIC（$P_{X,Y}$）的估计值。如果 X 和 Y 是独立的，则 HSIC（$P_{X,Y}$）等于 0，并且期望其估计量 T_n 很小。Gretton 等人（2008）提供了如何选择阈值 c 的方法。

或者，可以将 HSIC 表示为协方差算子 C_{XY} 的 Hilbert-Schmidt 范数。后者被定义为对于所有的 f 和 g 属于相应 RKHS 的成员：

$$\langle f, C_{XY} g\rangle = \mathbb{E}[f(X)g(Y)] - \mathbb{E}[f(X)]\,\mathbb{E}[g(Y)]$$

因此互协方差算子是协方差矩阵的一个扩展。如果 X 是 d_X 维，Y 是 d_Y 维，并且相应的 RKHS 分别与$\mathbb{R}^{d_X}$和$\mathbb{R}^{d_Y}$是同构的，C_{XY} 可以用 $d_X \times d_Y$ 维的互协方差矩阵来描述。当然，如果协方差矩阵消失，X 和 Y 不需要是独立的。然而，对于特征核而言，RKHS 是无限小的，并且不与 $\mathbb{R}^d$ 同构。当且仅当 X 和 Y 相互独立时，互协方差算子具有零范数。

Pfister 等人（2017）将该方法扩展到检验 d 个变量之间的联合独立性。例如，这对于测试噪声变量的联合独立性是必要的。它们为二元过程和多元过程提供代码（见 R 包 dHSIC）。

在实际情况中，通常需要选择内核参数。对于高斯核，许多实现都是根据通常称为中值启发的方法来选择带宽 σ（Gretton 等人，2008）。

4）**条件独立性测试** 条件独立性测试是一个难以解决的问题，尤其是在条件集很大的情况下。虽然目前的研究是为了得到这个表述的精确形式化，但是我们提供了一个表明问题难度的例子。如果 Z_1，…，Z_d 是一个二元变量，则有

$$\begin{aligned}&X \perp\!\!\!\perp Y \mid Z_1, \cdots, Z_d \\ &\qquad \Leftrightarrow \quad \forall (z_1, \cdots, z_d) \in \{0,1\}^d: \quad X \perp\!\!\!\perp Y \mid Z_1 = z_1, \cdots, Z_d = z_d\end{aligned}$$

如果不能假设 X 和 Y 可能依赖于 Z 的方式，需要对每个 2^d 作业进行无条件独立性测试（例如，Z_d 可能是 X 和 Y 的共同子元素，其依赖性仅可检测到其他 $Z_1, \cdots, Z_{d-1}$ 的特定赋值）。

对于连续变量，提出了 HSIC 测试的扩展版。Fukumizu 等人（2008）将该思想扩展到条件互协方差算子，以获得条件独立性检验。Zhang 等人（2011）进一步提出了零假设下检验统计分布的近似值。

代码片段 A.1 下面的代码是生成一个分布的示例，该分布包含两个不相关但相互依赖的变量。

```
library(dHSIC)
#
#从两个不相关但相依的随机变量中生成一个样本
set.seed(1)
A <- runif(200)-0.5
B <- runif(200)-0.5
X <- t( c(cos(pi/4), -sin(pi/4)) %*% rbind(A, B) )
Y <- t( c(sin(pi/4), cos(pi/4)) %*% rbind(A, B) )
#
#执行统计测试
cor.test(X,Y)$p.value
# 0.3979561
dhsic.test(X,Y)$p.value
# 1.970705e-08
```

A.3 函数类的容量

在这里，要解决的问题是，使经验风险最小化的函数序列 [式（1.3）] 是否会收敛于也使风险最小化的函数 [式（1.2）]，见 1.2 节。根据大数定律，可以知道对于任何固定的 $f \in \mathcal{F}$和 $\varepsilon > 0$：

$$\lim_{n\to\infty} P\left(\left|R[f] - R^n_{\text{emp}}[f]\right| > \varepsilon\right) = 0 \tag{A.4}$$

以指数级的快速收敛受 Chernov 的约束（Vapnik, 1998），然而，这并不意味着经验风险最小化的一致性。这是由于通过最小化式（1.3）来选择函数 f。这意味着即使（x_i, y_i）是独立的，错误或损失$\frac{1}{2}|f(x_i) - y_i|$不是独立的。在这种情况下，通常形式的大数定律不适用。为了得到一致性，需要一个**均匀大数定律**（Vapnik, 1998）。这相当于

$$\lim_{n\to\infty} P\left(\sup_{f\in\mathcal{F}}(R[f]-R_{\mathrm{emp}}^n[f])>\varepsilon\right)=0 \tag{A.5}$$

对于所有 $\varepsilon>0$，依赖于函数类 $\mathcal{F}$ 的属性。

如何选择$\mathcal{F}=\mathcal{Y}^{\mathcal{X}}$，换句话说，从 $\mathcal{X}$ 到 $\mathcal{Y}$ 的所有函数？不幸的是，这并没有导致式（A.5），推理如下：假设基于可用样本 [式（1.1）]，确定f^*是一个好的解决方案——例如，因为对于所有 i，满足式$f(x_i)=y_i$。在这种情况下，构造另一个函数f^{**}，它在样本上与f^*一致，在其他地方与f^*不一致。如果分布 $P_{X,Y}$具有密度，那么在未来再次遇到任何训练点的概率为零。结果f^*和f^{**}几乎总是不一致的。然而，基于训练集本身，没有办法选择其中一个。同样，在式（A.5）中会发现，每当发现一个函数f^*，$(R[f^*]-R_{\mathrm{emp}}^n[f^*])$ 碰巧很小，可以构造另一个函数f^{**}，使得$(R[f^{**}]-R_{\mathrm{emp}}^n[f^{**}])$ 很大。所以，在 $\mathcal{F}=\mathcal{Y}^{\mathcal{X}}$ 的情况下，一致收敛 [式（A.5）] 是不可能实现的。

另一方面，条件 [式（A.5）] 会随着$\mathcal{F}$变小而变弱。如何衡量$\mathcal{F}$的大小（或容量）超出了本书的范围，但事实证明，对于$\mathcal{F}$的大小，不管潜在分布如何，单个数字就足够了。它被称为$\mathcal{F}$的 VC（Vapnik-Chervonenkis）**维度**。它有时与自由参数的数目一致，但也可能有很大的不同。如果 VC 维度是有限的，可以得到任意 $P_{X,Y}$的经验风险最小化的一致性（Vapnik, 1998）。VC 维度与可证伪性和 Popper 关于维数的概念有关（Corfield 等人，2009）。统计学习理论的典型风险界限表示对于所有 $\delta>0$，概率为 $1-\delta$，对于所有$f\in\mathcal{F}$，有

$$R[f]\leqslant R_{\mathrm{emp}}^n[f]+\sqrt{\frac{h(\log(2n/h)+1)-\log(\delta/4)}{n}} \tag{A.6}$$

式中，h 是函数类 $\mathcal{F}$ 的 VC 维度。这意味着，如果能提出一个具有较小 VC 维度的$\mathcal{F}$，但包含足够适合给定任务的函数，从而实现较小的$R_{\mathrm{emp}}^n[f]$，然后，可以（以高概率）保证这些函数对来自相同分布的未来数据具有较小的预期误差。这就形成了一个重要的权衡问题：一方面，希望使用一个大的函数类来处理一个小的R_{emp}^n；另一方面，希望让这个类小一些来控制 h。

附录 B 因果次序和邻接矩阵

定义 B.1 给定一个 DAG $\mathcal{G}$，称之为置换，即双射：

$$\pi:\{1,\cdots,p\}\to\{1,\cdots,p\}$$

一个因果次序（有时会称为拓扑排序），如果它满足下式：

$$\pi(i)<\pi(j) \quad j\in \boldsymbol{DE}_i^{\mathcal{G}}$$

由于 DAG 的非循环结构，总是存在一个拓扑排序（见命题 B.2）。但这个顺序不一定是唯一的。节点π^{-1}（1）没有任何父节点，因此是源节点；而π^{-1}（p）没有任何子节点，因此是汇聚节点。

命题 B.2 对于每个 DAG，都有一个拓扑排序。

证明 通过归纳法进行证明。首先需要证明在每个 DAG 中，都有一个没有任何祖先的节点。从任一节点开始，移动到它的父节点（如果有）。若在一个定向的循环中，永远不能重复访问同一个节点的父节点。在最多 p−1 个步骤后，将找到那个没有任何父节点的节点。

定义 B.3 可以用二进制 $d\times d$ 矩阵 $\boldsymbol{A}$（取值 0 或 1）在 d 个节点上表示有向图 $\mathcal{G}=(V,\mathcal{E})$：

$$A_{i,j}=1 \quad \Leftrightarrow \quad (i,j)\in\mathcal{E}$$

式中，$\boldsymbol{A}$ 被称为 $\mathcal{G}$ 的邻接矩阵。

DAG 的这种表示对于算法的有效实现特别有用。转换邻接矩阵有几个有用的结果，在这里介绍其中的一些。

备注 B.4

1）设 $\boldsymbol{A}$ 是 DAG $\mathcal{G}$的邻接矩阵。二次方矩阵 $\boldsymbol{A}^2$ 的输入（i，j）等于从 i 到 j 的长度为 2 的路径的数量。这是因为

$$A_{i,j}^2 = \sum_k A_{ik} A_{kj}$$

2）总的来说，有

$$A_{ij}^k = \# \text{从} i \text{到} j \text{的路径长度} k$$

3）如果指数在有向路径上增加，即 $j \in \boldsymbol{DE}_i^{\mathcal{G}}$ 意味着 $j > i$，然后恒等式是一个因果排序，邻接矩阵是上三角，也就是说，只有矩阵的右上半部分包含非零。

4）当图稀疏时，可能想要使用稀疏矩阵来节省空间和 / 或计算时间。

Robinson（1970, 1973）和 Stanley（1973）分别对具有 d 个节点的 DAG 的数量进行了研究。这种矩阵（或称 DAG）的数量在 d 中增长很快（见表 B.1）。

McKay（2004）证明了 Eric W. Weisstein 关于 DAG 猜测的等效描述。

定理 B.5 当且仅当 $\boldsymbol{A} + \boldsymbol{Id}$ 是一个 0–1 矩阵且所有特征值都是实数并严格大于零时，矩阵 $\boldsymbol{A}$ 是 DAG $\mathcal{G}$的一个邻接矩阵。

表 B.1 DAG 的数量取决于节点的数量 d，取自 http://oeis.org/A003024/(OEIS Foundation Inc.，2017)。数字的长度比任何线性项增长得更快

d	取决于 d 节点的 DAG 数量
1	1
2	3
3	25
4	543
5	29281
6	3781503
7	1138779265
8	783702329343
9	1213442454842881
10	4175098976430598143
11	31603459396418917607425
12	521939651343829405020504063
13	18676600744432035186664816926721
14	1439428141044398334941790719839535103
15	237725265553410354992180218286376719253505
16	83756670773733320287699303047996412235223138303
17	62707921196923889899446452602494921906963551482675201
18	99421195322159515895228914592354524516555026878588305014783
19	332771901227107591736177573311261125883583076258421902583546773505

附录 C　证　明

C.1　定理 4.2 的证明

首先陈述一个引理，例如，在 Peters（2008）中可以找到它的证明。

引理 C.1　设 X 和 N 为自变量，并假设 N 是非确定性的，则 $N \not\perp\!\!\!\perp (X+N)$。

定理 4.2 的证明　如果 X 和 N_Y 是正态分布，于是有

$$\beta := \frac{\mathrm{cov}[X,Y]}{\mathrm{cov}[Y,Y]} = \frac{\alpha \mathrm{var}[X]}{\alpha^2 \mathrm{var}[X] + \mathrm{var}[N_Y]}$$

并且定义 $N_X := X - \beta Y$。N_X 和 Y 的构造是不相关的，因为 N_X 和 Y 是联合高斯的，所以它们也是独立的。

为了证明“唯一性”陈述，假设

$$\begin{aligned} Y &= & \alpha X & \quad + \quad N_Y \\ N_X &= & (1-\alpha\beta)X & \quad - \quad \beta N_Y \end{aligned}$$

是独立的，区分以下情况：

1）$(1-\alpha\beta) \neq 0$ 并且 $\beta \neq 0$。

这里，定理 4.3 意味着 X、N_Y 以及 Y、N_X 都是正态分布的。因此，$P_{X,Y}$ 也是二元高斯。

2）β=0。

这意味着

$$X \perp\!\!\!\perp \alpha X + N_Y$$

这与引理 C.1 相矛盾。

3）($1-\alpha\beta$)=0。

它遵循 $-\beta N_Y \perp\!\!\!\perp \alpha X + N_Y$。因此

$$N_Y \perp\!\!\!\perp \alpha X + N_Y$$

这又与引理 C.1 相矛盾。

这证明了结论。

C.2 命题 6.3 的证明

证明 回想一下，对一个 SCM 的定义包括潜在图是非循环的要求。现在可以递归地将结构赋值代入彼此，因此可以将每个节点 X_j 写成一个特有函数，该函数的所有噪声项 $(N_k)_{k\in \boldsymbol{AN}_j}$ 属于 X_j 的祖先。也就是说

$$X_j := g_j\big((N_k)_{k\in \boldsymbol{AN}_j}\big)$$

该函数并不一定依赖于所有祖先的噪声项。

C.3 备注 6.6 的证明

证明 这里将证明，只要可以从 $\boldsymbol{PA}_j$ 中删除一个变量，仍然可以从简化模型 $\boldsymbol{PA}_j^*$ 中删除它。

考虑一个输入 $X_k \in \boldsymbol{PA}_j \cap \boldsymbol{PA}_j^*$，该输入不依赖于 f_j。也就是说，对所有 x_k、x_k'、$\boldsymbol{pa}_{j,-k}$ 和 n_j 以及 $p(n_j)>0$，有 $f_j(\boldsymbol{pa}_{j,-k}, x_k, n_j) = f_j(\boldsymbol{pa}_{j,-k}, x_k', n_j)$。这里，$\boldsymbol{PA}_{j,-k} := \boldsymbol{PA}_j \setminus \{k\}$ 表示除 k 以外的所有输入变量的集合。那么，g 不依赖于变量 x_k，因为对于所有 x_k、$\boldsymbol{pa}^*_{j,-k}$ 和 n_j 以及 $p(n_j)>0$，有 $g(\boldsymbol{pa}^*_{j,-k}, x_k, n_j) = f_j(\boldsymbol{pa}_j, x_k, n_j)$ 。

C.4　命题 6.13 的证明

证明　为了简化符号，用 X_1 代替 X 而 X_2 代替 Y。首先，截断因数分解式（6.9）意味着

$$\begin{aligned} p_{X_2}^{\mathfrak{C};\mathrm{do}(X_1:=x_1)}(x_2) &= \int \prod_{j\neq 1} p_j(x_j\,|\,x_{pa(j)})\,\mathrm{d}x_3\cdots\mathrm{d}x_d \\ &= \int \prod_{j\neq 1} p_j(x_j\,|\,x_{pa(j)})\frac{\tilde{p}(x_1)}{\tilde{p}(x_1)}\,\mathrm{d}x_3\cdots\mathrm{d}x_d \\ &= p_{X_2\,|\,X_1=x_1}^{\mathfrak{C};\mathrm{do}\left(X_1:=\tilde{N}_1\right)}(x_2) \end{aligned} \tag{C.1}$$

如果$\tilde{N}_1$在 x_1 上加上正质量，也就是$\tilde{p}(x_1)>0$。另外，要求以下两个陈述适用于所有分布 Q_{X_1,X_2}，该分布在（X_1，X_2）上的密度为 q：

$$Q\text{ 中 } X_2 \not\perp\!\!\!\perp X_1 \Longleftrightarrow \exists x_1^{\triangle}, x_1^{\square}\text{，有 } q(x_1^{\triangle}), q(x_1^{\square})>0\text{，} Q_{X_2\,|\,X_1=x_1^{\triangle}} \neq Q_{X_2\,|\,X_1=x_1^{\square}} \tag{C.2}$$

并且

$$Q\text{ 中 } X_2 \not\perp\!\!\!\perp X_1 \Longleftrightarrow \exists x_1^{\triangle}\text{，有 } q(x_1^{\triangle})>0\text{，} Q_{X_2\,|\,X_1=x_1^{\triangle}} \neq Q_{X_2} \tag{C.3}$$

然后，会得到对任何 $\widehat{N}_1$ 都支持的下式：

$$\begin{aligned} (i) &\overset{\text{(C.2)}}{\Longrightarrow} \exists x_1^{\triangle}, x_1^{\square}\text{ 在 } \tilde{N}_1 \text{ 条件下，存在具有正密度的 } P_{X_2\,|\,X_1=x_1^{\triangle}}^{\mathfrak{C};\mathrm{do}\left(X_1:=\tilde{N}_1\right)} \neq P_{X_2\,|\,X_1=x_1^{\square}}^{\mathfrak{C};\mathrm{do}\left(X_1:=\tilde{N}_1\right)} \\ &\overset{\text{(C.1)}}{\Longrightarrow} (ii) \\ &\overset{\text{(C.1)}}{\Longrightarrow} \exists x_1^{\triangle}, x_1^{\square}\text{ 在 } \hat{N}_1 \text{ 条件下，存在具有正密度的 } P_{X_2\,|\,X_1=x_1^{\triangle}}^{\mathfrak{C};\mathrm{do}\left(X_1:=\hat{N}_1\right)} \neq P_{X_2\,|\,X_1=x_1^{\square}}^{\mathfrak{C};\mathrm{do}\left(X_1:=\hat{N}_1\right)} \\ &\overset{\text{(C.2)}}{\Longrightarrow} (iv) \\ &\overset{\text{(平凡)}}{\Longrightarrow} (i) \end{aligned}$$

进一步有$(ii) \overset{\text{(平凡)}}{\Longrightarrow} (iii)$并且$P_{X_2}^{\mathfrak{C}} = P_{X_2}^{\mathfrak{C};\mathrm{do}(X_1:=N_1^*)}$，其中 N_1^* 具有分布$P_{X_1}^{\mathfrak{C}}$。并且$\neg(i) \Rightarrow \neg(ii)$，后者意味着

$$
\begin{aligned}
\neg(i) &\implies P_{\boldsymbol{X}}^{\mathfrak{C};\,\mathrm{do}(X_1:=N_1^*)}\text{中，} X_2 \perp\!\!\!\perp X_1 \\
&\overset{(C.3)}{\implies} P_{X_2|X_1=x^{\triangle}}^{\mathfrak{C};\,\mathrm{do}(X_1:=N_1^*)} = P_{X_2}^{\mathfrak{C};\,\mathrm{do}(X_1:=N_1^*)}\text{，对于所有 } x^{\triangle}\text{ 有 } p_1(x^{\triangle}) > 0 \\
&\overset{(C.1)}{\implies} P_{X_2}^{\mathfrak{C};\,\mathrm{do}\left(X_1:=x^{\triangle}\right)} = P_{X_2}^{\mathfrak{C}}\text{ ，对于所有 } x^{\triangle}\text{ 有 } p_1(x^{\triangle}) > 0 \\
&\overset{\neg(ii)}{\implies} P_{X_2}^{\mathfrak{C};\,\mathrm{do}\left(X_1:=x^{\triangle}\right)} = P_{X_2}^{\mathfrak{C}}\text{ ，对于所有 } x^{\triangle} \\
&\implies \neg(iii)
\end{aligned}
$$

这里的符号“¬”表示语句的否定。

C.5 命题 6.14 的证明

证明 语句 1）直接来自于干预式 SCM 的马尔可夫性。干预将进入边移入 X，如果原始图中没有从 X 到 Y 的直接路径，则 X 和 Y 是 d 分离的。

语句 2）可以通过一个反例来证明（见例 6.34）。

C.6 命题 6.36 的证明

证明 “如果”：假设不满足因果最小性。然后，存在一个 X_j 和一个$Y \in \boldsymbol{PA}_j^{\mathcal{G}}$，使得当从 $\mathcal{G}$ 中删除边 $Y \to X_j$ 时，$P_{\boldsymbol{X}}$ 也是满足马尔可夫性的，这意味着$X_j \perp\!\!\!\perp Y \,|\, \boldsymbol{PA}_j^{\mathcal{G}} \setminus \{Y\}$由局部马尔可夫性决定。

“仅当”：如果 $P_{\boldsymbol{X}}$ 具有密度，则马尔可夫条件等价于马尔可夫分解（Lauritzen，1996，定理 3.27）。现在假设$Y \in \boldsymbol{PA}_j^{\mathcal{G}}$和$X_j \perp\!\!\!\perp Y \,|\, \boldsymbol{PA}_j^{\mathcal{G}} \setminus \{Y\}$，这意味着$p(x_j|\boldsymbol{pa}_j^{\mathcal{G}}) = p(x_j|\boldsymbol{pa}_{j,-Y}^{\mathcal{G}})$，其中$\boldsymbol{PA}_{j,-Y}^{\mathcal{G}}$被定义为$\boldsymbol{PA}_{j,-Y}^{\mathcal{G}} = \boldsymbol{PA}_j^{\mathcal{G}} \setminus \{Y\}$。然后，$p(\boldsymbol{x}) = p(x_j|\boldsymbol{pa}_{j,-Y}^{\mathcal{G}}) \prod_{k \neq j} p(x_k|\boldsymbol{pa}_k^{\mathcal{G}})$，这意味着无 $Y \to X_j$ 时 $P_{\boldsymbol{X}}$ 对于 $\mathcal{G}$ 是马尔可夫的。

C.7 命题 6.48 的证明

证明 假设这两个模型满足因果最小性，并且都有图 $\mathcal{G}$ 和图$\mathcal{H}$。直观上，可以识别节

点 X 的子节点，因为它们在干预 X 后发生了变化。但是，有些子节点在干预后可能不会因为两个取消路径而改变其分布。因此引入下面的符号。给定一个 DAG $\mathcal{G}$，称 X 为节点 Y 的**最年轻父节点**，如果$X \in \boldsymbol{PA}_Y$，且 X 不是 Y 的任何父类的祖先，则写作$X \in \boldsymbol{YPA}_Y$。节点 Y 可能有几个最年轻的父节点。这个证明需要两个论点：

1）如果$X \in \boldsymbol{YPA}_Y^{\mathcal{G}}$，那么从 X 到 Y 有一个总的因果效应，这意味着存在$x^{\triangle}$ 和 $x^{\square}$，使得 $P_Y^{\mathrm{do}\left(X:=x^{\triangle}\right)} \neq P_Y^{\mathrm{do}\left(X:=x^{\square}\right)}$。这是由因果最小性产生的。

2）如果$Z \in \boldsymbol{AN}_Y^{\mathcal{G}}$，则存在 X_1，…，X_k，使得 $X_1 = Z$，$X_k = Y$，对于$i \in \{1, \cdots, k-1\}$，有$X_i \in \boldsymbol{YPA}_{X_{i+1}}^{\mathcal{G}}$。

最后，可以把这两个陈述结合起来并得出结论，如果$Z \in \boldsymbol{AN}_Y^{\mathcal{G}}$，则存在 X_1，…，X_k，使得对于$i \in \{1, \cdots, k-1\}$，X_i 对 X_{i+1} 有一个总的因果效应，这意味着在 $\mathcal{H}$ 中必然存在从 X_i 到 X_{i+1} 的直接因果路径，见命题 6.13。但是$Z \in \boldsymbol{AN}_Y^{\mathcal{H}}$，这意味着 $\mathcal{G}$ 和 $\mathcal{H}$ 都具有相同的祖先关系。由于 $\mathcal{G}$ 和 $\mathcal{H}$ 都满足因果最小性，这意味着 $\mathcal{G} = \mathcal{H}$，因此这两个模型等价于因果图模型。

C.8 命题 6.49 的证明

证明 根据命题 6.3 的证明，可以将第一个 SCM 写作 $\boldsymbol{X} = \boldsymbol{g}(\boldsymbol{N})$。但因为

$$\boldsymbol{g}(\boldsymbol{n}) = \boldsymbol{g}^*(\boldsymbol{n}) \quad \forall \boldsymbol{n} \text{ 有 } p(\boldsymbol{n}) > 0$$

很明显，这两个 SCM 都诱导了相同的观测分布（和干预分布同理）。关于反事实，通过设置 $\boldsymbol{X} \in A$ 上$P(\boldsymbol{X} \in A) > 0$，来涵盖离散情况和连续情况，见定义 6.17。新的噪声变量密度满足

$$
\begin{aligned}
\tilde{p}(n_1,\cdots,n_d) &= \begin{cases} \frac{p(n_1,\cdots,n_d)}{P(X\in A)} & \boldsymbol{g}(n_1,\cdots,n_d)\in A \\ 0 & \text{其他} \end{cases} \\
&= \begin{cases} \frac{p(n_1,\cdots,n_d)}{P(\boldsymbol{g}(\boldsymbol{N})\in A)} & \boldsymbol{g}^*(n_1,\cdots,n_d)\in A \\ 0 & \text{其他} \end{cases} \\
&= \begin{cases} \frac{p(n_1,\cdots,n_d)}{P(\boldsymbol{g}^*(\boldsymbol{N})\in A)} & \boldsymbol{g}^*(n_1,\cdots,n_d)\in A \\ 0 & \text{其他} \end{cases} \\
&= \tilde{p}^*(n_1,\cdots,n_d)
\end{aligned}
$$

仍然有

$$
\boldsymbol{g}(\boldsymbol{n}) = \boldsymbol{g}^*(\boldsymbol{n}) \quad \forall \boldsymbol{n} \text{ 有 } \tilde{p}(\boldsymbol{n}) > 0
$$

这意味着所有反事实陈述一致。

C.9　命题 7.1 的证明

证明　令 $N_1,\cdots,N_d$ 是独立的，均匀分布在 0~1。然后定义$X_j := f_j(X_{\boldsymbol{PA}_j}, N_j)$，则有

$$
f_j(\boldsymbol{pa}_j, n_j) := F^{-1}_{X_j|\boldsymbol{PA}_j=\boldsymbol{pa}_j}(n_j) \tag{C.4}
$$

式中，$F^{-1}_{X_j|\boldsymbol{PA}_j=\boldsymbol{pa}_j}$是给定$\boldsymbol{PA}_j=\boldsymbol{pa}_j$时 X_j 的广义逆累积分布函数。一个随机变量 Y 的广义逆累积分布函数定义为$F_Y^{-1}(a) := \inf\{y\in\mathbb{R} : F_Y(y)\geqslant a\}$。式（C.4）保证在构造的 SCM 中，条件$X_j|\boldsymbol{PA}_j=\boldsymbol{pa}_j$具有正确的分布。然后声明由马尔可夫分解产生，见定义 6.21.3）。

C.10　命题 7.4 的证明

证明　假设不满足因果最小性。如果对其他所有父节点$A := \boldsymbol{PA}_j\setminus\{i\}$都有限制，即$X_j \perp\!\!\!\perp X_i|X_A$，那么可以找到节点 j 和 $i\in \boldsymbol{PA}_j$，满足$X_j = f_j(\boldsymbol{PA}_j\setminus\{i\}, X_i)+N_j$，但不依赖 X_i（见命题 6.36）。这里，用 X_A 表示$\boldsymbol{PA}_j\setminus\{X_i\}$。对于函数 f_j，现在将证明对于P_{X_A,X_i}，

几乎所有的(x_A,x_i)，满足$f_j(x_A,x_i)=c_{x_A}$。事实上，假设没有一般性损失，$\mathbb{E}[N_j]=0$，则 $X_j\,|\,\boldsymbol{PA}_j=(x_A,x_i)$ 的均值等于$f_j(x_A,x_i)$。Dawid（1979）提出的式（2b）指出，如果$X_j \perp\!\!\!\perp X_i\,|\,X_A$，则$X_j\,|\,X_A$、$X_i$的密度不依赖于 X_i 的参数。因此，条件均值 $f_j(x_A,x_i)$ 也不依赖于 f_j。然后是$f_j(x_A,x_i)=c_{x_A}$。f_j 的连续性意味着 f_j 在它的最后一个参数中是常数。

相反的陈述也来自命题 6.36。

C.11 命题 8.1 的证明

证明 使用贝尔曼最优性方程（例如，Sutton 和 Barto，2015，3.8 节）。对于所有满足$f(s^\circ)=f(s)$的 s 和 s°，有

$$\begin{aligned}
Q^*(s,a) &= \sum_{s'} p(s'\,|\,s,a)\left(\mathbb{E}[R\,|\,s',a]+\max_{a'} Q^*(s',a')\right)\\
&= \sum_{f'}\sum_{s':f(s')=f'} p(s'\,|\,s,a)\left(\mathbb{E}[R\,|\,s',a]+\max_{a'} Q^*(s',a')\right)\\
&= \sum_{f'} p(f'\,|\,s,a)\left(\mathbb{E}[R\,|\,f',a]+\max_{a'} Q^*(s',a')\right)\\
&= \sum_{f'} p(f'\,|\,s^\circ,a)\left(\mathbb{E}[R\,|\,f',a]+\max_{a'} Q^*(s',a')\right) = Q^*(s^\circ,a)
\end{aligned}$$

证明到此结束。

C.12 命题 8.2 的证明

证明 第一个等式来自 8.2.1 节的讨论。马尔可夫分解性质隐含

$$p(\boldsymbol{x}) = p(a|s)\,p(s|h)\,p(h)\,p(y|f,h)\,p(f|a)$$

见图 8.5。然后是$F \perp\!\!\!\perp S\,|\,A$：

$$
\begin{aligned}
\int y\,\frac{\tilde{p}(a|s)}{p(a|s)}\,p(\boldsymbol{x})\,\mathrm{d}\boldsymbol{x} &= \int y\,\tilde{p}(a|s)p(s|h)p(h)p(y|f,h)p(f|a,s)\,\mathrm{d}a\,\mathrm{d}f\,\mathrm{d}h\,\mathrm{d}s\,\mathrm{d}y \\
&= \int y\,\tilde{p}(f,a|s)p(s|h)p(h)p(y|f,h)\,\mathrm{d}a\,\mathrm{d}f\,\mathrm{d}h\,\mathrm{d}s\,\mathrm{d}y \\
&= \int y\,\frac{\tilde{p}(f|s)}{p(f|s)}p(s\,|\,h)p(h)p(y|f,h)p(f|s)\,\mathrm{d}f\,\mathrm{d}h\,\mathrm{d}s\,\mathrm{d}y \\
&= \int y\,\frac{\tilde{p}(f|s)}{p(f|s)}p(s\,|\,h)p(h)p(y|f,h)p(f,a|s)\,\mathrm{d}a\,\mathrm{d}f\,\mathrm{d}h\,\mathrm{d}s\,\mathrm{d}y \\
&= \int y\,\frac{\tilde{p}(f|s)}{p(f|s)}\,p(\boldsymbol{x})\,\mathrm{d}\boldsymbol{x}
\end{aligned}
$$

最后一个等式是从 $p(f,a\,|\,s)=p(f\,|\,a,s)\,p(a\,|\,s)$ 得到的。

C.13　命题 9.3 的证明

证明　为了显示 1），从 $\boldsymbol{X}$ 上的 SCM $\mathfrak{C}$ 及其所包含的分布 $P_{\boldsymbol{X}}$ 开始。然后，考虑变量 $O\in\boldsymbol{O}$ 的结构赋值，当这些变量出现在右边时，会反复代入变量 $X\in\boldsymbol{X}\setminus\boldsymbol{O}$ 的赋值。这将产生一个新的 SCM，其中每个 $O\in\boldsymbol{O}$ 的结构赋值包含一个多元误差变量 $\tilde{\boldsymbol{N}}_O$。很明显，这个较小的 SCM 在干预任何 $O\in\boldsymbol{O}$ 时，都需要相同的观测分布 $P_{\boldsymbol{O}}$ 和相同的干预分布。从因果充分性上它遵循新的噪声变量 $(\tilde{\boldsymbol{N}}_O)_{O\in\boldsymbol{O}}$ 是联合独立的。就像一维噪声变量一样（命题 6.31），这又意味着对于诱导图结构，分布 $P_{\boldsymbol{O}}$ 是马尔可夫式的。从这个事实可以得出这样的结论：这个新的 SCM 可以被转换成一个具有一维误差变量的 SCM，它包含相同的观测和干预分布（利用与命题 7.1 相同的结构）。对于这一过程更正式的描述，以及关于这些参数的更多细节，请参见 Bonger 等人（2016）的研究。

陈述 2）由例 9.2 产生。

C.14　定理 10.3 的证明

证明　如果从 $X^j_{\mathrm{past}(t)}$ 到 X^k_t 有一个箭头，则依赖性 [式（10.3）] 紧随忠实性，因为两个直接相连的变量不能是 d 分离的。现在假设没有从 $X^j_{\mathrm{past}(t)}$ 到 X^k_t 的边。那么，给定 $\boldsymbol{X}^{-j}_{\mathrm{past}(t)}$，$X^k_t$ 是与 $X^j_{\mathrm{past}(t)}$ d 分离的。任何离开 X^k_t 并有外向边的路径都会被阻塞，因为它将有一个碰撞

点（在时间指标大于或等于 t 之后，没有一个节点是受条件限制的）。任何离开X_t^k并进入边的路径都会被阻塞，因为下一个节点在条件集$\boldsymbol{X}_{\text{past}(t)}^{-j}$中。

C.15 定理 10.4 的证明

证明 为了证明 1)，考虑一个从 X 到 Y 不包含箭头的全时图。然后，从 Y_t 到 $X_{\text{past}(t)}$ 的每条路径被 $Y_{\text{past}}(t)$ 阻止。从 Y_t 输出端开始的任何路径都必须包含一个不在条件集中的对撞节点（它的任何后代也不在条件集中），因为该路径上的第一个节点位于 $Y_{\text{past}(t)}$，因此以进入边开始的任何路径都会被阻塞。

为了证明 2)，假设 X 中有 Y_t 的双亲，用 $\boldsymbol{PA}_{Y_t}^X$ 来表示。然后式（10.5）意味着

$$Y_t \perp\!\!\!\perp \boldsymbol{PA}_{Y_t}^X \mid Y_{\text{past}(t)} \tag{C.5}$$

对于任何$X_s \in \boldsymbol{PA}_{Y_t}^X$，式（C.5）表示弱联合（见附录 A.1）：

$$Y_t \perp\!\!\!\perp X_s \mid Y_{\text{past}(t)} \cup (\boldsymbol{PA}_{Y_t}^X \setminus \{X_s\}) \tag{C.6}$$

根据 Peters 等人（2014，引理 38）的研究，最小性意味着 Y_t 依赖于 Y_t 的任何父节点 A，给定一组不属于 Y_t 的后代，除了 A，该后代还包括 Y_t 的其他父节点。因此有

$$Y_t \not\perp\!\!\!\perp X_s \mid Y_{\text{past}(t)} \cup (\boldsymbol{PA}_{Y_t}^X \setminus \{X_s\})$$

这与式（C.6）矛盾。

参考文献

S. Acid and L. M. de Campos. Searching for Bayesian network structures in the space of restricted acyclic partially directed graphs. *Journal of Artificial Intelligence Research*, 18:445–490, 2003.

J. Aldrich. Autonomy. *Oxford Economic Papers*, 41:15–34, 1989.

R. A. Ali, T. S. Richardson, and P. Spirtes. Markov equivalence for ancestral graphs. *The Annals of Statistics*, 37:2808–2837, 2009.

E. S. Allman, C. Matias, and J. A. Rhodes. Identifiability of parameters in latent structure models with many observed variables. *The Annals of Statistics*, 37: 3099–3132, 2009.

N. Ancona, D. Marinazzo, and S. Stramaglia. Radial basis function approach to nonlinear Granger causality of time series. *Physical Review E*, 70:056221–1–7, 2004.

S. A. Andersson, D. Madigan, and M. D. Perlman. Alternative Markov property for chain graphs. *Scandinavian Journal of Statistics*, 28:33–86, 2001.

A. Aspect, P. Grangier, and G. Roger. Experimental tests of realistic local theories via Bell's theorem. *Physical Review Letters*, 47:460–467, 1981.

N. Ay and D. Polani. Information flows in causal networks. *Advances in Complex Systems*, 11(1):17–41, 2008.

R. R. Baldwin, W. E. Cantey, H. Maisel, and J. P. McDermott. The optimum strategy in blackjack. *Journal of the American Statistical Association*, 51(275): 429–439, 1956.

A. Balke. *Probabilistic Counterfactuals: Semantics, Computation, Applications*. PhD thesis, University of California, Los Angeles, CA, 1995.

A. Balke and J. Pearl. Bounds on treatment effects from studies with imperfect compliance. *Journal of the American Statistical Association*, 92:1172–1176, 1997.

E. Bareinboim and J. Pearl. Transportability from multiple environments with limited experiments: Completeness results. In *Advances in Neural Information Processing Systems 27 (NIPS)*, pages 280–288, 2014.

E. Bareinboim and J. Pearl. Causal inference from big data: Theoretical foundations and the data-fusion problem. *Proceedings of the National Academy of Sciences*, 113(27):7345–7352, 2016.

E. Bareinboim, A. Forney, and J. Pearl. Bandits with unobserved confounders: A causal approach. In *Advances in Neural Information Processing Systems 28 (NIPS)*, pages 1342–1350, 2015.

S. Bauer, B. Schölkopf, and J. Peters. The arrow of time in multivariate time series. In *Proceedings of the 33rd International Conference on Machine Learning (ICML)*, pages 2043–2051, 2016.

J. Bell. On the Einstein-Podolsky-Rosen paradox. *Physics*, 1:195–200, 1964. *Reprinted in* J. Bell: Speakable and unspeakable in quantum mechanics, Cambridge University Press, Cambridge, UK, 1987.

R. Bellman. A Markovian decision process. *Indiana University Mathematics Journal*, 6:679–684, 1957.

S. Ben-David, T. Lu, T. Luu, and D. Pál. Impossibility theorems for domain adaptation. In *Proceedings of the International Conference on Artificial Intelligence and Statistics 13 (AISTATS)*, pages 129–136, 2010.

C. Bennett. The thermodynamics of computation — a review. *International Journal of Theoretical Physics*, 21:905–940, 1982.

J. O. Berger. *Statistical Decision Theory and Bayesian Analysis*. Springer, New York, NY, 1985.

J. Berkson. Limitations of the application of fourfold table analysis to hospital data. *Biometrics Bulletin*, 2:47–53, 1946.

M. Besserve, N. Shajarisales, D. Janzing, and B. Schölkopf. Causal inference through spectral independence in linear dynamical systems. in preparation.

A. Bhatt. Evolution of clinical research: A history before and beyond James Lind. *Perspectives in Clinical Research*, 1(1):6–10, 2010.

K. A. Bollen. *Structural Equations with Latent Variables*. Wiley, New York, NY, 1989.

B. Bonet. Instrumentality tests revisited. In *Proceedings of the 17th Conference on Uncertainty in Artificial Intelligence (UAI)*, pages 48–55, 2001.

S. Bongers, J. Peters, B. Schölkopf, and J. M. Mooij. Structural causal models: Cycles, marginalizations, exogenous reparametrizations and reductions. *ArXiv e-prints (1611.06221)*, 2016.

L. Bottou, J. Peters, J. Quiñonero-Candela, D. X. Charles, D. M. Chickering, E. Portugualy, D. Ray, P. Simard, and E. Snelson. Counterfactual reasoning and learning systems: The example of computational advertising. *Journal of Machine Learning Research*, 14:3207–3260, 2013.

R. J. Bowden and D. A. Turkington. *Instrumental Variables*. Econometric Society Monographs. Cambridge University Press, New York, NY, 1990.

C. Brito and J. Pearl. A new identification condition for recursive models with correlated errors. *Structural Equation Modeling*, 9:459–474, 2002a.

C. Brito and J. Pearl. Generalized instrumental variables. In *Proceedings of the 18th Conference on Uncertainty in Artificial Intelligence (UAI)*, pages 85–93, 2002b.

P. J. Brockwell and R. A. Davis. *Time Series: Theory and Methods*. Springer, New York, NY, 2nd edition, 1991.

P. Bühlmann and S. A. van de Geer. *Statistics for High-Dimensional Data: Methods, Theory and Applications*. Springer Series in Statistics. Springer, New York, NY, 2011.

P. Bühlmann, J. Peters, and J. Ernest. CAM: Causal additive models, high-dimensional order search and penalized regression. *The Annals of Statistics*, 42(6):2526–2556, 2014.

W. L. Buntine. Theory refinement on Bayesian networks. In *In Proceedings of the 7th Annual Conference on Uncertainty in Artificial Intelligence (UAI)*, pages 52–60, 1991.

R. M. J. Byrne. *The Rational Imagination: How People Create Alternatives to Reality*. MIT Press, Cambridge, MA, 2007.

G. Chaitin. On the length of programs for computing finite binary sequences. *Journal of the Assocation for Computing Machinery*, 13(4):547–569, 1966.

O. Chapelle, B. Schölkopf, and A. Zien. *Semi-Supervised Learning*. MIT Press, Cambridge, MA, 2006.

C. R. Charig, D. R. Webb, S. R. Payne, and J. E. A. Wickham. Comparison of treatment of renal calculi by open surgery, percutaneous nephrolithotomy, and extracorporeal shockwave lithotripsy. *British Medical Journal (Clin Res Ed)*, 292(6254):879–882, 1986.

R. Chaves, L. Luft, T. O. Maciel, D. Gross, D. Janzing, and B. Schölkopf. Inferring latent structures via information inequalities. In *Proceedings of the 30th Annual Conference on Uncertainty in Artificial Intelligence (UAI)*, pages 112–121, 2014.

D. M. Chickering. Learning Bayesian networks is NP-complete. In *Learning from Data: Artificial Intelligence and Statistics V*, pages 121–130. Springer, New York, NY, 1996.

D. M. Chickering. Optimal structure identification with greedy search. *Journal of Machine Learning Research*, 3:507–554, 2002.

T. Claassen, J. M. Mooij, and T. Heskes. Learning sparse causal models is not NP-hard. In *Proceedings of the 29th Annual Conference on Uncertainty in Artificial Intelligence (UAI)*, pages 172–181, 2013.

J. Clauser, M. Horne, A. Shimony, and R. Holt. Proposed experiment to test local hidden-variable theories. *Physical Review Letters*, 23:880–884, 1969.

D. Colombo, M. H. Maathuis, M. Kalisch, and T. S. Richardson. Learning high-dimensional directed acyclic graphs with latent and selection variables. *The Annals of Statistics*, 40:294–321, 2012.

J. Comley and D. Dowe. General Bayesian networks and asymmetric languages. In *Proceedings of the 2nd Hawaii International Conference on Statistics and Related Fields*, 2003.

P. Comon. Independent component analysis — a new concept? *Signal Processing*, 36:287–314, 1994.

S. A. Cook. The complexity of theorem-proving procedures. In *Proceedings of the 3rd Annual ACM Symposium on Theory of Computing*, pages 151–158, 1971.

G. Cooper and C. Yoo. Causal discovery from a mixture of experimental and observational data. In *Proceedings of the 15th Annual Conference on Uncertainty in Artificial Intelligence (UAI)*, pages 116–125, 1999.

D. Corfield, B. Schölkopf, and V. Vapnik. Falsificationism and statistical learning theory: Comparing the Popper and Vapnik-Chervonenkis dimensions. *Journal for General Philosophy of Science*, 40(1):51–58, 2009.

T. Cover and J. Thomas. *Elements of Information Theory*. Wiley Series in Telecommunications and Signal Processing, Wiley, New York, NY, 1991.

D. R. Cox. *Planning of Experiments*. Wiley, New York, NY, 1958.

J. Cussens. Bayesian network learning with cutting planes. In *Proceedings of the 27th Annual Conference on Uncertainty in Artificial Intelligence (UAI)*, pages 153–160, 2011.

P. Daniušis, D. Janzing, J. M. Mooij, J. Zscheischler, B. Steudel, K. Zhang, and B. Schölkopf. Inferring deterministic causal relations. In *Proceedings of the 26th Annual Conference on Uncertainty in Artificial Intelligence (UAI)*, pages 143–150, 2010.

D. Danks and S. Plis. Learning causal structure from undersampled time series, 2013. URL `http://repository.cmu.edu/cgi/viewcontent.cgi?article=1638&context=philosophy`. Results were presented at NIPS 2013 workshop on causality; last visit of website: 31.01.2017.

G. Darmois. Analyse générale des liaisons stochastiques. *Revue de l'Institut International de Statistique*, 21:2–8, 1953.

D. Dash. Restructing dynamic causal systems in equilibrium. In *Proceedings of the 10th International Conference on Artificial Intelligence and Statistics (AISTATS)*, pages 81–88, 2005.

A. P. Dawid. Conditional independence in statistical theory. *Journal of the Royal Statistical Society, Series B: Statistical Methodology (with discussion)*, 41(1): 1–31, 1979.

A. P. Dawid. Statistical causality from a decision-theoretic perspective. *Annual Review of Statistics and Its Application*, 2:273–303, 2015.

C. P. De Campos and Q. Ji. Efficient structure learning of Bayesian networks using constraints. *Journal of Machine Learning Research*, 12:663–689, 2011.

L. Devroye, L. Györfi, and G. Lugosi. *A Probabilistic Theory of Pattern Recognition*, volume 31 of *Applications of Mathematics*. Springer, New York, NY, 1996.

V. Didelez, S. Meng, and N. A. Sheehan. Assumptions of IV methods for observational epidemiology. *Statistical Science*, 25:22–40, 2010.

C. Diks and V. Panchenko. A new statistic and practical guidelines for nonparametric Granger causality testing. *Journal of Economic Dynamics and Control*, 30(9–10):1647–1669, 2006.

D. DiVincenzo. Two-qubit gates are universal for quantum computation. *Physical Review A*, 51:1015–1022, 1995.

M. Drton, M. Eichler, and T. S. Richardson. Computing maximum likelihood estimates in recursive linear models with correlated errors. *Journal of Machine Learning Research*, 10:2329–2348, 2009a.

M. Drton, B. Sturmfels, and S. Sullivant. *Lectures on Algebraic Statistics*, volume 39 of *Oberwolfach Seminars*. Birkhäuser, Basel, 2009b.

M. Druzdzel and H. Simon. Causality in Bayesian belief networks. In *In Proceedings of the 9th Annual Conference on Uncertainty in Artificial Intelligence (UAI)*, pages 3–11, 1993.

M. J. Druzdzel and H. van Leijen. Causal reversibility in Bayesian networks. *Journal of Experimental and Theoretical Artificial Intelligence*, 13(1):45–62, 2001.

R. M. Dudley. *Real Analysis and Probability*. Cambridge University Press, New York, NY, 2002.

D. Eaton and K. P. Murphy. Exact Bayesian structure learning from uncertain interventions. In *Proceedings of the 11th International Conference on Artificial Intelligence and Statistics (AISTATS)*, pages 107–114, 2007.

F. Eberhardt and R. Scheines. Interventions and causal inference. *Philosophy of Science*, 74(5):981–995, 2007.

F. Eberhardt, C. Glymour, and R. Scheines. On the number of experiments sufficient and in the worst case necessary to identify all causal relations among n variables. In *Proceedings of the 21st Annual Conference on Uncertainty in Artificial Intelligence (UAI)*, pages 178–184, 2005.

F. Eberhardt, P. O. Hoyer, and R. Scheines. Combining experiments to discover linear cyclic models with latent variables. In *Proceedings of the 13th International Conference on Artificial Intelligence and Statistics (AISTATS)*, pages 185–192, 2010.

M. Eichler. Graphical modelling of multivariate time series. *Probability Theory and Related Fields*, pages 1–36, 2011.

M. Eichler. Causal inference in time series analysis. In C. Berzuini, P. Dawid, and L. Bernardinelli, editors, *Causality: Statistical Perspectives and Applications*, pages 327–354. Wiley, Chichester, UK, 2012.

J. Ellenberg. *How Not to Be Wrong: The Power of Mathematical Thinking*. Penguin Press, London, UK, 2014.

R. F. Engle, D. F. Hendry, and J.-F. Richard. Exogeneity. *Econometrica*, 51(2): 277–304, 1983.

R. J. Evans. Graphical methods for inequality constraints in marginalized DAGs. In *Proceedings of the 22nd Workshop on Machine Learning and Signal Processing*, pages 1–12, 2012.

R. J. Evans. Margins of discrete Bayesian networks. *ArXiv e-prints (arXiv:1501.02103)*, 2015.

R. J. Evans and T. S. Richardson. Markovian acyclic directed mixed graphs for discrete data. *The Annals of Statistics*, 42(2):1452–1482, 2014.

T. S. Ferguson. *Mathematical Statistics — A Decision Theoretic Approach*. Academic Press, New York, NY and London, UK, 1967.

A. Fink. The binomial ideal of the intersection axiom for conditional probabilities. *Journal of Algebraic Combinatorics*, 33(3):455–463, 2011.

R. A. Fisher. *Statistical Methods for Research Workers*. Oliver & Boyd, Edinburgh, UK, 1925.

W. T. Freeman. The generic viewpoint assumption in a framework for visual perception. *Nature*, 368(6471):542–545, 1994.

R. Frisch and F. V. Waugh. Partial time regressions as compared with individual trends. *Econometrica*, 1(4):387–401, 1933.

R. Frisch, T. Haavelmo, T. C. Koopmans, and J. Tinbergen. *Autonomy of Economic Relations*. Series: Memorandum fra Universitets Socialøkonomiske Institutt. Universitets Socialøkonomiske Institutt, Oslo, Norway, 1948.

K. Friston, L. Harrison, and W. Penny. Dynamic causal modelling. *NeuroImage*, 19:1273–1302, 2003.

K. Friston, J. Daunizeau, and K. Stephan. Model selection and gobbledygook: Response to Lohmann et al. *NeuroImage*, 75:275–278, 2013.

M. Frydenberg. The chain graph Markov property. *Scandinavian Journal of Statistics*, 17(4):333–353, 1990.

K. Fukumizu, A. Gretton, X. Sun, and B. Schölkopf. Kernel measures of conditional dependence. In *Advances in Neural Information Processing Systems 20 (NIPS)*, pages 489–496, 2008.

J. A. Gagnon-Bartsch and T. P. Speed. Using control genes to correct for unwanted variation in microarray data. *Biostatistics*, 13:539–552, 2012.

D. Galles and J. Pearl. An axiomatic characterization of causal counterfactuals. *Foundations of Science*, 3(1):151–182, 1998.

D. Geiger and D. Heckerman. Learning Gaussian networks. In *Proceedings of the 10th Annual Conference on Uncertainty in Artificial Intelligence (UAI)*, pages 235–243, 1994a.

D. Geiger and D. Heckerman. Learning Bayesian networks: The combination of knowledge and statistical data. In *Proceedings of the 10th Annual Conference on Uncertainty in Artificial Intelligence (UAI)*, pages 293–301, 1994b.

D. Geiger and C. Meek. Graphical models and exponential families. In *Proceedings of 14th Annual Conference on Uncertainty in Artificial Intelligence (UAI)*, pages 156–165, 1998.

P. Geiger, D. Janzing, and B. Schölkopf. Estimating causal effects by bounding confounding. In *Proceedings of the 30th Conference on Uncertainty in Artificial Intelligence (UAI)*, pages 240–249, 2014.

D. Geradin and I. Girgenson. The counterfactual method in EU competition law: The cornerstone of the effects-based approach. Available at SSRN: `http://ssrn.com/abstract=1970917`, 2011.

C. W. J. Granger. Testing for causality: A personal viewpoint. *Journal of Economic Dynamics and Control*, 2(1):329–352, 1980.

C. W. J. Granger. Some recent development in a concept of causality. *Journal of Econometrics*, 39(1–2):199–211, 1988.

A. Gretton, K. Fukumizu, C. H. Teo, L. Song, B. Schölkopf, and A. Smola. A kernel statistical test of independence. In *Advances in Neural Information Processing Systems 20 (NIPS)*, pages 585–592, 2008.

P. D. Grünwald. *The Minimum Description Length Principle*. MIT Press, Cambridge, MA, 2007.

I. Guyon. Challenge: Cause-effect pairs, 2013. URL `https://www.kaggle.com/c/cause-effect-pairs/`. Results were presented at NIPS 2013 workshop `http://clopinet.com/isabelle/Projects/NIPS2013/`; last visit of websites: 19.07.2016.

J. Gwiazda, E. Ong, R. Held, and F. Thorn. Vision: Myopia and ambient night-time lighting. *Nature*, 404:144, 2000.

T. Haavelmo. The statistical implications of a system of simultaneous equations. *Econometrica*, 11(1):1–12, 1943.

T. Haavelmo. The probability approach in econometrics. *Econometrica*, 12:S1–S115 (supplement), 1944.

J. Y. Halpern. Axiomatizing causal reasoning. *Journal of Artificial Intelligence Research*, 12:317–337, 2000.

J. Y. Halpern. *Actual Causality*. MIT Press, Cambridge, MA, 2016.

N. R. Hansen and A. Sokol. Causal interpretation of stochastic differential equations. *Electronic Journal of Probability*, 19(100):1–24, 2014.

T. Hastie, R. Tibshirani, and J. Friedman. *The Elements of Statistical Learning: Data Mining, Inference and Prediction*. Springer, New York, NY, 2nd edition, 2009.

D. M. A. Haughton. On the choice of a model to fit data from an exponential family. *The Annals of Statistics*, 16(1):342–355, 1988.

A. Hauser and P. Bühlmann. Characterization and greedy learning of interventional Markov equivalence classes of directed acyclic graphs. *Journal of Machine Learning Research*, 13:2409–2464, 2012.

A. Hauser and P. Bühlmann. Two optimal strategies for active learning of causal models from interventional data. *International Journal of Approximate Reasoning*, 55:926–939, 2014.

A. Hauser and P. Bühlmann. Jointly interventional and observational data: Estimation of interventional Markov equivalence classes of directed acyclic graphs. *Journal of the Royal Statistical Society, Series B: Statistical Methodology*, 77: 291–318, 2015.

D. M. Hausman and J. Woodward. Independence, invariance and the causal Markov condition. *The British Society for the Philosophy of Science*, 50:521–583, 1999.

D. Heckerman, C. Meek, and G. Cooper. A Bayesian approach to causal discovery. In C. Glymour and G. Cooper, editors, *Computation, Causation, and Discovery*, pages 141–165. MIT Press, Cambridge, MA, 1999.

R. Hemmecke, S. Linder, and M. Studený. Characteristic imsets for learning Bayesian network structure. *International Journal of Approximate Reasoning*, 53:1336–1349, 2012.

M. A. Hernán and J. M. Robins. Instruments for causal inference: An epidemiologists dream? *Epidemiology*, 17:360–372, 2006.

P. W. Holland. Statistics and causal inference. *Journal of the American Statistical Association*, 81:968–970, 1986.

K. D. Hoover. Causality in economics and econometrics. In S. N. Durlauf and L. E. Blume, editors, *The New Palgrave Dictionary of Economics*. Palgrave Macmillan, Basingstoke, UK, 2nd edition, 2008.

D. G. Horvitz and D. J. Thompson. A generalization of sampling without replacement from a finite universe. *Journal of the American Statistical Association*, 47 (260):663–685, 1952.

P. O. Hoyer, A. Hyvärinen, R. Scheines, P. Spirtes, J. Ramsey, G. Lacerda, and S. Shimizu. Causal discovery of linear acyclic models with arbitrary distributions. In *Proceedings of the 24th Annual Conference on Uncertainty in Artificial Intelligence (UAI)*, pages 282–289, 2008a.

P. O. Hoyer, S. Shimizu, A. J. Kerminen, and M. Palviainen. Estimation of causal effects using linear non-Gaussian causal models with hidden variables. *International Journal of Approximate Reasoning*, 49(2):362–378, 2008b.

P. O. Hoyer, D. Janzing, J. M. Mooij, J. Peters, and B. Schölkopf. Nonlinear causal discovery with additive noise models. In *Advances in Neural Information Processing Systems 21 (NIPS)*, pages 689–696, 2009.

Y. Huang and M. Valtorta. Pearl's calculus of intervention is complete. In *Proceedings of the 22nd Annual Conference on Uncertainty in Artificial Intelligence (UAI)*, pages 217–224, 2006.

L Hurwicz. On the structural form of interdependent systems. In E. Nagel, P. Suppes, and A. Tarski, editors, *Logic, Methodology and Philosophy of Science, Proceedings of the 1960 International Congress*, pages 232–239. Stanford University Press, Stanford, CA, 1962.

A. Hyttinen, F. Eberhardt, and P. O. Hoyer. Learning linear cyclic causal models with latent variables. *Journal of Machine Learning Research*, 13(1):3387–3439, 2012.

A. Hyttinen, P. O. Hoyer, F. Eberhardt, and M. Järvisalo. Discovering cyclic causal models with latent variables: A general SAT-based procedure. In *Proceedings of the 29th Annual Conference on Uncertainty in Artificial Intelligence (UAI)*, pages 301–310, 2013.

A. Hyttinen, S. Plis, M. Järvisalo, F. Eberhardt, and D. Danks. Causal discovery from subsampled time series data by constraint optimization. In *Proceedings of the 8th International Conference on Probabilistic Graphical Models (PGM)*, pages 216–227, 2016.

A. Hyvärinen, J. Karhunen, and E. Oja. *Independent Component Analysis*. Adaptive and Learning Systems for Signal Processing, Communications, and Control. Wiley, New York, NY, 2001.

A. Hyvärinen, S. Shimizu, and P. Hoyer. Causal modelling combining instantaneous and lagged effects: An identifiable model based on non-Gaussianity. In *Proceedings of the 25th International Conference on Machine Learning (ICML)*, pages 424–431, 2008.

G. W. Imbens and J. Angrist. Identification and estimation of local average treatment effects. *Econometrica*, 62(2):467–75, 1994.

G. W. Imbens and D. B. Rubin. Discussion of: "Causal Diagrams for Empirical Research" by J. Pearl. *Biometrika*, 82(4):694–695, 1995.

G. W. Imbens and D. B. Rubin. *Causal Inference for Statistics, Social, and Biomedical Sciences: An Introduction*. Cambridge University Press, New York, NY, 2015.

T. Jaakkola, D. Sontag, A. Globerson, and M. Meila. Learning Bayesian network structure using LP relaxations. *Proceedings of the 13th International Conference on Artificial Intelligence and Statistics (AISTATS)*, pages 358–365, 2010.

L. Jacob, J. A. Gagnon-Bartsch, and T. P. Speed. Correcting gene expression data when neither the unwanted variation nor the factor of interest are observed. *Biostatistics*, 17(1):16–28, 2016.

D. Janzing. On the entropy production of time series with unidirectional linearity. *Journal of Statistical Physics*, 138:767–779, 2010.

D. Janzing and B. Schölkopf. Causal inference using the algorithmic Markov condition. *IEEE Transactions on Information Theory*, 56(10):5168–5194, 2010.

D. Janzing and B. Schölkopf. Semi-supervised interpolation in an anticausal learning scenario. *Journal of Machine Learning Research*, 16:1923–1948, 2015.

D. Janzing and B. Steudel. Justifying additive-noise-based causal discovery via algorithmic information theory. *Open Systems and Information Dynamics*, 17 (2):189–212, 2010.

D. Janzing, J. Peters, J. M. Mooij, and B. Schölkopf. Identifying confounders using additive noise models. In *Proceedings of the 25th Annual Conference on Uncertainty in Artificial Intelligence (UAI)*, pages 249–257, 2009a.

D. Janzing, X. Sun, and B. Schölkopf. Distinguishing cause and effect via second order exponential models. *ArXiv e-prints (0910.5561)*, 2009b.

D. Janzing, P. O. Hoyer, and B. Schölkopf. Telling cause from effect based on high-dimensional observations. In *Proceedings of the 27th International Conference on Machine Learning (ICML)*, pages 479–486, 2010.

D. Janzing, E. Sgouritsa, O. Stegle, J. Peters, and B. Schölkopf. Detecting low-complexity unobserved causes. In *Proceedings of the 27th Annual Conference on Uncertainty in Artificial Intelligence (UAI)*, pages 383–391, 2011.

D. Janzing, J. M. Mooij, K. Zhang, J. Lemeire, J. Zscheischler, P. Daniušis, B. Steudel, and B. Schölkopf. Information-geometric approach to inferring causal directions. *Artificial Intelligence*, 182–183:1–31, 2012.

D. Janzing, D. Balduzzi, M. Grosse-Wentrup, and B. Schölkopf. Quantifying causal influences. *The Annals of Statistics*, 41(5):2324–2358, 2013.

D. Janzing, B. Steudel, N. Shajarisales, and B. Schölkopf. Justifying information-geometric causal inference. In V. Vovk, H. Papadopolous, and A. Gammerman, editors, *Measures of Complexity*, Festschrift for Alexey Chervonencis, pages 253–265. Springer, Heidelberg, Germany, 2015.

D. Janzing, R. Chaves, and B. Schölkopf. Algorithmic independence of initial condition and dynamical law in thermodynamics and causal inference. *New Journal of Physics*, 18(093052):1–13, 2016.

M. Kääriäinen. Generalization error bounds using unlabeled data. In *Proceedings of the 18th Annual Conference on Learning Theory (COLT)*, pages 127–142, 2005.

M. Kalisch and P. Bühlmann. Estimating high-dimensional directed acyclic graphs with the PC-algorithm. *Journal of Machine Learning Research*, 8:613–636, 2007.

M. Kalisch, M. Mächler, D. Colombo, M. H. Maathuis, and P. Bühlmann. Causal inference using graphical models with the R package pcalg. *Journal of Statistical Software*, 47(11):1–26, 2012.

C. Kang and J. Tian. Inequality constraints in causal models with hidden variables. In *Proceedings of the 22th Annual Conference on Uncertainty in Artificial Intelligence (UAI)*, pages 233–240, 2006.

Y. Kano and S. Shimizu. Causal inference using nonnormality. In *Proceedings of the International Symposium on the Science of Modeling, the 30th Anniversary of the Information Criterion*, pages 261–270, 2003.

A. Kela, K. von Prillwitz, J. Åberg, R. Chaves, and D. Gross. Semidefinite tests for latent causal structures. *ArXiv e-prints (1701.00652)*, 2017.

M. Koivisto. Advances in exact Bayesian structure discovery in Bayesian networks. In *Proceedings of the 22nd Annual Conference on Uncertainty in Artificial Intelligence (UAI)*, pages 241–248, 2006.

M. Koivisto and K. Sood. Exact Bayesian structure discovery in Bayesian networks. *Journal of Machine Learning Research*, 5:549–573, 2004.

D. Koller and N. Friedman. *Probabilistic Graphical Models: Principles and Techniques*. MIT Press, Cambridge, MA, 2009.

A. Kolmogorov. Three approaches to the quantitative definition of information. *Problems of Information Transmission*, 1(1):3–11, 1965.

T. C. Koopmans. When is an equation system complete for statistical purposes? In T. C. Koopmans, editor, *Statistical Inference in Dynamic Economic Models*, pages 393–409. Wiley and Chapman & Hall, New York, NY, and London, UK, 1950.

K. Korb, L. Hope, A. Nicholson, and K. Axnick. Varieties of causal intervention. In *Proceedings of the Pacific Rim Conference on Artifical Intelligence*, pages 322–331, 2004.

S. Kpotufe, E. Sgouritsa, D. Janzing, and B. Schölkopf. Consistency of causal inference under the additive noise model. In *Proceedings of the 31st International Conference on Machine Learning, ICML 2014, Beijing, China*, pages 478–486, 2014.

G. Lacerda, P. Spirtes, J. Ramsey, and P. O. Hoyer. Discovering cyclic causal models by independent components analysis. In *Proceedings of the 24th Annual Conference on Uncertainty in Artificial Intelligence (UAI)*, pages 366–374, 2008.

S. L. Lauritzen. *Graphical Models*. Oxford University Press, New York, NY, 1996.

S. L. Lauritzen. Discussion on causality. *Scandinavian Journal of Statistics*, 31(2): 189–193, 2004.

S. L. Lauritzen and T. S. Richardson. Chain graph models and their causal interpretations. *Journal of the Royal Statistical Society, Series B: Statistical Methodology (with discussion)*, 64(3):321–361, 2002.

S. L. Lauritzen and N. Wermuth. Graphical models for associations between variables, some of which are qualitative and some quantitative. *Annals of Statistics*, 17(1):31–57, 1989.

J. Lemeire and E. Dirkx. Causal models as minimal descriptions of multivariate systems. `http://parallel.vub.ac.be/~jan/`, 2006.

J. Lemeire and D. Janzing. Replacing causal faithfulness with algorithmic independence of conditionals. *Minds and Machines*, 23:227–249, 2013.

L. A. Levin. Universal sequential search problems. *Problems of Information Transmission*, 9(3):115–116, 1973. (Translated into English by B. A. Trakhtenbrot: "A survey of Russian approaches to perebor (brute-force searches) algorithms," *Annals of the History of Computing* 6(4): 384–400, 1984).

M. Levine, D. R. Hunter, and D. Chauveau. Maximum smoothed likelihood for multivariate mixtures. *Biometrika*, 98(2):403–416, 2011.

M. Li and P. Vitányi. *An Introduction to Kolmogorov Complexity and Its Applications*. Springer, New York, NY, 3rd edition, 1997.

G. Lohmann, K. Erfurth, K. Müller, and R. Turner. Critical comments on dynamic causal modelling. *NeuroImage*, 59:2322–2329, 2012a.

G. Lohmann, K. Müller, and R. Turner. Response to commentaries on our paper: Critical comments on dynamic modeling. *NeuroImage*, 75:279–281, 2012b.

D. Lopez-Paz, K. Muandet, B. Schölkopf, and I. Tolstikhin. Towards a learning theory of cause-effect inference. In *Proceedings of the 32nd International Conference on Machine Learning (ICML)*, pages 1452–1461, 2015.

H. Lütkepohl. *New Introduction to Multiple Time Series Analysis*. Springer, Berlin, Germany, 2007.

M. H. Maathuis, D. Colombo, M. Kalisch, and P. Bühlmann. Estimating high-dimensional intervention effects from observational data. *The Annals of Statistics*, 37(6A):3133–3164, 2009.

D. J. C. MacKay. *Information Theory, Inference, and Learning Algorithms*. Cambridge University Press, New York, NY, 2002.

S. Mani, G. F. Cooper, and P. Spirtes. A theoretical study of y structures for causal discovery. In *Proceedings of the 22nd Annual Conference on Uncertainty in Artificial Intelligence (UAI)*, pages 314–323, 2006.

D. Marinazzo, M. Pellicoro, and S. Stramaglia. Kernel method for nonlinear Granger causality. *Physical Review Letters*, 100:144103–1–4, 2008.

F. Markowetz, S. Grossmann, and R. Spang. Probabilistic soft interventions in conditional Gaussian networks. In *Proceedings of the 10th International Conference on Artificial Intelligence and Statistics (AISTATS)*, pages 214–221, 2005.

J. Marschak. Statistical inference in economics: An introduction. In T. C. Koopmans, editor, *Statistical Inference in Dynamic Economic Models*, pages 1–50. Wiley and Chapman & Hall, New York, NY, and London, UK, 1950. Cowles Commission for Research in Economics, Monograph No. 10.

B. D. McKay. Acyclic digraphs and eigenvalues of (0, 1)–matrices. *Journal of Integer Sequences*, 7(2):1–5, 2004.

C. Meek. Causal inference and causal explanation with background knowledge. In *Proceedings of the 11th Annual Conference on Uncertainty in Artificial Intelligence (UAI)*, pages 403–441, 1995.

J. M. Mooij, D. Janzing, J. Peters, and B. Schölkopf. Regression by dependence minimization and its application to causal inference. In *Proceedings of the 26th International Conference on Machine Learning (ICML)*, pages 745–752, 2009.

J. M. Mooij, D. Janzing, T. Heskes, and B. Schölkopf. On causal discovery with cyclic additive noise models. In *Advances in Neural Information Processing Systems 24 (NIPS)*, pages 639–647, 2011.

J. M. Mooij, D. Janzing, and B. Schölkopf. From ordinary differential equations to structural causal models: The deterministic case. In *Proceedings of the 29th Annual Conference on Uncertainty in Artificial Intelligence (UAI)*, pages 440–448, 2013.

J. M. Mooij, J. Peters, D. Janzing, J. Zscheischler, and B. Schölkopf. Distinguishing cause from effect using observational data: methods and benchmarks. *Journal of Machine Learning Research*, 17:1–102, 2016.

S. L. Morgan and C. Winship. *Counterfactuals and Causal Inference: Methods and Principles for Social Research.* Cambridge University Press, New York, NY, 2nd edition, 2007.

W. K. Newey. Nonparametric instrumental variables estimation. *American Economic Review*, 103(3):550–556, 2013.

J. Neyman. On the application of probability theory to agricultural experiments. Essay on principles. Section 9 (translated). *Statistical Science*, 5:465–480, 1923.

M. Nielsen and I. Chuang. *Quantum Computation and Quantum Information.* Cambridge University Press, New York, NY, 2000.

C. Nowzohour and P. Bühlmann. Score-based causal learning in additive noise models. *Statistics*, 50(3):471–485, 2016.

C. Nowzohour, M. Maathuis, and P. Bühlmann. Structure learning with bow-free acyclic path diagrams. *ArXiv e-prints (1508.01717)*, 2015.

OEIS Foundation Inc. The on-line encyclopedia of integer sequences. `http://oeis.org/A003024`, 2017. last visit of website: 05.09.2016.

J. Pearl. A constraint propagation approach to probabilistic reasoning. In *Proceedings of the 4th Annual Conference on Uncertainty in Artificial Intelligence (UAI)*, pages 31–42, 1985.

J. Pearl. *Probabilistic Reasoning in Intelligent Systems: Networks of Plausible Inference.* Morgan Kaufmann Publishers Inc., San Francisco, CA, 1988.

J. Pearl. Belief networks revisited. *Artificial Intelligence*, 59:49–56, 1993.

J. Pearl. Causal diagrams for empirical research. *Biometrika*, 82(4):669–688, 1995.

J. Pearl. *Causality: Models, Reasoning, and Inference.* Cambridge University Press, New York, NY, 2nd edition, 2009.

J. Pearl. Trygve Haavelmo and the emergence of causal calculus. *Econometric Theory*, 31:152–179, 2015.

J. Pearl, M. Glymour, and N. P. Jewell. *Causal Inference in Statistics*. Wiley, New York, NY, 2016.

C. S. Peirce. A theory of probable inference. In C. S. Peirce, editor, *Studies in Logic by Members of the Johns Hopkins University*, pages 126–181. Little, Brown, and Company, Boston, MA, 1883.

C. S. Peirce and J. Jastrow. On small differences in sensation. *Memoirs of the National Academy of Sciences*, 3:73–83, 1885.

E. Perkovic, J. Textor, M. Kalisch, and M. Maathuis. A complete generalized adjustment criterion. In *Proceedings of the 31st Annual Conference on Uncertainty in Artificial Intelligence (UAI)*, pages 682–691, 2015.

J. Peters. Asymmetries of time series under inverting their direction. Diploma Thesis, University of Heidelberg, Heidelberg, Germany, 2008.

J. Peters. *Restricted Structural Equation Models for Causal Inference*. PhD thesis, ETH Zurich and MPI for Intelligent Systems, 2012. `http://dx.doi.org/10.3929/ethz-a-007597940`.

J. Peters. On the intersection property of conditional independence and its application to causal discovery. *Journal of Causal Inference*, 3:97–108, 2014.

J. Peters and P. Bühlmann. Identifiability of Gaussian structural equation models with equal error variances. *Biometrika*, 101(1):219–228, 2014.

J. Peters and P. Bühlmann. Structural intervention distance (SID) for evaluating causal graphs. *Neural Computation*, 27:771–799, 2015.

J. Peters, D. Janzing, A. Gretton, and B. Schölkopf. Kernel methods for detecting the direction of time series. In *Proccedings of the 32nd Annual Conference of the German Classification Society (GfKl 2008)*, pages 1–10, 2009a.

J. Peters, D. Janzing, A. Gretton, and B. Schölkopf. Detecting the direction of causal time series. In *Proceedings of the 26th International Conference on Machine Learning (ICML)*, pages 801–808, 2009b.

J. Peters, D. Janzing, and B. Schölkopf. Identifying cause and effect on discrete data using additive noise models. In *Proceedings of the 13th International Conference on Artificial Intelligence and Statistics (AISTATS)*, pages 597–604, 2010.

J. Peters, D. Janzing, and B. Schölkopf. Causal inference on discrete data using additive noise models. *IEEE Transactions on Pattern Analysis and Machine Intelligence*, 33:2436–2450, 2011a.

J. Peters, J. M. Mooij, D. Janzing, and B. Schölkopf. Identifiability of causal graphs using functional models. In *Proceedings of the 27th Annual Conference on Uncertainty in Artificial Intelligence (UAI)*, pages 589–598, 2011b.

J. Peters, D. Janzing, and B. Schölkopf. Causal inference on time series using restricted structural equation models. In *Advances in Neural Information Processing Systems 26 (NIPS)*, pages 154–162, 2013.

J. Peters, J. M. Mooij, D. Janzing, and B. Schölkopf. Causal discovery with continuous additive noise models. *Journal of Machine Learning Research*, 15:2009–2053, 2014.

J. Peters, P. Bühlmann, and N. Meinshausen. Causal inference using invariant prediction: identification and confidence intervals. *Journal of the Royal Statistical Society, Series B: Statistical Methodology (with discussion)*, 78(5):947–1012, 2016.

K. Peterson. Night light with sleep timer, 2005. URL `http://www.google.com/patents/US20050007889`. US Patent App. 10/614,245; last visit of website: 19.07.2016.

N. Pfister, P. Bühlmann, B. Schölkopf, and J. Peters. Kernel-based tests for joint independence. *Journal of the Royal Statistical Society: Series B (to appear)*, 2017. doi: 10.1111/rssb.12235.

K. R. Popper. *The Logic of Scientific Discovery*. Routledge, London, 2002. 1st English Edition: 1959.

G. E. Quinn, C. H. Shin, M. G. Maguire, and R. A. Stone. Myopia and ambient lighting at night. *Nature*, 399:113–114, 1999.

J. Quionero-Candela, M. Sugiyama, A. Schwaighofer, and N. D. Lawrence. *Dataset Shift in Machine Learning*. MIT Press, Cambridge, MA, 2009.

R Core Team. *R: A Language and Environment for Statistical Computing*. R Foundation for Statistical Computing, Vienna, Austria, 2016. URL `http://www.R-project.org`.

J. Ramsey. A scalable conditional independence test for nonlinear, non-Gaussian data. *ArXiv e-prints (1401.5031)*, 2014.

H. Reichenbach. *The Direction of Time*. University of California Press, Berkeley, CA, 1956.

T. S. Richardson. Markov properties for acyclic directed mixed graphs. *Scandinavian Journal of Statistics*, 30(1):145–157, 2003.

T. S. Richardson and J. M. Robins. Single world intervention graphs (SWIGs): A unification of the counterfactual and graphical approaches to causality, 2013. Working Paper Number 128, Center for Statistics and the Social Sciences, University of Washington.

T. S. Richardson and P. Spirtes. Ancestral graph Markov models. *The Annals of Statistics*, 30(4):962–1030, 2002.

T. S. Richardson, J. M. Robins, and I. Shpitser. Nested Markov properties for acyclic directed mixed graphs (abstract only). In *Proceedings of the 28th Annual Conference on Uncertainty in Artificial Intelligence (UAI)*, 2012.

T. S. Richardson, R. J. Evans, J. M. Robins, and I. Shpitser. Nested Markov properties for acyclic directed mixed graphs. *ArXiv e-prints (1701.06686)*, 2017.

J. M. Robins. A new approach to causal inference in mortality studies with sustained exposure periods — applications to control of the healthy worker survivor effect. *Mathematical Modeling*, 7:1393–1512, 1986.

J. M. Robins, R. Scheines, P. Spirtes, and L. Wasserman. Uniform consistency in causal inference. *Biometrika*, 90(3):491–515, 2003.

R. W. Robinson. Enumeration of acyclic digraphs. In *Proceedings of the 2nd Chapel Hill Conference on Combinatorial Mathematics and its Applications (University of North Carolina)*, pages 391–399, 1970.

R. W. Robinson. Counting labeled acyclic digraphs. In F. Harary, editor, *New Directions in the Theory of Graphs*, pages 239–273. Academic Press, New York, NY, 1973.

N. J. Roese. Counterfactual thinking. *Psychological Bulletin*, 121:133–148, 1997.

M. Rojas-Carulla, B. Schölkopf, R. Turner, and J. Peters. Causal transfer in machine learning. *ArXiv e-prints (1507.05333v3)*, 2016.

T. Roos, T. Silander, P. Kontkanen, and P. Myllymaki. Bayesian network structure learning using factorized nml universal models. In *2008 Information Theory and Applications Workshop*, pages 272–276, 2008.

P. R. Rosenbaum and D. B. Rubin. The central role of the propensity score in observational studies for causal effects. *Biometrika*, 70(1):41–55, 1983.

D. Rothenhäusler, C. Heinze, J. Peters, and N. Meinshausen. backShift: Learning causal cyclic graphs from unknown shift interventions. In *Advances in Neural Information Processing Systems 28 (NIPS)*, pages 1513–1521, 2015.

D. B. Rubin. Estimating causal effects of treatments in randomized and nonrandomized studies. *Journal of Educational Psychology*, 66:688–701, 1974.

D. B. Rubin. Direct and indirect causal effects via potential outcomes. *Scandinavian Journal of Statistics*, 31(2):161–170, 2004.

D. B. Rubin. Causal inference using potential outcomes. *Journal of the American Statistical Association*, 100(469):322–331, 2005.

K. Sadeghi and S. Lauritzen. Markov properties for mixed graphs. *Bernoulli*, 20 (2):676–696, 2014.

B. Schölkopf and A. J. Smola. *Learning with Kernels.* MIT Press, Cambridge, MA, 2002.

B. Schölkopf, D. Janzing, J. Peters, E. Sgouritsa, K. Zhang, and J. M. Mooij. On causal and anticausal learning. In *Proceedings of the 29th International Conference on Machine Learning (ICML)*, pages 1255–1262, 2012.

B. Schölkopf, D. W. Hogg, D. Wang, D. Foreman-Mackey, D. Janzing, C.-J. Simon-Gabriel, and J. Peters. Removing systematic errors for exoplanet search via latent causes. In *Proceedings of the 32nd International Conference on Machine Learning (ICML)*, pages 2218–2226, 2015.

B. Schölkopf, D. W. Hogg, D. Wang, D. Foreman-Mackey, D. Janzing, C.-J. Simon-Gabriel, and J. Peters. Modeling confounding by half-sibling regression. *Proceedings of the National Academy of Sciences*, 113(27):7391–7398, 2016.

T. Schreiber. Measuring information transfer. *Physical Review Letters*, 85:461–464, 2000.

E. Sgouritsa, D. Janzing, J. Peters, and B. Schölkopf. Identifying finite mixtures of nonparametric product distributions and causal inference of confounders. In *Proceedings of the 29th Annual Conference on Uncertainty in Artificial Intelligence (UAI)*, pages 556–565, 2013.

E. Sgouritsa, D. Janzing, P. Hennig, and B. Schölkopf. Inference of cause and effect with unsupervised inverse regression. In *Proceedings of the 18th International Conference on Artificial Intelligence and Statistics (AISTATS)*, pages 847–855, 2015.

N. Shajarisales, D. Janzing, B. Schölkopf, and M. Besserve. Telling cause from effect in deterministic linear dynamical systems. In *Proceedings of the 32nd International Conference on Machine Learning (ICML)*, pages 285–294, 2015.

N. A. Sheehan, M. Bartlett, and J. Cussens. Improved maximum likelihood reconstruction of complex multi-generational pedigrees. *Theoretical Population Biology*, 97:11–19, 2014.

S. Shimizu, P. O. Hoyer, A. Hyvärinen, and A. J. Kerminen. A linear non-Gaussian acyclic model for causal discovery. *Journal of Machine Learning Research*, 7: 2003–2030, 2006.

S. Shimizu, T. Inazumi, Y. Sogawa, A. Hyvärinen, Y. Kawahara, T. Washio, P. O. Hoyer, and K. Bollen. DirectLiNGAM: A direct method for learning a linear non-Gaussian structural equation model. *Journal of Machine Learning Research*, 12:1225–1248, 2011.

H. Shimodaira. Improving predictive inference under covariate shift by weighting the log-likelihood function. *Journal of Statistical Planning and Inference*, 90 (2):227–244, 2000.

A. Shojaie and G. Michailidis. Penalized likelihood methods for estimation of sparse high dimensional directed acyclic graphs. *Biometrika*, 97(3):519–538, 2010.

I. Shpitser and J. Pearl. Identification of joint interventional distributions in recursive semi-Markovian causal models. In *Proceedings of the 21st AAAI Conference on Artificial Intelligence — Volume 2*, pages 1219–1226, 2006.

I. Shpitser and J. Pearl. Complete identification methods for the causal hierarchy. *Journal of Machine Learning Research*, 9:1941–1979, 2008a.

I. Shpitser and J. Pearl. Dormant independence. In *Proceedings of the 23rd AAAI Conference on Artificial Intelligence*, pages 1081–1087, 2008b.

I. Shpitser, T. J. VanderWeele, and J. M. Robins. On the validity of covariate adjustment for estimating causal effects. In *Proceedings of the 26th Annual Conference on Uncertainty in Artificial Intelligence (UAI)*, pages 527–536, 2010.

I. Shpitser, T. S. Richardson, J. M. Robins, and R. Evans. Parameter and structure learning in nested Markov models. *ArXiv e-prints (1207.5058)*, 2012.

I. Shpitser, R. J. Evans, T. S. Richardson, and J. M. Robins. Introduction to nested Markov models. *Behaviormetrika*, 41:3–39, 2014.

T. Silander and P. Myllymak. A simple approach for finding the globally optimal Bayesian network structure. In *Proceedings of the 22nd Annual Conference on Uncertainty in Artificial Intelligence (UAI)*, pages 445–452, 2006.

R. Silva and R. Evans. Causal inference through a witness program. In *Advances in Neural Information Processing Systems 27 (NIPS)*, pages 298–306, 2014.

R. Silva and Z. Ghahramani. The hidden life of latent variables: Bayesian learning with mixed graph models. *Journal of Machine Learning Research*, 10:1187–1238, 2009.

R. Silva, R. Scheines, C. Glymour, and P. Spirtes. Learning the structure of linear latent variable models. *Journal of Machine Learning Research*, 7:191–246, 2006.

H. A. Simon. Causal ordering and identifiability. In W. C. Hood and T. C. Koopmans, editors, *Studies in Econometric Methods*, pages 49–74. Wiley, New York, NY, 1953. Cowles Commission for Research in Economics, Monograph No. 14.

E. H. Simpson. The interpretation of interaction in contingency tables. *Journal of the Royal Statistical Society, Series B: Statistical Methodology*, 13:238–241, 1951.

V. P. Skitovič. Linear forms in independent random variables and the normal distribution law (in Russian). *Izvestiia Akademii Nauk SSSR, Serija Matematiceskie*, 18:185–200, 1954.

V. P. Skitovič. Linear combinations of independent random variables and the normal distribution law. *Selected Translations in Mathematical Statistics and Probability*, 2:211–228, 1962.

R. Solomonoff. A formal theory of inductive inference. *Information and Control, Part II*, 7(2):224–254, 1964.

C. Spearman. General intelligence, objectively determined and measured. *The American Journal of Psychology*, 15(2):201–292, 1904.

P. Spirtes. An anytime algorithm for causal inference. In *Proceedings of the 8th International Conference on Artificial Intelligence and Statistics (AISTATS)*, pages 213–221, 2001.

P. Spirtes. Introduction to causal inference. *Journal of Machine Learning Research*, 11:1643–1662, 2010.

P. Spirtes, C. Glymour, and R. Scheines. *Causation, Prediction, and Search*. MIT Press, Cambridge, MA, 2nd edition, 2000.

J. Splawa-Neyman, D. M. Dabrowska, and T. P. Speed. On the application of probability theory to agricultural experiments. Essay on principles. Section 9. *Statistical Science*, 5(4):465–472, 1990.

W. Spohn. Stochastic independence, causal independence, and shieldability. *Journal of Philosophical Logic*, 9:73–99, 1980.

R. P. Stanley. Acyclic orientations of graphs. *Discrete Mathematics*, 7(5):171–178, 1973.

I. Steinwart and A. Christmann. *Support Vector Machines*. Springer, New York, NY, 2008.

B. Steudel and N. Ay. Information-theoretic inference of common ancestors. *Entropy*, 17(4):2304–2327, 2015.

B. Steudel, D. Janzing, and B. Schölkopf. Causal Markov condition for submodular information measures. In *Proceedings of the 23rd Annual Conference on Learning Theory (COLT)*, pages 464–476, 2010.

M. Studený and D. Haws. Learning Bayesian network structure: Towards the essential graph by integer linear programming tools. *International Journal of Approximate Reasoning*, 55:1043–1071, 2014.

M. Sugiyama and M. Kawanabe. *Machine Learning in Non-Stationary Environment*. MIT Press, Cambridge, MA, 2012.

X. Sun, D. Janzing, and B. Schölkopf. Causal inference by choosing graphs with most plausible Markov kernels. In *Proceedings of the 9th International Symposium on Artificial Intelligence and Mathematics*, pages 1–11, 2006.

R. S. Sutton and A. G. Barto. *Reinforcement Learning: An Introduction*. MIT Press, Cambridge, MA, 2nd edition, 2015.

M. Teyssier and D. Koller. Ordering-based search: A simple and effective algorithm for learning Bayesian networks. In *Proceedings of the 21st Annual Conference on Uncertainty in Artificial Intelligence (UAI)*, pages 584–590, 2005.

J. Tian. *Studies in Causal Reasoning and Learning*. PhD thesis, Department of Computer Science, University of California, Los Angeles, CA, 2002.

J. Tian and J. Pearl. Causal discovery from changes. In *Proceedings of the 17th Annual Conference on Uncertainty in Artificial Intelligence (UAI)*, pages 512–522, 2001.

J. Tian and J. Pearl. On the testable implications of causal models with hidden variables. In *Proceedings of the 18th Annual Conference on Uncertainty in Artificial Intelligence (UAI)*, pages 519–527, 2002.

R. Tillman, A. Gretton, and P. Spirtes. Nonlinear directed acyclic structure learning with weakly additive noise models. In *Advances in Neural Information Processing Systems 22 (NIPS)*, pages 1847–1855, 2009.

R. E. Tillman and F. Eberhardt. Learning causal structure from multiple datasets with similar variable sets. *Behaviormetrika*, 41(1):41–64, 2014.

S. Triantafillou and I. Tsamardinos. Constraint-based causal discovery from multiple interventions over overlapping variable sets. *Journal of Machine Learning Research*, 16:2147–2205, 2015.

S. Triantafillou, I. Tsamardinos, and I. G. Tollis. Learning causal structure from overlapping variable sets. In *Proceedings of the 13th International Conference on Artificial Intelligence and Statistics (AISTATS)*, pages 860–867, 2010.

I. Tsamardinos, L. E. Brown, and C. F. Aliferis. The max-min hill-climbing Bayesian network structure learning algorithm. *Machine Learning*, 65(1):31–78, 2006.

C. Uhler, G. Raskutti, P. Bühlmann, and B. Yu. Geometry of the faithfulness assumption in causal inference. *The Annals of Statistics*, 41(2):436–463, 2013.

S. Ullman. *The Interpretation of Visual Motion*. MIT Press, Cambridge, MA, 1979.

R. Urner, S. Shalev-Shwartz, and S. Ben-David. Access to unlabeled data can speed up prediction time. In *Proceedings of the 28th International Conference on Machine Learning (ICML)*, pages 641–648, 2011.

S. A. van de Geer. *Empirical Processes in M-Estimation*. Cambridge Series in Statistical and Probabilistic Mathematics. Cambridge University Press, Cambridge, UK, 2009.

V. N. Vapnik. *Statistical Learning Theory*. Wiley, New York, NY, 1998.

T. Verma and J. Pearl. Causal networks: Semantics and expressiveness. In *Proceedings of the 4th Annual Conference on Uncertainty in Artificial Intelligence (UAI)*, pages 352–359, 1988.

T. Verma and J. Pearl. Equivalence and synthesis of causal models. In *Proceedings of the 6th Annual Conference on Uncertainty in Artificial Intelligence (UAI)*, pages 255–270, 1991.

D. Voiculescu, editor. *Free Probability Theory*, volume 12 of *Fields Institute Communications*. American Mathematical Society, Providence, RI, 1997.

A. Wald. *Statistical Decision Functions*. Wiley, New York, NY, 1950.

L. Wang and E. Tchetgen Tchetgen. Bounded, efficient and triply robust estimation of average treatment effects using instrumental variables. *ArXiv e-prints (1611.09925)*, 2016.

H. White and X. Lu. Granger causality and dynamic structural systems. *Journal of Financial Econometrics*, 8(2):193–243, 2010.

N. Wiener. The theory of prediction. In E. Beckenbach, editor, *Modern Mathematics for Engineers*. McGraw-Hill, New York, NY, 1956.

H. P. Williams. Fourier's method of linear programming and its dual. *The American Mathematical Monthly*, 93(9):681–695, 1986.

J. Wishart. Sampling errors in the theory of two factors. *British Journal of Psychology*, pages 180–187, 1928.

S. N. Wood. *Generalized Additive Models: An Introduction with R.* Chapman & Hall/CRC, London, UK, 2006.

P. G. Wright. *The Tariff on Animal and Vegetable Oils.* Investigations in International Commercial Policies. Macmillan, New York, NY, 1928.

S. Wright. On the nature of size factors. *Genetics*, 3:367–374, 1918.

S. Wright. The relative importance of heredity and environment in determining the piebald pattern of guinea-pigs. *Proceedings of the National Academy of Sciences*, 6(6):320–332, 1920.

S. Wright. Correlation and causation. *Journal of Agricultural Research*, 20(7): 557–585, 1921.

S. Wright. The method of path coefficients. *Annals of Mathematical Statistics*, 5 (3):161–215, 1934.

K. Zadnik, L. A. Jones, B. C. Irvin, R. N. Kleinstein, R. E. Manny, J. A. Shin, and D. O. Mutti. Vision: Myopia and ambient night-time lighting. *Nature*, 404: 143–144, 2000.

J. Zhang. On the completeness of orientation rules for causal discovery in the presence of latent confounders and selection bias. *Artificial Intelligence*, 172: 1873–1896, 2008a.

J. Zhang. Causal reasoning with ancestral graphs. *Journal of Machine Learning Research*, 9:1437–1474, 2008b.

J. Zhang and P. Spirtes. Strong faithfulness and uniform consistency in causal inference. In *Proceedings of the 19th Annual Conference on Uncertainty in Artificial Intelligence (UAI)*, pages 632–639, 2003.

J. Zhang and P. Spirtes. A characterization of Markov equivalence classes for ancestral graphical models. Technical Report No. CMU-PHIL-168, 2005.

J. Zhang and P. Spirtes. Detection of unfaithfulness and robust causal inference. *Minds and Machines*, 18(2):239–271, 2008.

K. Zhang and L. Chan. Extensions of ICA for causality discovery in the Hong Kong stock market. In *13th International Conference on Neural Information Processing, (ICONIP)*, pages 400–409, 2006.

K. Zhang and A. Hyvärinen. On the identifiability of the post-nonlinear causal model. In *Proceedings of the 25th Annual Conference on Uncertainty in Artificial Intelligence (UAI)*, pages 647–655, 2009.

K. Zhang, J. Peters, D. Janzing, and B. Schölkopf. Kernel-based conditional independence test and application in causal discovery. In *Proceedings of the 27th Annual Conference on Uncertainty in Artificial Intelligence (UAI)*, pages 804–813, 2011.

K. Zhang, B. Schölkopf, K. Muandet, and Z. Wang. Domain adaptation under target and conditional shift. In *Proceedings of the 30th International Conference on Machine Learning (ICML)*, pages 819–827, 2013.

K. Zhang, M. Gong, and B. Schölkopf. Multi-source domain adaptation: A causal view. In *Proceedings of the 29th AAAI Conference on Artificial Intelligence*, pages 3150–3157, 2015.

J. Zscheischler, D. Janzing, and K. Zhang. Testing whether linear equations are causal: A free probability theory approach. In *Proceedings of the 27th Annual Conference on Uncertainty in Artificial Intelligence (UAI)*, pages 839–846, 2011.

W. Zurek. Algorithmic randomness and physical entropy. *Physical Review A*, 40 (8):4731–4751, 1989.